명품 무기체계 탄생의 마지막 진통

-시험평가 그 애환과 보람-

명품 무기체계 탄생의 마지막 진통

-시험평가 그 애환과 보람-

박원동 지음

북코리아

▌추천사▌

김종하, Ph.D.
한남대 국방전략대학원 주임교수
국방기술품질원 이사

박원동 장군은 장교임관(육사 34기)이후, 영관급 장교시절에는 2군단 702 특공연대 1대대장, 재정경제부 예산실, 육본 전력기획참모부 전력계획총괄장교, 5공수 참모장, 37사단 110연대장, 2군사 관리처 관리과장, 국방개혁위원회 군사혁신단 핵심전력과장, 국방부 감사관실 방위력개선 담당과장을 역임하였다. 그리고 장군이 된 이후에는 9공수 여단장을 거쳐 현재는 육군 시험평가단장으로 근무하고 있다. 이러한 경력은 박장군이 작전 및 전력증강 업무분야에 있어 최고 수준의 전문성을 축적하고 있다는 사실을 경험적으로 잘 보여주는 것이라 할 수 있다.

이번에 박장군은 자신이 오랜 기간에 걸쳐 체득한 전력기획 및 시험평가 업무에 관련된 '경험적 지식'(tacit-knowledge : 암묵지)을 이론화하는 작업을 시도하여, 시험평가 업무에 종사하는 인력들에게 지침이 될 수 있는 단행본(explicit-knowledge : 형식지)을 세상에 내놓았다.

육군 '시험평가단장'이라는 중차대한 직책을 수행하는 현역 장군이 시험평가 업무에 종사하는 후배 장교들, 특히 시험평가를 처음으로 접하는 장교들이 업무수행과정에서 시행착오를 겪게 되는 것을 최소화시키는데 조금이나마 도움을 주기 위해 이런 '지침서'를 작성, 제시했다는 사실은 아무리 칭찬해도 모자랄 지경이다. 우리 군 역사상 선배장교가 후배장교들을 위해 이런 연구결과물을 제시한 것은 아마도 처음 있는 일이 아닌가 생각한다.

특히 "방위력개선사업의 파수꾼이라는 자부심을 가지고, 우수한 무기체계 획득을 위해 열악한 환경에서 온갖 애환을 극복하며 혼신을 바치고 있는 시험평가관들에게 따듯한 격려의 말과 눈길을 당부한다"는 박장군의 발언은 '덕장'으로서의 그의 인품을 그대로 보여주고 있다. 이 한마디 말로 인해서 우리는 우리 군의 시험평가에 종사하는 인력들이 얼마나 사명감을 갖고 업무를 수행하고 있는지를 잘 알 수 있다.

칼과 더불어 펜으로 무장하여 자신이 체득한 경험을 확대하기 위해 이처럼 노력하는 것은 우리 군의 역사에 큰 흔적을 남기게 될 것으로 생각한다.

돌이켜 보건데, 우리 군의 경우, 1981년에 육군 교육사령부 전투발전부에 시험평가처가 신설되고, 1995년 3월에 시험평가단으로 개편되어 현재까지 어언 26년이 흘렀다. 이 과정에서 방위력개선사업의 성장과 더불어 시험평가의 영역도 넓어지고, 수행업무도 많아졌다. 특히 ADD (국방과학연구소)가 주축이 되는 '개발시험평가'(DT&E : Development Test & Evaluation)와 소요군(所要軍) 시험평가기관을 주축으로 하는 '운용시험평가'(OT&E : Operation Test & Evaluation)등 시험평가의 역할과 중요성이 크게 발전하게 되었다.

그러나 시험평가 발전을 국가이익 차원에서 바라보면서, 이 분야 발전을 위해 많은 노력을 기울이고 있는 미국을 비롯한 선진 각국들과 비교해 보면, 아직까지 우리나라의 경우, 민간차원은 물론이고 군 내부에서 조차도 무기체계 시험평가와 방위력개선사업에 대한 이해는 여전히 부족한 실정에 있는 것이 사실이다.

이로 인해 우리 군의 경우, 무기체계 시험평가에 관련된 이론적 · 경험적 차원의 연구결과물은 사실 찾아보기가 대단히 어렵다. 현재 우리

군에 시험평가 관련 서적으로 활용되고 있는 것은 미국의 '국방획득대학'(Defense Acquisition University : DAU)에서 출간한 시험평가 관련 영문 매뉴얼 번역서, 그리고 무기체계 개발시험평가에 관련된 특정분야에 대한 평가기법과 같은 대단히 지엽적이고 단편적인 수준의 서적들 밖에 없다. 우리 군의 시험평가 현실에 그대로 적용할 수 있는 지침서는 아직까지 없는 것이다.

이런 점에서, 이번에 박장군이 저술한 시험평가에 관한 저서는 육·해·공군 역사상 최초의 시험평가 서적으로 볼 수 있는 것이다. 따라서 시험평가에 관한 선도적인 연구로서 그 가치가 대단히 높다고 할 수 있는 것이다.

본 서에서 박장군이 시험평가와 관련하여 주장하는 내용을 한마디로 함축적으로 표현해 보면, 그것은 바로 '야전에서 체득한 시험평가에 관한 교훈'—"무기체계 개발획득에 대한 성공여부는 시험평가(T&E)로 판가름나기 때문에 첨단무기체계의 개발능력은 곧 그 나라의 시험평가 능력에 의해 제한 받는다"—이라 할 수 있다. 이런 교훈은 우리 군이 전력증강 업무를 하는 동안 지금 바로 실행에 옮겨야 할 것들이 무엇인지를 가르쳐 주고 있다. 특히 무기체계 시험평가 업무가 '국방획득과정'(defense acquisition processes)에서 얼마나 중요한지 자연스럽게 깨닫게 해 주고 있다.

이런 함축적인 교훈을 도출하기 위해 박장군은 우선 시험평가란 무엇이고, 왜 그것이 방위력개선사업에서 중요한 비중을 차지하고 있는지, 시험평가 관련 절차 및 조직은 어떻게 구성되어 있는지, 그리고 선진국의 시험평가체계는 어떻게 구성되어 있는지를 구체적인 수준에서 조망하고 있다. 그리고 난 후, 시험평가, 특히 육군 시험평가단의 운용시험평가를 개인적으로 체험하면서 느꼈던 애환과 보람을 다양한 사례들(cases)을 통해 체계적으로 정리하여, 그것을 향후 우리 군의 시험평가 인력들의 능력을 발전시키는데 도움이 될 수 있는 '원칙들' − ① 시작단계 업무 수행의 중요성 인지, ② 기술발전추세 반영, ③ 야전운용환경에서 확인, ④ 관련기관간 협조 철저, ⑤ 국방비 절감방안 강구 시행, ⑥ 전력화지원요소와 상호운용성에 관심 경주, ⑦ 보안과 안전 유의 − 로 정리하여 제시하고 있다.

이 일곱가지 원칙들은 박장군이 야전에서 경험적으로 체득한 시험평가 교훈들을 이론적으로 정리한 것들이기 때문에, 지금 당장 시험평가 현장에 적용해도 좋을 만큼 '정책적실성'(policy relevancy)이 높은 대안들이라고 할 수 있다.

그리고 다른 전문서적과는 달리, 본 서는 시험평가와 같은 대단히 어려운 전문분야의 용어를 누구나 쉽게 이해할 수 있는 쉬운 용어로 바꾸어 표현하고 있고, 또 일반인들이 이해하기 어렵다고 판단하는 내용에 대해서는 그와 유사한 내용을 다양한 서적을 참고하여 제시하고 있다. 이것은 박장군이 평소에 인문 · 사회과학 분야에 걸쳐서 엄청난 양의 독서를 하고 있음을 보여주는 것이다. 그렇지 않다면 시험평가와 같은 전문적이고 난해한 분야를 이렇게 쉽게 풀어서 설명하기는 어려웠을 것으로 생각된다.

이런 엄청난 독서량 때문에 시험평가 업무를 처음 접하게 되는 평가관은 물론이고, 소요제기 · 계획 · 예산 · 집행 등 방위력개선사업 분야에 근무하는 군인, 군무원 그리고 군과 연관되거나 군에 흥미를 가진 관심있는 분 모두가 본서를 읽으면 그 내용을 쉽게 이해할 수 있게 되는 것이 아닌가 생각한다.

확실히 박장군은 많은 정보를 유기적으로 연관지어 비판적으로 읽고 해석하는 능력이 탁월한 것 같다. 이것은 박장군이 복잡한 현상을 다차원적이고 체계적인 수준에서 이해할 수 있는 '개념적 틀'(conceptual framework)을 가지고 있음을 분명히 보여주는 것이다. 이런 능력 때문에 시험평가에 관련된 문제를 단순히 다양한 방법으로 해석하고 이해하는 수준에 그치는 것이 아니라, 문제해결에 필요한 대안들, 즉 일곱가지 원칙까지 제시할 수 있었던 것이 아닌가 생각한다.

박장군처럼 '이론'(theory)과 '실제'(practice)를 결합시키는 능력이 탁월한 인재들이 앞으로 군뿐만 아니라, 국방부, 방위사업청 등과 같은 정부부처에도 진출해, 우리 군이 비용-효과적인 전력증강을 하는데 공헌을 할 수 있는 기회를 많이 가질 수 있기를 진심으로 바란다. 박장군처럼 유능한 장교들이 국방부, 방위사업청 등과 같은 부처에 진출해 자신이 체득한 경험적 · 이론적 지식을 후배장교들에게 멘토(mentor)로서 전수하는 기회를 많이 가진다면, 우리 군이 발전하는데 많은 도움이 될 것임은 자명한 것이다.

마지막으로 본 서는 새로운 지식의 창출은 땀과 노력의 대가이지 재능의 대가가 아니라는 사실을, 그리고 준비하고 노력하는 만큼 업무수행과정에서 드러나는 문제들을 개선할 수 있다는 사실을 감동적으로 잘 보여주고 있다.

이런 점에서 시험평가 관련 인력들뿐만 아니라, 우리 군의 모든 장교들에게도 일독을 권하고 싶은 책이다.

2008년 2월 21일

▌추천사▌

권태영, 산업공학박사
한국전략문제연구소 자문위원

지금 우리 육군은 국방개혁 2020의 일환으로 정예화 · 정보화 · 과학화를 추진하고 있습니다. 이는 육군을 병력집약형에서 정보지식시대에 걸 맞는 선진강군으로 탈바꿈하는 대 과업으로서, 그 중심에는 최적의 전력체계를 구상하여 전력화하는 과제가 자리 잡고 있습니다.

일반적으로 하나의 무기체계를 전력화하는 데는 비용도 엄청나게 많이 소요되고 기간도 무려 15여년이나 소요됩니다. 더욱이 앞으로 육군이 획득하려는 전력체계는 더욱 정밀화 · 네트워크화 · 고가화 될 것이므로 획득 비용과 기간은 증가될 수밖에 없습니다. 따라서 무기체계의 전 수명주기(소요제기 – 개념연구 – 탐색개발 – 체계개발 – 양산배치)에 걸친 효과적인 종합관리가 더욱 중요시 될 것입니다. 체계획득의 주요 의사결정 시점마다 성능과 비용, 기간을 체계적으로 상쇄 분석(trade-off)하여 획득관리의 목표인 "보다 좋고 스마트하게, 보다 비용이 적게 들게, 보다 빠르게"(Better & Smarter, Cheaper, Faster)를 "보다 적극적으로" 추구해야 될 것입니다.

무기체계 수명주기의 모든 과정에서 최적화노력이 이뤄져야합니다만, 특히 비용이 많이 소요되는 과정, 즉 탐색개발에서 체계개발로 넘어가는 단계와 체계개발에서 양산으로 넘어가는 단계에서의 최적화 여부를 점검, 판단하여 다음 단계로의 진행(Go or No Go)을 결정하는 '시험평가'의 노력 및 과정이 매우 중요합니다. 특히 무기체계의 소요제기자이면서 야전사용자인 군의 '작전운용성능' 시험평가는 무기체계 획득관리의 성패를 좌우할 정도로 결정적입니다. 이 과정이 무기체계 획득의 실제 주인인 군이 마땅한 권리를 행사하고 응분의 책임도 져야하는 기회이기 때문입니다.

우리 육군은 이러한 시험평가 기능에 대해 그 중요성은 인식하고 있으나, 실제로는 소홀한 것처럼 보입니다. 시험평가 기능과 관련된 조직, 체계, 인력, 전문화관리, 분석수단(모델), 예산 등 모든 면에서 열악합니다. 중요한 것은 이 기능의 '부족성'은 앞으로 육군이 획득할 무기체계를 고려하면 더욱 증대될 것이라는 점입니다.

현재 육군이 장기개혁차원에서 추진하고 있는 네트워크중심의 복합전력체계는 과거 연장선상의 전력시스템이 아닙니다. 미경험 · 미지의 첨단기술 무기들입니다. 새로운 아이디어를 구체화하는 개척과정을 동반하기 때문에 불확실성이 매우 크고 실패위험성도 적지 않습니다. 더욱이 C4ISR 전력은 소프트 전력으로서 그 효과를 가시화하기가 매우 어렵습니다. 따라서 투자에 대한 효과 판단을 플랫폼 전력처럼 실감나게 느낄 수가 없습니다. 하드전력인 플랫폼 체계도 고도로 정밀화 · 자동화 · 고성능화되는데 이들을 네트워크로 복합한 체계는 그 복잡도와 난이도가 상상을 초월할 정도로 증폭될 수밖에 없습니다.

이러한 미래전력체계의 변화는 당연히 시험평가 기능을 더욱 강화할 것을 요구합니다. 국방차원의 보다 큰 관심과 배려가 긴요한 것입니다.

시험평가 기능에 투자는 수익률이 매우 높습니다. 시험평가의 '수익성'을 열거해 봅니다. 시험평가의 투자는 획득사업의 전후과정 및 단계의 연속성을 강화하고, 총합적 관리를 촉진합니다. 획득사업의 책임성 및 투명성을 증진합니다. 사업의 모험성 및 실패위험성을 감소합니다. 시행착오를 미연에 방지합니다. 획득기간의 단축, 비용 절감 등의 큰 성과를 얻을 수 있습니다. 물자개발자(ADD, 방산업체)와 전투개발자인 군 간의 이해와 협력을 촉진합니다. 특히 중요한 것은 육군 고위 정책결심자의 이해를 증진시키고 다음단계의 진척 여부를 결심하는데 매우 큰 도움을 준다는 점입니다. 의사결정자가 편한 마음으로 속히 결심하면 그 효과가 획득관리 전반에 미치는 영향은 사실 지대합니다.

이처럼 군의 시험평가기능은 그 중요성을 아무리 강조해도 부족한데, 육군 시험평가단에서 과거와 현재의 경험과 사례를 담아 미래의 발전방향을 실무적 차원에서 자세히 제시하는 소책자를 마련했습니다. 그간 어려운 여건에서 시험평가를 해 오면서 겪은 애환과 보람이 충성일념으로 진솔하게 소개되었습니다. 앞으로 시험평가를 담당할 후진들이 업무를 쉽고 빠르게 파악할 수 있는 '자율 학습 선생'의 모습이 책갈피 구석구석에서 담아져 있습니다. 그리고 무기체계 획득과 관련된 정책부서의 실무자들과 국과연(ADD)과 방산업체에 종사하는 분들에게 군의 시험평가에 대한 이해를 증진하는 '도움이'의 모습도 보이고 있습니다. 아울러 군의 무기체계 획득에 관심을 지닌 학술 및 연구 단체와 사회 인사들에게도 군의 시험평가를 이해하는데 도움이 되는 '참고서'의 모습도 배려되었습니다.

이 소책자가 전력획득과 관련된 모든 분들에게 군 시험평가의 이해를 증진, 획득관리의 목표인 "보다 좋은 성능의 무기체계를, 보다 저렴한 비용으로, 보다 단 기간 내에" 획득, 전력화되도록 하는데 기여할 것임을 믿어 의심치 않습니다. 육군 시험평가단의 노고를 다함께 치하하고 싶은 마음입니다.

2008년 2월 22일

▌추천사▌

최창곤, 공학박사
국방과학연구소 5기술연구본부장

"명품 무기체계 탄생의 마지막 진통—시험평가 그 애환과 보람" 원고를 읽고 미당 서정주님의 "국화 옆에서" 시가 생각났습니다.

한 송이의 국화꽃을 피우기 위해
봄부터 소쩍새는
그렇게 울었나 보다.
…
노오란 네 꽃잎이 피려고
간밤엔 무서리가 저리 내리고
내게는 잠도 오지 않았나 보다.

시험평가관은 무더운 여름의 비바람 속에서 한겨울 추위와 눈보라 속에서 사계절을 거치면서 험난한 지형과 최악의 환경 조건을 무대로 검증되지 않은 장비를 시험한다는 것은 위험할 뿐만 아니라 체력적으로나 정신적으로 매우 어렵고 고독한 또 다른 전투라 여겨집니다. 오로지 방위력개선사업 발전의 밀알이 되고자 요구된 장비를 더 좋게 더 싸게 목표한 일정에 맞춰 개발하고자 몸부림 친 모습들이 시 속의 국화꽃을 연상케 했습니다.

하나의 무기체계를 개발하기 위해서 짧게는 몇 년부터 길게는 강산이 변할 정도의 세월을 보내기도 합니다. 그 기나긴 세월의 과정에서 겪었던 보람과 애환을 개발자의 입장에서 체계적으로 정리해 보고 싶은 욕망이 마음 한곳에 항상 숙제로 남아 있었는데, 사용자가 먼저 이런 어려운 일을 해낸데 대해 부러운 마음과 동시에 찬사를 보냅니다.

연구개발의 전순기에서 시험평가는 연구개발 각 단계별 의사결정의 주요 정보를 제공하고 개발 간 위험요소를 관리하며 수명주기비용을 감소시키는 등 매우 중요한 과정입니다. 한 나라에서 시험평가 능력 수준이 곧 무기체계 개발의 수준이고 나아가 국방력의 수준 이라고 평가됨을 감안할 때 이 책의 발간은 국방 연구개발 획득제도 및 방위력개선에 크게 기여하리라 예상되며 시의 적절한 매우 의미 있는 일이라 생각됩니다.

이 책에는 시험평가의 의의와 중요성, 국내외 군 장비 시험평가 관련 조직 및 운영현황 분석과 시험평가 현장에서 시험평가관들이 겪은 생생한 경험을 바탕으로 한 크고 작은 교훈들과 앞으로 나아갈 방향들이 제시되고 있습니다. 특히 각 장마다 볼 수 있는 잠깐!(토막상식)은 비전문가를 배려한 매우 신선한 기획이라고 생각됩니다. 무기체계 획득 분야에 종사하는 정부 및 군 관련자 뿐 아니라 개발자인 연구소와 방산 기업 임직원 분들 그리고 군과 군 무기체계에 관심이 있는 모든 분들에게 일독을 권하는 바입니다.

차기 보병전투장갑차 시험을 지원하면서 기쁘고 즐거웠던 일들은 힘들고 고통스러웠던 일들에 묻혀서 잘 생각이 나지 않고 지금은 모두 아름다운 추억이 되었다고, 시험 할 때마다 잘 될까하는 의구심과 잘 되겠지 하는 긍정적인 마음이 교차했었다는 아련한 기억을 고백하는 한 시험지원요원의 말이 그들의 애환을 더욱 실감나게 합니다. 조국을 위해서 군을 위해서 시험평가관들이 흘린 땀과 열정의 의미를 높이 평가하며 육군 시험평가단 박원동 장군님과 단원 모두의 발전과 건승을 기원합니다.

2008년 2월 22일

▌머리말▐

한미동맹 관계를 포함한 한반도 안보환경은 중·장기적으로 커다란 변화가 예상되며, 주한미군의 재조정에 따라 한국군의 역할분담의 확대가 요구되고 있다. 이는 한국군이 스스로 일정수준의 대북 전쟁억제능력을 더 확보하여야 한다는 것을 의미한다.

우리군은 「국방개혁 2020」을 추진하며 미래 안보상황과 전쟁양상의 변화에 능동적으로 대처할 수 있도록 군 구조를 개편하고 전력체계를 조정하여 통합전투력을 발휘할 수 있는 첨단 정보과학군을 지향하고 있다. 그 핵심은 첨단전력을 증강하고 질적으로 정예화하여 과학기술군으로 발전해 나가면서 현재의 상비병력을 2020년까지 일정 수준으로 정비해 나간다는 것이다. 이를 위하여서는 병력감축을 상쇄할 만한 첨단무기체계의 확보와 운용시스템 개선이 필수적이다.

지난 30여년 동안 자주국방의 기치 아래 시작된 군사력 건설은 국내 무기개발 생산을 위한 정부, 연구기관, 그리고 방위산업체의 결집된 노력과 투자의 결과로 방위력개선사업도 괄목할만한 발전을 이루어 대부분의 재래식 무기체계의 국산화와 상당한 수준의 군사기술 및 방위산업 기반을 구축하였다.

그러나 앞으로의 한반도 안보환경 변화와 주변여건을 고려시 방위력 개선사업의 중요성이 앞으로 보다 더 중요해질 것이다. 그리고 시험평가는 방위력개선사업, 즉 무기체계 획득 전 과정을 연결하는 필수적인 단계로서 앞으로 시험평가 소요와 중요성도 더욱 증대될 것이다.

무기체계 개발획득에 대한 성공여부는 시험평가로 판가름 나기 때문에 첨단무기체계의 개발능력은 곧 그 나라의 시험평가 능력에 의해 좌우된다고 말할 수 있다. 그러므로 미국을 비롯한 선진국들은 시험평가 발전을 국가이익 차원에서 보고, 세계적으로 공인받을 수 있는 능력을 확보하기 위해 노력하고 있다. 세계수준의 시험평가 능력 확보는 방산수출의 활성화를 위해서도 필요하다.

그러나 현재 우리 군에는 시험평가에 관련된 조직, 시설뿐만 아니라 자료가 제한되어 있다. 특히 첨단 · 신무기 등 특정분야에 대해서는 더더욱 인력과 과학화 시스템 등이 무기체계 개발과 병행하여 발전시켜야 하지만 현실은 그렇지 못하다. 또한 오랫동안 군 생활을 한 사람이나 심지어는 방위력개선사업에 종사하는 사람들조차도 시험평가에 대한 이해가 부족한 실정이다.

더하여 염천 더위에, 비바람 속에, 엄동설한에 열악한 자연조건에서 성능입증도 되지 않은 위험성 높은 무기체계를 검증하여, 보다 우수하고 값싸게 획득하고자 노력하는 시험평가관의 몸부림은 이 길을 거쳐 가지 않은 사람은 모를 것이다.

따라서 이 책은 전문적이지 않은 평이한 선에서 시험평가에 대한 이해를 증진하고, 시험평가관들의 애환과 보람을 전하고자 하는 의도로 시험평가 소개와 경험을 묶어 집필하게 되었으며, 아울러 우리나라의 시험평가와 관련된 방위력개선사업 발전방향을 제시하고자 하였다.

이 책의 작성에는 우선 육군 시험평가단에 과거 근무했거나 현재 근무하고 있는 시험평가관들의 경험과 조언, 그들이 보유한 자료가 결정적인 도움이 되었다. 그리고 무기체계 획득업무의 동반자로서 오늘도 우리나라의 방위력개선사업 발전을 위하여 불철주야 노력하고 있는 방위사업청, 국방부 · 합참 · 육군본부의 사업관리부서, 국방과학연구소, 방산업체 등의 알찬 자료들이 있었기에 이 책은 한낱 가벼운 이야기꺼리를 넘어 일정 수준의 무게를 지니게 되었다고 생각한다. 또한 이 책을 쓸 수 있도록 몇 개월 동안 주 · 야로 자료를 정리해준 박주경 대령님과 이 책의 교정과 감수를 맡아주신 한남대학교 김종하 교수님께서 수고를 해주셨다. 그리고 출판을 맡아주신 북코리아 출판사에 깊은 감사를 드린다.

명품 무기체계 탄생의 마지막 진통이라고 책자 제목을 뽑았지만 이 책자는 시험평가에 대한 이해와 방위력개선사업의 발전에 일조(一助)하기를 기대하며 특히 두 눈을 부릅뜨고 무기체계 개발과정을 지키고 있는 방위력개선사업의 지킴이(파수꾼), 내 사랑하는 시험평가관들에게 바친다.

박 원 동

Contents

Part III 우리가 한 일들 : 그 애환과 보람

Ⅰ. 들어가면서

1. 왜 이 글을 쓰게 되었는가?
2. 이 책은 누구에게, 어떤 도움을 줄 수 있나?

관심은 혁신의 모체이다.

-GE, 잭 웰치(CEO)

1 왜 이 글을 쓰게 되었는가?

시험평가 능력의 한계가 곧 무기체계 획득수준의 한계이고,
그 나라 국방력의 수준이다.

1981년, 육군 교육사령부 전투발전부에 시험평가처가 신설되고, 1995년 3월, 시험평가단으로 개편되어 현재까지 어언 26년이 흘렀다. 그동안 우리의 방위력개선사업 성장과 더불어 시험평가의 영역도 넓어지고, 수행업무도 많아졌다.

1972년 월남전이 종식된 후 수년이 지날 때까지도 우리는 우리의 독자적 기술로 단순무기인 단발식 소총이라도 생산할 수 있을 것이라고는 아무도 상상하지 못했다. 그러나 닉슨 전(前) 미 대통령이 한국군 현대화 5개년 계획(1971~1975)을 취소하고, 주한 미 7사단이 한국에서 철수하는 등 급변하는 안보상황에서 1974~1981년간의 8개년 전력증강사업(율곡사업)이 추진되었고, 이후에도 오늘날까지 지속되어 왔다.[1] 그 결과 〈표 1-1〉에서 보는 것처럼, 70년대의 소총 모방생산에서, 80년대의 K1전차 생산을 거쳐, 2000년대에는 드디어 공군 초음속고등훈련기(T-50)를 생산하는 수준에 이르렀다.

이와 같은 발전과정에서 ADD(국방과학연구소)가 주축이 되는 '개발시험평가'(DT & E : Development Test & Evaluation)와 소요군(所要軍) 시험평가기관을 주축으로 하는 '운용시험평가'(OT & E : Operation Test & Evaluation)

1) 지만원, 『군축시대의 한국군 어떻게 달라져야 하나?』(서울 : 진원, 1992), p. 157.

등 시험평가의 역할과 중요성이 크게 대두되었다. 그러나 아직까지 민간은 물론이고 군 내부차원에서도 무기체계 시험평가와 방위력개선사업에 대한 이해가 절대적으로 부족한 실정이다.

표 1-1 무기체계 연구개발 실적

구 분	내 용
60년대	• 소총류 재생 지급(M1, 칼빈, 소화기탄)
70년대	• M16, M60박격포, 무반동총 • 곡사포, 전차(M48A3, A5) 및 장갑차 개조 • 유 · 무선 장비 ※기본병기 양산체제 구축/정밀무기 생산기반 구축
80년대	• K1전차 개발, F5F전투기 조립생산 ※고도 정밀무기 국산화 및 독자개발 기반구축
90년대	• 전차, 장갑차, 자주포 양산 체제 구축 • 전투함 ※첨단 정밀무기체계 개발/기반 구축
2000년대	• 차세대 전차, 자주포, 다련장, 장갑차 개발 • 전투기, 전투함 등 첨단무기체계 개발

출처 : 육군본부, 『2007년도 방위력개선 직무교육』(2007), p. 187.

또한, 지금까지 방위력개선사업과 관련하여 획득분야에 대한 이론적 고찰[2]이나 방위산업 또는 무기체계 자체의 개발 비사(秘史) 등 사례연구는 있었지만 시험평가와 연관된 독자적 연구는 찾아보기 어렵고, 방위산업이나 획득분야 연구에 포함시켜 시험평가를 간략히 소개하는 수준이

2) 김종하, 「무기획득 의사결정 : 원칙, 문제 그리고 대안」(서울 : 책이된 나무, 2000)을 참조

다. 또한 시험평가와 관련된 별도의 연구실적이 있다 하여도 미국 등 선진국의 이론이나 사례들을 번역한 수준이거나,[3] 개발시험평가의 특정 분야에 대한 기법 등 단편적인 분석에 불과할 뿐이다.

바로 이러한 이유 때문에 방위력개선사업과 관련하여 시험평가 업무를 전체적으로 조망하여 체계적으로 정리하는 작업은 대단히 큰 의미가 있는 것이다. 또한 시험평가, 특히 운용시험평가에 관한 사례분석은 시험평가 뿐 아니라 방위력개선사업 발전방향을 연구하는 데도 큰 도움이 될 것으로 생각된다.

이런 중요성을 염두에 두고 본서에서는 시험평가란 무엇이고 방위력개선사업과정에서 역할과 중요성, 그리고 절차와 조직, 선진국의 시험평가 발전 동향은 어떠한지를 살펴본다. 그리고 그동안 우리나라에서 시험평가, 특히 육군 시험평가단의 운용시험평가를 체험하면서 느꼈던 애환과 보람을 정리하여 명품 무기체계가 탄생되기까지 방위력개선사업과 시험평가업무를 수행하는데 도움이 되는 교훈을 도출하고자 한다.

 2 이 책은 누구에게, 어떤 도움을 줄 수 있나?

이 책은 시험평가는 물론이고, 소요제기 · 계획 · 예산 · 집행 등 방위력개선사업 분야에 근무하는 군인, 군무원, 그리고 군과 연관되거나 군에 흥미를 가진 관심있는 분 모두에게 도움이 되도록 작성하였다.

---

3) 박준호, 「정예 정보 · 과학화 군을 지향하는 육군시험평가 발전」(육군시험평가단, '06 시험평가 발전세미나)을 참조

첫째, 이 책은 방위사업청, 각군 본부를 비롯한 방위력개선사업 분야에 근무하는 현역군인이나 군(공)무원에게 시험평가를 통해 나타난 주요 문제점들과 사례들을 정리하여 실무에 참고가 될 수 있도록 작성되었다.

따라서 처음 방위력개선 분야에 근무하는 현역군인이나 군(공)무원에게는 관련지식을 익히는 좋은 길라잡이의 역할을 할 수 있을 것이고, 또 장기간 이 분야에 근무해 온 현역군인이나 군(공)무원에게는 그 동안의 경험을 되돌아보고 정리하는 계기가 될 수 있을 것이다. 한편 개인이 아닌 단체의 경우에는 이 책을 읽은 후 토론회 등을 통해 업무방향을 설정하는 데도 도움이 될 수 있을 것이다.

둘째, 방위산업체에 종사하는 사업관리자, 연구개발자 등에게 무기체계 개발 및 사업관리 업무에 대한 이해를 증진시키고, 방산실무에 적용시키는데 도움이 될 것이다.

셋째, 군대와 방위력개선사업 분야에 개인적으로 흥미를 가지고 있는 군을 사랑하는 관심있는 분들에게는 군의 시험평가 업무에 관한 지식을 체득할 수 있는 좋은 자료가 될 것이다. 이를 위해 가능한 한 쉬운 용어를 사용하기 위해 노력하였으며 특히 이해를 높이기 위해 예문을 많이 포함하여 작성하였다.

하지만 이 책은 방위력개선 분야에 근무하는 군인이나 군(공)무원, 방위산업체 종사자들에게 단순한 참고의 역할만 할 뿐, 업무의 기준서 또는 지침서의 역할을 하는 것은 아니다. 왜냐하면 이 책에 포함된 문제점과 관련 사례들은 그동안 시험평가를 통해 빈번히 발생하였거나, 발생빈도는 낮더라도 사업관리에 큰 지장을 초래한 것들로 엄선하였지만, 장차 유사 상황이 발생할 시 동일한 기준이나 지침으로 적용할 수는 없기 때문이다.

그리고 기술발전과 더불어 무기체계 발전 속도도 빨라지고, 시험평가와 전력발전업무를 수행하는 사람들의 지식과 경험에 차이가 있을 수 있으며, 운용개념, 시험장비, 장소, 시간(기후조건) 등이 상이할 수도 있기 때문이다.

따라서 방위력개선사업에 종사하는 사람들은 이 책의 사례들을 타산 지석으로 삼아 미리 점검함으로써 불필요한 오해를 예방하고, 상황 발생 시는 '사례별'(Case by Case)로 접근하되 대책을 강구하는데 참고로만 활용하는 것이 바람직하다.

마지막으로 이 책은 국내에서는 처음으로 시험평가를 통해 방위력개선사업 업무분야를 조망한 책으로서, 완성되었다고 감히 자부하기에는 아직까지 내용과 형식면에서 미흡한 점이 너무나 많다. 따라서 앞으로 이 분야에 대해 관심이 있는 전문가 및 독자 제현에 의해 더 깊이 있는 연구와 보완이 요구된다는 것을 강조하고 싶다.

Ⅱ. 시험평가는 왜 방위력개선사업의 파수꾼인가?

1. 시험평가란 무엇인가?
2. 시험평가와 방위력개선사업의 관계는?
3. 시험평가는 왜 중요할까?
4. 시험평가는 어떻게 진행되나?
5. 우리나라의 시험평가 조직들로는 어떤 것이 있는가?
6. 외국의 시험평가 조직들로는 어떤 것이 있는가?
7. 시험평가관에게 어떤 애환이 있는가?

시험평가는 '장애물'(Obstacle)이 아니라
사업의 성공을 가능케 하는 '원동력'(Enablers)이다.

1 시험평가란 무엇인가?

> 시험평가단에 근무하는 모중령. 모부대 중위로부터 전화를 받다.
> "대대 전술훈련평가를 잘 받으려면 어떻게 하면 됩니까?"
> 그 다음날은 어느 병과학교 장교로부터 전화를 받다.
> "시험평가단에서 학교기관 평가도 담당합니까?"

시험평가단에 처음으로 근무하게 된 모 중령, 도대체 시험평가가 무엇이고, 시험평가단이 어떤 일을 하는지? 대충은 알 것도 같고, 모를 것도 같고. 중령이면 군대생활을 할 만큼 했는데 남들에게 모른다고 물어보기는 자존심 상하고. 에라 모르겠다. 일단 부딪히며 배워보자.

위에서 언급한 사례들은 실제 시험평가단에 처음 근무하게 된 간부나, 시험평가단에 근무하는 간부들이 종종 경험하게 되는 것이다. 이는 시험평가라는 용어가 흔하게 사용되고는 있지만, 무엇을 어떻게 시험하고 평가하는지 잘 몰라서 일어나는 해프닝이라 할 수 있다.

그렇다면 시험평가란 과연 무엇인가?

예를 들어 자동차회사에서 승용차를 신규 개발하였을 경우를 생각해보자. 자동차 회사는 그 승용차에 사용된 각종 개별적인 부품의 규격과 성능은 기준에 충족하는지, 고온이나 저온환경에서 연료노즐 막힘은 없는지, 충돌시험을 통한 안전성은 문제가 없는지, 주행은 가능한지 등을 회사의 실험실에서 면밀히 시험하고 그 결과를 평가하여 미흡한 분야를 보완하게 된다. 이후 실제 도로나 야지 주행을 통해 차량의 성능검사를 수행하여 추가로 발견된 결함을 보완하고 이상이 없다고 판단되면 판매를 개시하게 된다.

이와 동일한 절차로 군에서도 전술차량, 소총, 화포, 전차 등 무기체계를 개발할 경우 기술적으로 조성된 실험실 환경과 실제 야전운용환경에서 시험평가를 거친 후, 요구되는 성능에 도달되었을 경우 정식 생산하여 실무부대에 배치하게 된다.

이처럼 시험평가는 무기체계 개발 및 획득과정의 한 분야이며 관리도구(Tool)이다.[4] 시험평가는 '시험'(Test)과 '평가'(Evaluation)의 합성어로서 시험(Test)이란 개발 및 운용측면에서 무기체계의 객관적인 성능을 검증하고 평가하는 기초자료를 획득하는 과정이며, 평가(Evaluation)란 시험을 통하여 수집된 자료와 기타 수단으로 획득된 자료를 근거로 사전에 설정된 판정기준과 비교분석함으로써 대상무기체계가 사용자 요구에 일치하는지를 검증하고 운용목적에 부합하는지의 적합성을 판단하는 과정이다.

표 2-1 시험평가 정의

시험평가 (Test & Evaluation)	시험(Test) + 평가(Evaluation)
자료획득 및 요구충족성 판단	• 시험 : 무기체계 평가 위한 자료획득 • 평가 : 획득한 자료를 사용자요구에 일치하는지 판단

즉, 시험평가는 무기체계 획득을 위한 구매 또는 연구개발이나 설계제작이 요구사항에 일치하는가를 판단하는 의사결정 지원 단계인 것이다.[5] 그것은 일반적으로 개발시험평가(DT & E)와 운용시험평가(OT & E)로 구분된다.[6]

---

4) 시험평가는 일반물자 획득(비무기체계)에도 적용된다.

5) 방위사업청, 『시험평가업무관리지침서』, p. 15.

개발시험평가(DT&E)	운용시험평가(OT&E)

• 개발부서(ADD, 업체) 책임 • 기술적으로 조성된 환경 • 기술개발목표 충족 여부 확인 • 운용시험평가의 근거	• 운용부서(소요군) 책임 • 실제 전투운용 환경 • ROC 충족, 군 운용 적합성 확인 • 초도양산의 근거

▌그림 2-1▐ **개발시험평가와 운용시험평가 구분**

이 가운데 개발시험평가(DT & E)는 전문적인 시험환경 하에서 시제품에 대한 정량적 작전운용성능을 포함한 기술상의 성능(신뢰도, 가용도, 정비 유지성, 적합성, 호환성, 대환경성, 안전성, 지원요소)과 기능을 전문 엔지니어가 시험을 진행하고, 계측 장비를 이용, 측정하여 검증하고, 설계 · 제작상의 중요한 문제점이 해결되었는지를 확인하는 작업이다.

반면 운용시험평가(OT & E)는 군 운용 환경 하에서 실제 사용할 운용자가 실제 적용해야 할 각종 작전환경 및 이와 동일하거나 유사한 조건 하에서 운용요구능력 충족여부를 재확인하고, 교리, 편성, 종합군수지원요소 등을 포함하여 적합성, 효율성, 생존성, 치명성, 안전성 등을 시험하고 평가하는 작업이다.

6) DT & E(Development Test & Evaluation), OT & E(Operational Test & Evaluation)

2 시험평가와 방위력개선사업의 관계는?

방위력개선사업이란 군사력을 개선하기 위해 무기체계의 구매 및 신규개발 · 성능개량 등을 포함한 연구개발과 이에 수반되는 시설의 설치 등을 행하는 사업을 의미하며, 방위력개선사업비란 이에 투입되는 비용을 말한다.[7)]

현대의 무기체계는 최첨단 컴퓨터 및 통신전자기술과 접목되어 그 발전 속도가 날로 증가하고 있으며, 또 개발 및 획득 위험도 동시에 증가하는 추세에 있다. 따라서 무기체계 획득사업 과정에서 위험을 줄이기 위해서는 의사결정자에게 무기체계의 사용여부에 대한 정확하고 적절한 정보가 적시에 제공되어져야만 한다. 이 과정에서 무기체계의 구매, 연구개발 및 생산 단계에서 의사결정자에게 의사결정에 필요한 정보를 제공하는 것이 시험평가를 행하는 주목적으로, 그것은 개발 및 획득단계의 각 '의사결정점'(Milestone) 에서 다음 단계로의 전환 여부를 결정하는데 필요한 정보를 의사결정자에게 제공함으로써 의사결정을 지원하는 역할과 획득 및 개발과정에서 위험관리 수단으로서 역할을 수행하게 되는 것이다.

〈그림 2-2〉에서 보는바와 같이 무기체계 연구개발사업에서는 무기체계의 소요가 결정되면 선행연구, 탐색개발, 체계개발 단계를 거쳐 무기가 양산되고, 야전에 배치되어 운용 및 유지된다. 시험평가는 이러한 사업관리 절차상에 포함되는 요소로서 탐색개발단계에서는 운용성확인, 체계개발단계에서는 개발 · 운용시험평가를 하게 된다.[8)]

---

7) 방위사업법(2007. 5. 24), 제 3조(정의)

출처 : 육군본부, 『육군 전력발전업무규정』(2006), p. 266.

▌그림 2-2▐ **무기체계 연구개발 사업관리 절차**

위의 사업관리 절차 중 의사결정자의 주요의사결정 시점은 현 사업단계의 종료를 확인하고 다음 사업 단계로 진입 여부를 결정해야 하는 지점이며, 특히 삼각형으로 표시된 바와 같이 첫째, 탐색개발단계 진입승인, 둘째, 체계개발단계 진입승인, 셋째, 양산 · 배치단계 진입승인 시점이 중요하다.

이러한 무기체계 연구개발 사업관리 과정에서 시험평가기관은 탐색개발단계에서 운용성확인을 통해 의사결정자가 체계개발단계로 진입여부를 판단하는 데 필요한 결정적인 정보를 제공하고, 개발 · 운용시험평가를 통하여 양산여부를 결정하는데 결정적인 정보를 제공한다.

이런 점에서 볼 때 시험평가는 방위력개선사업의 필수적인 요소(분야)이고 핵심적인 과정이며, 사업관리의 중요한 도구(Tool)인 것이다. 또한 무기체계 획득 전 과정을 연결하는 필수적인 단계이다. 엄정한 시험 및 평가는 무기체계 구매 및 연구개발의 결과와 그 성과를 입증하는 것은

8) 무기체계 연구개발 사업관리 절차와는 달리 구매사업에서는 소요가 결정되고 획득방안이 구매로 결정되면, '선행연구, 탐색개발, 체계개발 단계' 없이 '제안요청서 작성, 업체 제안서 접수 및 평가, 대상장비 선정, 협상 및 시험평가(협상과 동시진행), 기종결정, 전력화(구매) · 배치, 운용유지, 폐기'의 절차를 거친다. 그러나 무기체계 구매사업에서도 시험평가는 의사결정자가 전력화(구매) 여부를 결정하는데 필요한 정보를 제공함과 동시에 주요한 협상의 수단(가격 절충 등)이 된다.

물론 운용자에게 제공되어 능력을 발휘할 수 있게 하는 가장 기본적인 요소인 것이다.

바로 이러한 이유 때문에 시험평가의 역할을 흔히 "획득시스템의 자동항법장치"라고 하기도 하고, 또 "시험평가 능력의 한계는 무기체계 획득수준의 한계"라고 말하기도 하는 것이다.[9)]

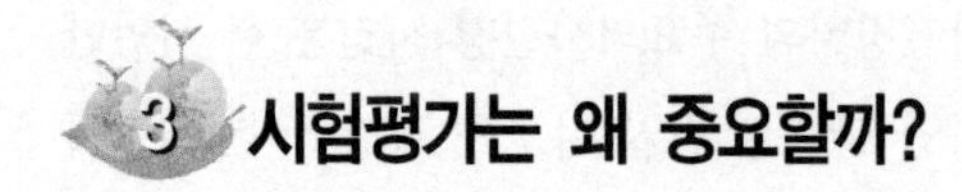

3 시험평가는 왜 중요할까?

2007년 9월 5일 한국 최초의 탑승우주인으로 고산(31세)씨가 결정되었다. 이 날 최종 선정에는 한국에서의 후보선발 성적, 러시아 훈련성적, 과학실험 성적, 종합평가 성적 등이 반영되었다.[10)] 이 뉴스는 한동안 언론과 인터넷을 뜨겁게 달구었다.

이처럼 한국 최초의 탑승우주인 선정을 위하여 후보선발 · 훈련 · 과학실험 · 종합평가 등 다양한 활동이 이루어졌는데, 그 이유는 최종적으로는 의사결정자들로 하여금 고산 씨가 탑승우주인으로서 자격이 있는지를 판단하는데 필요한 정보를 제공하고, 훈련을 통한 능력향상(문제점 확인 및 보완)을 하기 위한 의도였다.

9) 박준호, 「육군 시험평가 발전방향」(시험평가단, '06 시험평가 발전세미나), p. 31, 방위사업청, 『시험평가 업무관리 지침서』(2006), p. 17. 이외에도 '시험평가는 연구개발 능력의 척도', '시험평가 능력의 한계는 연구개발 능력의 한계'라고도 한다.

10) Daum(부안고 bio) 카페에서 재인용(http : //cafe.daum.net/ puan25, 2007년 11월 20일 검색). 고산 씨는 2008년 4월 8일 카자흐스탄 바이코누르 우주기지에서 러시아 우주선 소유즈호를 타고 국제우주정거장(ISS)에 올라가 7~8일 동안 머물면서 18가지 과학실험 등의 임무를 수행하게 된다.

이와 같이 방위력개선사업에 있어서도 시험평가는 의사결정자에게 의사결정에 필요한 정보제공과 '위험관리'(Risk Management, 문제점 확인 및 보완) 도구 역할을 한다. 또한 시험평가는 개발 및 획득된 무기체계의 '수명주기 비용'(Life-Cycle Cost)을 결정하는 역할을 하는 것이다.[11] 시험평가에 관해 좀 더 세부적으로 내용을 살펴보면 다음과 같다.

첫째, 의사결정 도구로서의 역할이다. 오늘날 첨단 정밀과학기술의 발전은 무기체계의 복잡성을 증대시키고, 진부화로 인한 장비의 조기 도태 및 적용 기술의 변경 등을 요구하고 있다. 이에 따라 획득비용도 급격히 증가하고 있는 추세이다.[12] 때문에 개발 및 획득과정의 다음 단계로 진행하기 위한 의사결정에 가장 필요한 정보를 제공하는 시험평가의 중요성은 앞으로 증대될 수밖에 없을 것이다.

시험평가의 결과는 다음 의사결정 단계로의 전환 결정을 위한 검토시 반드시 필요하다. 그러나 반드시 시험평가 결과에 따라 다음 단계로의 사업진행이 결정되지는 않는다. 왜냐하면 최종적인 결정 책임은 '의사결정권자'(Decision Maker)들에게 달려있기 때문이다.[13] 그러나 핵심적으로 의사결정권자는 시험평가로 제공된 확실한 정보 없이는 중요한 판단을 내릴 수 없음은 자명하다.

---

11) 방위사업청, 『시험평가 업무관리 지침서』(2006), pp. 16~19, pp. 27~37. 박찬석, 앞의 글, pp. 2~3.

12) 현대 획득업무의 특징 중 하나는 무기체계의 조기 진부화로 수명주기 및 전력화 시기가 단축된다는 것이다. 즉 과거에는 전력화에 10~20년이 소요되는 대신, 30~40년 동안 장기간 운용하였으나, 현재는 전력화시기가 단기화(5년)되고, 운용기간도 10년 정도로 단축되는 추세이다. 그에 따라 시험평가 소요와 역할이 증대되고 있으며, 시험평가 기간단축 및 시험예산 절감이 필연적으로 요구되고 있다.

13) 의사결정자는 시험평가 결과에 더하여 무기체계의 가격이나 생산계획(일정) 등을 고려하여 의사결정을 하게 된다.

둘째, 시험평가는 '위험관리'(Risk Management)의 도구로서 역할을 한다. 위험관리가 사업분야의 우려되는 치명성을 확인하고 관리하는 도구라면, 시험평가는 치명성을 식별하기 위해 도움을 주는 도구다. 위험관리의 도구로서의 역할은 결함관리와 기술적 위험관리 두 가지가 있다.

먼저 결함관리로서 탐색개발 또는 체계개발 초기단계에서 결함을 발견하여 수정하는 것이 그 이후 발견하여 수정하는 것보다 몇 곱절의 비용이 절감된다. 따라서 조기에 결함사항을 발견하도록 노력하여야 하며, 이러한 과정은 시험평가를 통해 이루어진다.

다음으로 새로운 무기체계를 개발하고 획득하는데 포함된 또 다른 위험은 기술적 위험이다. 부품(Parts), 구성품(Components), 하부체계(Subsystem) 및 체계(System)에 대한 단계적이고 체계적인 시험평가를 통하여 이러한 기술적 위험을 예측하고 관리할 수 있다.[14] 이와 관련하여 기술수준, 기술적 위험도 또는 기술성숙도(technology maturity)라는 용어를 사용하고 있는데 예를 들어 차기 유도무기를 개발한다고 할 때 소요가 결정될 당시에는 그 무기체계에 필요한 모든 기술이 완성되어 있지 않을 경우가 많다. 물론 어떤 기술은 이미 개발되어 있을 수도 있지만, 어떤 기술은 개발되어 있더라도 요구수준에 도달하기 위해서는 추가로 기술적 보완이 필요할 경우도 있고, 또 어떤 기술은 신규로 개발해야하는 경우도 있을 것이다.

기술성숙도는 평가결과에 따라 획득방안(연구개발 또는 구매 여부)에도 영향을 미치고, 연구개발 진입 단계에도 영향을 미친다.

무기체계 연구개발사업을 위한 업체선정을 할 때도 업체개발능력을 평가하기 위하여 업체제안서 평가시 생산 및 시험장비·시설, 연구인력

---

14) 방위사업청, 『시험평가 업무관리 지침서』(2006), p. 28.

등에 더하여 기술성숙도 및 관련 기술수준에 대한 인증을 평가하여 기술적 위험을 감소시키고 있다.

또한 무기체계 연구개발사업의 경우 탐색개발단계의 후반부인 기술개발과정에서 운용성확인을 실시하여 '기술성숙도평가'(TRA, Technology Readiness Assessment)를 함으로써 무기체계개발에 필요한 소요기술들의 기술성숙도를 확인한다.

적절한 운용시험평가를 완료하기 전에 양산을 시작하는 것은 매우 위험하다. 왜냐하면 운용시험평가가 적절히 수행되지 않을 경우 야전에서 만족스러운 성능을 발휘하지 못하게 되고, 이로 인해 수정이 필요할 수밖에 없기 때문이다. 그런데 수정이라는 것도 약간의 개발된 모델로 제한되지 않고, 이미 생산되어 배치된 부분까지도 영향을 끼칠 경우 문제의 심각성은 이루 말할 수 없을 것이다.

이런 극단적인 상황에서 보면 사업관리 기관은 배치된 체계가 그 임무의 중요한 부분에서 적절한 성능을 발휘하지 못하여 능력이 제한되는 위험부담은 물론 그 체계를 사용하고 정비하는 운용자들까지 위험에 빠뜨릴 수 있게 되는 것이다.

무기체계 시험평가가 객관적으로 신뢰성 있게 수행되지 못할 경우 야전배치 후 무기체계의 결함으로 인해 야기되는 국가적 손실을 감안하면, 시험평가의 중요성에 대해 재삼 강조할 필요는 없을 것이다.

셋째, 시험평가는 '수명주기비용'(LCC : Life Cycle Cost)을 감소시키는 역할을 한다. 대략 연구개발 무기체계의 전체 수명주기비용 중 연구개발과 시험평가 비용이 10%, 생산단계 비용이 30%, 운영유지단계비용이 60%를 차지한다. 연구개발과 시험평가비용은 전체 비용의 10%에 불과하지만, 생산 및 운용지원 단계의 성공 여부에 결정적 영향을 주게 되는 활동이며, 적정비용과 일정통제의 의사결정에 결정적인 자료를 제공한다.

수명주기비용의 60%를 차지하는 운영유지비는 개발 초기 단계에서 대부분 결정되며 시스템의 결함을 찾고 보완하는 시험평가 과정이 수명주기비용에 결정적인 역할을 하고 있다.

또한 수명주기비용 중 과거 무기체계의 획득 과정에서 시험평가 비용이 차지하는 비율은 매우 낮았으나 최근 항공기 개발에서 드러나듯이 매우 급격히 증가하는 추세를 보이고 있다.[15] 이는 무기체계 개발기술의 첨단화와 다양화로 시험대상 및 범위가 확대되고 시험과정에서 수집해야 할 자료의 양이 기하급수적으로 증대되고, 시험평가 소요기간, 비용, 인력, 시설 등이 증대되고 있기 때문이다.

현대 시험평가는 국방획득의 목표인 무기체계 성능향상, 무기체계 수명주기 단축에 따른 조기전력화, 비용절감을 위하여 첨단·복합무기, NCW(Network Centric Warfare, 네트워크 중심전) 구현을 위한 체계연동 및 상호운용성[16] 수준까지 검증을 요구하고 있으며, 무기체계 획득 전(全) 단계에 걸쳐 시험평가 참여를 요구하고 있다.

이에 대한 대책으로서 미국 등 시험평가 선진국들은 경제적이고 효율적인 시험평가 능력 구축을 위한 노력을 계속하고 있다.[17]

시험평가는 무기체계 획득 전 과정을 연결하는 필수적인 단계로서,

---

15) 시험평가비용은 항공기, 유도무장에 대하여 각각 개발비용의 약 21%, 15%를 차지하였다. 이는 시험평가 비법이나 절차의 발전에도 불구하고 무기체계 복잡성 증가로 시험내용도 증가하였기 때문이다. 이주형, “연구개발 항공기 비행시험 능력 구비방안” 방위사업청 분석시험평가국, 『2007년 시험평가 세미나 자료집』, p. 6.

16) 상호운용성(Interoperability)이란 ‘서로 다른 군, 부대 또는 체계 간 특정 서비스, 정보 또는 데이터를 막힘없이 공유, 교환 및 운용할 수 있는 능력을 말한다.’ 상호운용성에 대해서는 이 책 Ⅲ장 6절에서 별도로 설명한다.

17) 이주형, 앞의 글, p. 5. ‘21세기 시험평가 및 선진시험장도 이와 같은 전쟁양상과 첨단 무기체계 발전추세에 발맞추어 변신하고 있다.’ 제5회 시험평가기술 심포지엄(2007. 9. 6) 대회사 중에서

개발획득에 대한 성공여부는 시험평가로 판가름 나기 때문에 첨단무기체계의 개발능력은 곧 그 나라의 시험평가 능력에 의해 좌우된다고 해도 과언이 아니다. 따라서 세계수준의 시험평가 능력을 확보하는 것은 곧 세계수준의 무기체계 개발 기반을 확보하는 것이나 다름이 없는 것이다. 세계수준의 무기체계 개발은 대적우위(對敵優位)의 전투력을 확보하기 위해서도 필요하지만, 방산수출(防産輸出)의 활성화를 통한 방산분야 활로를 개척하기 위해서도 절대적으로 필요하다.

한국군도 육군 비전 및 군 구조개편 2020에 의한 지휘 · 부대구조, 병력구조, 전력구조 변화, 그리고 첨단 과학기술의 발달로 인한 무기체계와 획득체계 환경의 변화추세에 따라 시험평가에 대한 패러다임 변화가 요구된다. 즉 국방개혁 2020을 달성하기 위해서는 병력 감소에 의한 전력공백을 첨단 과학화된 무기체계로 보강할 필요가 있고, 이로 인해 현재보다 시험평가 소요도 증대할 것이며, 시험평가의 중요성도 대폭 증대될 것이다.

한국군이 저비용 · 고효율의 전력화를 구현하고 각종 무기체계의 수출을 증대시키기 위해서는 세계적인 수준의 전문성과 신뢰성을 갖춘 과학화된 시험평가를 실시할 필요가 있다. 또한 무기의 국산화율 증대를 위한 신규 무기체계 개발이나, 부품 국산화 증대를 위해서는 시험평가를 통한 보다 철저한 성능 입증이 필요하다.[18] 이를 위해서는 선진국 수준의 시험평가 기법발전과 기반조성이 반드시 필요한 것이다.

따라서 앞으로는 시험평가 조직의 역할과 책임, 중요성 증대에 발맞추어 군 구조개편과 연계하고 국방여건 및 가용자원을 고려하여 시험평

---

18) 방위사업법 제11조 방위력개선사업 수행의 기본원칙에는 '국방과학기술발전을 통한 자주국방의 달성을 위한 무기체계의 연구개발 및 국산화 추진'을 명시하고 있다.

가업무의 혁신을 추진하기 위해서는 중·장기적 혜안을 가지고 시험평가 종합발전 계획을 작성하여 실행할 필요가 있다.

4 시험평가는 어떻게 진행되나?

시험평가는 무기체계 개념형성 단계에서부터 시작하여 폐기처분에 이르기까지 무기체계 전 수명주기 동안 지속적으로 요구되는 활동이다.

개발 초기 단계에서의 시험평가는 개념의 가능성을 확인하고, 위험을 평가하고, 대체 설계안을 찾아내고, 취사선택의 요소들을 비교하고 분석하여 작전운용성능(ROC)의 충족 여부를 예측하기 위하여 수행한다. 체계개발 단계에서 체계 설계와 제작, 조립 과정을 거치면서 시험평가는 설계 목표를 달성하는데 주목적이 있는 개발시험평가(DT & E)로부터 점차 운용효과와 적합성 그리고 지원성의 문제에 주안점을 둔 운용시험평가(OT & E) 쪽으로 비중을 옮겨가게 된다.

무기체계의 개발과정에서 통상 개발시험평가와 운용시험평가를 별도로 분리하여 수행하는 것이 보편적이나, 개발시험평가와 운용시험평가

▌그림 2-3▐ **차기 보병전투장갑차**

가 반드시 순차적으로 수행될 필요는 없다. 가능하다면 일정과 비용의 감소 및 기술적 변화에 따른 개발위험도 감소를 위해 통합하여 병행 또는 동시에 개발시험평가와 운용시험평가를 수행하는 것이 가장바람직하다.

주로 보병수송 임무를 수행하는 기존 장갑차와는 달리 독자전투능력을 보유하고 탑승전투가 가능한 차기 '보병전투장갑차'(IFV : Infantry Fighting Vehicle)를 전력화한다고 가정해 보면 연구개발 및 시험평가 절차는 〈그림2-4〉와 같다.[19]

잠깐! 차기 보병전투장갑차(K21)

순수 국내 독자기술로 개발 완료된 K21 보병전투장갑차는 주무장인 40밀리 자동포와 발사 후 스스로 목표물을 추격해 타격하는 '발사 후 망각(fire & forget)' 방식의 3세대 대전차 유도무기를 탑재하여, 적 장갑차는 물론 헬기와 적 전차 파괴까지도 가능한 화력을 보유하고 있다.

전투중량 25톤급에 유기압 현수장치가 부착돼 전차의 야지 기동력뿐만 아니라 수상도하능력을 보유하고 있어 한국지형에 적합하게 개발되었으며, 탑승인원은 12명으로서 승무원 3명 및 1개 기계화보병분대가 탑승할 수 있다.

K21 보병전투장갑차는 레이저와 열을 감지하여 적의 위협을 자동 탐지 · 경보해주는 최첨단 적외선 센서 적용으로 생존성을 극대화했으며, 피아식별기를 장착하여 주 · 야간 아군과 적군을 구분 가능하다. 지상전술 C4I체계와 연동이 가능하고, 아군 전투차량과 전장정보 공유가 가능

19) 실제 차기 보병전투장갑차(K21)는 지난 1999년부터 국방과학연구소 주관으로 탐색개발을 통해 개발가능성 검토와 기본설계를 했으며, 2005년 초에 체계종합업체인 두산인프라코어 등 11개 방산업체를 통해 시제 3대를 제작 완료했다. 그 후 2007년 2월까지 개발 및 운용시험평가 결과 2007년 5월 방위사업청으로부터 '전투용 적합' 판정을 받았다. 『국방과 기술』 제342호(2007) 8월호, p. 17.

해 부대간 다차원의 연합전투가 가능하다. 따라서 2009년부터 일선부대에 배치되면 한국군의 현존 작전수행능력을 획기적으로 향상시킴은 물론 향후 한국군의 미래 전장환경에서도 전투용 장갑차로서 활약이 크게 기대된다.

또한 순수 국내기술로 개발된 K21은 성능과 가격측면에서 선진국 유사장비(미국, M2 브래들리, 러시아, BMP-3, 영국, Warrior)에 비해 우수해 세계 최고성능을 갖춘 전투용 장갑차로서 해외수출가능성도 높은 것으로 평가되고 있다.

출처 : 월간『국방과 기술』제322호(2005). 12월호, p. 20.
제342호(2007), 8월호 p. 17.「중앙일보」2007년 6월 30일 2면

구 분	소요제안·요청	선행연구	탐색개발	체계개발	양산·배치
육군(전력부)	소요제안·요청	운용능력 요구서 작성	LOA검토		전력화 평가
방위사업청	진화적 ROC 설정	사업추진 전략수립	개발승인·LOA작성	개발·운용 시험평가 통제	양산확정·계약
시험평가단	소요제안/요청서 검토 의견제시	운용능력 요구서 검토 의견제시	운용성확인 수행 LOA작성 참여	개발시험평가 입회 운용시험평가 실시	초도양산전 확인 (전력화 평가 참여)
비 고					
		개발타당성 검토 개념설계	기술연구 시뮬레이션 모형제작	시제품제작 시험평가	생산

▌그림 2-4▐ **무기체계 연구개발시험평가 절차**

육군본부 전력기획참모부에서 합참으로 차기 보병전투장갑차 무기체계 소요요청시 시험평가단은 '소요제안서'를 검토하고, 선행연구(先行研究)단계에서는 '운용능력요구서'를 검토하여 의견을 제시한다.

체계개발단계로 전환 가능성을 확인하기 위한 탐색개발단계에서 시험평가단은 '운용성확인'(Operational Assessment)을 수행하여, 획득하고자 하는 체계가 사용자의 요구사항을 만족할 수 있는지의 여부, 그리고 운용자에게 적합 또는 효용가치가 있는지에 관한 잠재성을 확인하게 된다. 또한 탐색개발 결과를 근거로 방위사업청에서 '체계개발동의서(LOA : Letter of Agreement)'를 작성시 개략적인 시험평가계획이 포함되는데 이때 시험평가단은 의견을 제시하여 반영한다.

체계개발단계에서 국방과학연구소 또는 업체에서 시제품을 가지고 개발시험평가시 시험평가단은 입회 및 의견을 제시하고 운용시험평가를 실시한다.

양산・배치단계에서는 초도양산전 결함사항 보완여부를 확인하기 위한 확인시험에 참여하고, 필요시 전력화평가에 참여한다.

5 우리나라의 시험평가 조직들로는 어떤 것이 있는가?

총 괄

방위력개선사업은 방위사업청 개청과 동시 공포된 방위사업법, 방위사업법 시행령, 방위사업법 시행규칙의 적용을 받는다.[20] 또한 2006년 6월 29일 제정된 국방부 훈령 제 793호 '국방전력발전업무규정'과, 2007년 10월 30일 제정된 방위사업청 훈령 제 65호 '방위사업관리규정'에 의해 시행된다.

---

20) 방위사업법(법률 제7845호), 시행령(대통령령 제19321호),시행규칙(국방부령 제598호, 산자부령 제331호) 참조

이에 근거하여 무기체계 시험평가를 담당하는 한국의 시험평가 조직에는 업무를 조정・통제하는 방위사업청(분석시험평가국, 사업관리본부), 개발시험평가를 수행하는 국방과학연구소, 운용시험평가를 수행하는 소요군 시험평가단[21], 시험평가관련 기술지원을 하는 국방기술품질원 등이 있다. 〈그림 2-5〉는 무기체계 시험평가 절차를 보여준다.[22]

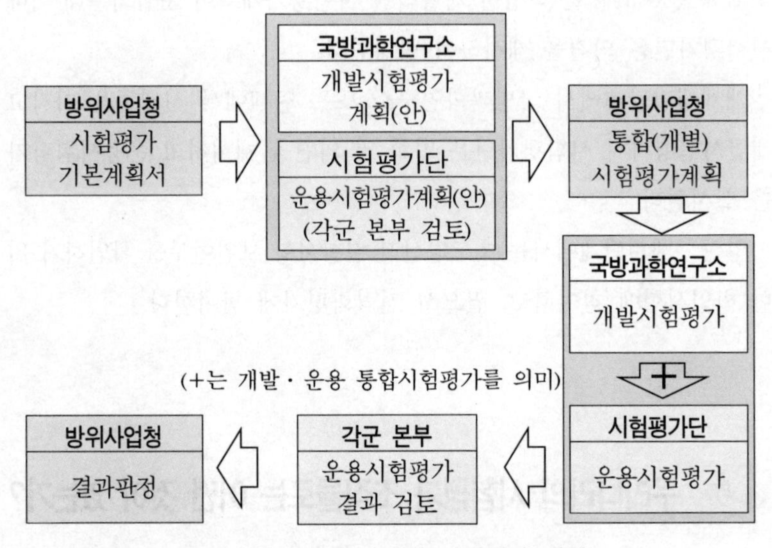

▌그림 2-5▐ **무기체계 시험평가 절차**

〈그림 2-5〉에서 보는 것처럼 방위사업청에서 '시험평가기본계획서'(TEMP : T & E Master Plan)를 작성해서 통보하면, 국방과학연구소에서는 개발시험시험평가계획(안)을 작성하고, 시험평가단에서는 운용시험

---

21) 육군은 육군본부 직할로 '시험평가단'이 있으며, 해군은 해군본부 전투발전단 '시험평가처', 공군은 공군본부 전투발전단 분석평가처 '시험평가과'로 편성되어 있다.

22) 비무기체계는 국방부 군수관리관실에서, 자동화 정보체계는 국방부 정보화 기획관실에서 업무를 조정・통제한다.

평가계획(안)을 작성하여 각군 본부 사업관리부서(육군의 경우 전력기획참모부) 검토를 거쳐 방위사업청 분석시험평가국과 사업관리본부에 통보한다.

방위사업청 분석시험평가국에서는 국방과학연구소 및 소요군(시험평가단)에서 제출한 개발시험평가계획(안)과 운용시험평가계획(안)을 근거로 사업관리본부의 검토의견을 고려하여 통합시험평가계획서를 작성한다. 이때 통합하여 수립하는 것이 비효율적이라고 판단되는 경우에는 개발시험평가계획서와 운용시험평가계획서로 구분하여 각각 작성하여 다시 국방과학연구소와 소요군(시험평가단)에 통보한다.[23] 이를 근거로 국방과학연구소에서는 개발시험평가를, 시험평가단에서는 운용시험평가를 수행하고, 방위사업청에 결과를 제출(운용시험평가결과는 각군 사업관리부서 검토)한다.

방위사업청에서는 결과를 판정하여 전투용으로 사용이 가능하다고 판정한 경우 국방장관이 주관하는 방위사업추진위원회에 보고하여 통과하면 국방전력발전업무규정(제4장 제4절 시험평가) 및 방위사업관리규정(제Ⅱ편 8장 시험평가)에 정해진 절차에 따라 방위력개선사업을 집행한다.[24]

23) 시험평가계획 수립과정은 '기초(기본)계획→세부계획(안)→최종계획 확정' 순으로 보면 된다. 즉, 방위사업청에서는 기초가 되는 개략적인 기본계획을 수립하고, 국방과학연구소와 시험평가단에서는 이를 근거로 상세한 세부 시험계획안(案)을 작성하며, 방위사업청에서는 양개기관의 안(案)에 대한 타당성을 검토하여 최종 보완・승인 후 통합시험이 필요하면 통합시험계획으로, 각각 분리하여 시행하는 것이 더 좋다고 판단되면 구분된 개발시험평가계획 및 운용시험평가계획으로 확정하여 통보한다.

24) 합참에서는 방위사업청 결과판정 전(前) 시험평가결과에 대한 합동성・상호운용성 검토업무를 수행한다.

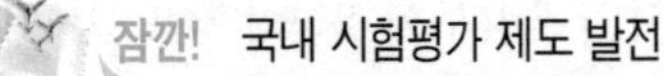

잠깐! 국내 시험평가 제도 발전

- 1972년 : 무기체계 획득관리규정(국방부훈령 제143호)

  국내의 시험평가 제도는 우리나라가 자주국방을 위한 방위산업을 구축하기 시작한 1972년 제정된 "무기체계획득관리규정"을 근거로 발전하였다.

  - 1979년 : 국방부훈령 제245호로 개정(1979. 3. 5)

    "국방기획관리제도"를 바탕으로 업무의 흐름과 관련 부서의 상호관계를 명확히 규정하는 본격적인 모습을 갖추기 시작하였다.

  - 제382호(1988.12.30)부터 제557호(1997.5.19)로 개정

    규정 편성면에서 보다 세분화된 모습을 보이고 있다. 즉, "무기체계획득관리규정"은 무기체계획득 전반에 걸친 포괄적인 내용을 규정하고, 연구개발에 의한 획득은 별도의 훈령인 "국방연구개발업무규정(훈령 제563호, 1997. 7. 1)", 시험평가업무는 역시 별도의 "시험평가업무규정(훈령 제568호, 1997. 8. 16)"으로 세분화되었다.

- 1999.1.2 : 국방획득관리규정(국방부훈령 제610호) 제정

  - 제621호(1999.4.3)부터 제727호(2003.2.1)로 6차례 개정

    별도의 "시험평가업무규정" 없이 훈령내부에 시험평가 업무내용이 포함되었다.

  - 훈령 제733호(2003.5.13)로 개정(2005.12.31일까지 적용)

- 2006.1.1 : 방위사업청 개청(방위사업법 공포)

  방위사업 업무는 "국방획득관리규정"이 아닌 방위사업법의 적용을 받게 되었다. 방위사업법을 근간으로 시행령, 시행규칙이 제정 되었고, 방위사업 세부 수행을 위해 "방위사업관리규정"이 제정(2007. 10. 30) 되었다.

출처 : 국방부『국방획득관리규정』, 방위사업청, 『시험평가 업무관리지침서』(2006), p. 19. 및 이주형, 앞의 글, pp. 12~13.

방위사업청

국방획득분야에 대해 투명성을 강화하기 위하여 방위력 개선사업, 군수품 조달 및 방위산업 육성에 관한 사업을 관장하는 정부기구로 방위사업청이 2006년 1월 1일 부로 출범하였다. 방위사업청의 조직구성은 〈그림 2-6〉과 같다.

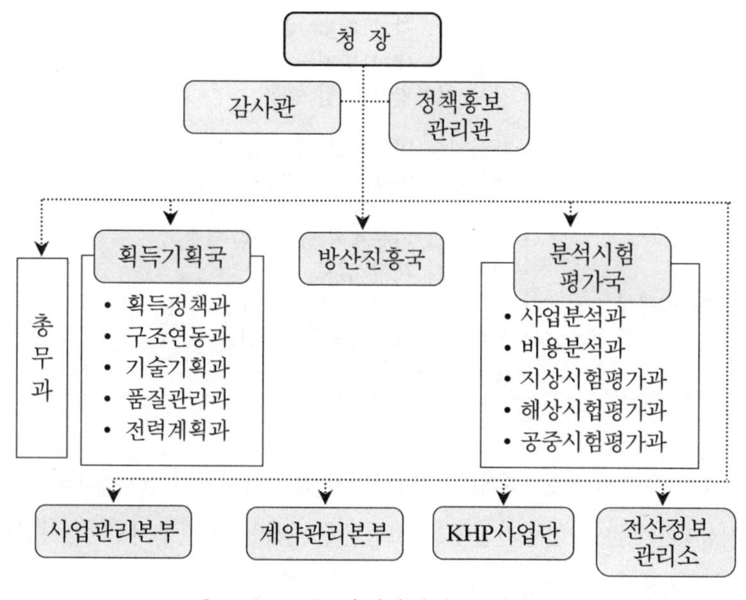

| 그림 2-6 | 방위사업청 조직구성

국방전력발전업무규정에 의하면 방위사업청은 방위력개선사업의 획득에 관한 정책 수립・제도 발전, 방위력개선사업분야 중기계획(안) 작성, 방위력개선사업분야 예산편성 및 운영, 무기체계 연구개발 및 구매사업 관리, 무기체계 시험평가 및 획득단계 분석평가, 군수품 중앙조달 및 표준화・품질보증, 방산국제협력 업무, 방위산업육성기본계획 수립, 방산지원 업무 등을 수행한다.[25)]

방위사업청의 시험평가 관련기구 및 수행업무는 〈표 2-2〉와 같다.

▌표 2-2▌ 방위사업청 시험평가 관련기구 및 수행업무

부 서	수 행 업 무
분석시험평가국 지상 · 해상 · 공중 시험평가과(무기체계, 핵심기술)	• 시험평가 정책수립 및 제도발전(무기체계) • 시험평가 기본계획 검토, 승인 및 통합계획 수립 • 시험평가 수행 조정 · 통제 • 시험평가 결과 검토 및 판정 • 시험평가 예산 반영 · 검토 및 집행 • 전시 시험평가 사업 분류
획득기획국	• 핵심기술 연구개발 업무 조정, 통제 • 핵심기술 과제의 성과평가
사업관리본부	• 시험평가 기본계획 수립 및 제출 • 시험평가 계획 검토 • 시험평가 관리(시험평가 내용, 일정, 비용) • 시험평가 예산확보 및 지원 • 운용시험평가 지원

〈표 2-2〉에서 보는 것처럼 방위사업청 분석시험평가국(지상 · 해상 · 공중시험평가과)은 시험평가업무를 조정 · 통제하는 주관부서로서, 시험평가계획(기본계획 및 최종계획)의 수립과 연구개발 주관기관 · 소요군의 시험평가 진행의 확인 및 결과 판정 등의 임무를 수행하고, 획득기획국은 핵심기술 연구개발 업무를 조정 · 통제한다. 사업관리본부는 시험평가 계획을 검토하고, 시험평가 내용, 일정, 비용을 관리하며, 시험평가 예산을 확보하고 지원한다.

25) 국방부, 『국방전력발전업무규정』(2006. 6. 29) 제7조

국방과학연구소(ADD)[26]

국방과학연구소는 주요 무기체계 및 비무기체계 연구개발・시험, 핵심기술 연구개발・시험, 대군 기술지원 임무를 수행한다.[27] 이중 시험평가 관련 업무로는 국방과학연구소 주관 연구개발사업의 개발시험평가 및 업체 시험평가를 지원하고, 각 군 및 기관에 시험평가 관련 기술지원을 한다.[28]

국방과학연구소의 조직은 소장 이하 7개의 본부(1에서 7까지 순서대로 정밀타격, C4I, 감시정찰/센서, 신특수/에너지, 지상/무인화, 수중/해양, 항공/무인기)와 종합시험단, 참모부서/연구지원단, 편조 체계개발사업단 등으로 구성되어 있다.[29]

국방과학연구소의 인원은 2,500여 명으로 연구개발 인력이 84%(박사 33%, 석사 62%)이며, 연구지원요원이 16%이다. 국방과학연구소는 미국, 프랑스, 영국, 이스라엘, 이탈리아, 독일, 캐나다, 스페인, 일본 등과 국제기술협력을 추진하고 있거나 추진할 예정이다. 또한 한국과학기술원, 서울대, 포항공대 등과도 협약을 맺어 특화연구센터를 운용 중이고, 대덕연구개발 특구와는 국방기술협력센터를 운용하고 있으며, 국방과학 핵심기반기술에 대한 기초연구를 위하여 대학 및 학계연구소를 지속적으로 지원 및 활용하고 있다.

한편, 국방과학연구소는 폭발현상, 초고주파, 지상연소, 구조실험실

26) '국방과학연구소 홈페이지'를 주로 참고하였다.

27) 국방부, 『국방전력발전업무규정』(2006. 6. 29) 제8조

28) 이주형, 앞의 글, p. 14. 및 육군본부 『종합군수지원 실무지침서』 2장 p. 6.

29) 국방과학연구소는 핵심기술분야에 대해 업무중점을 두고 능력을 강화하기 위하여 2007년 7월 초 연구소 편제를 기존의 '체계'중심에서 '핵심기술 연구개발 중심'으로 변경하였다.

등 56개의 실험실을 보유하고 있으며, 5개소의 시험장을 보유하고 있다.

안흥시험장은 유도무기 · 로켓시험, 총포 · 탄약시험, 환경시험을 실시하기 위한 시험장으로 180㎞ 사거리 사격이 가능하다. 다락대시험장은 총포 · 탄약시험을 수행하며, 6㎞ 사거리 사격이 가능하다. 그 외에도 창원의 기동시험장은 기동 · 공병장비를 시험하고, 진해의 해상시험장은 함상병기, 수중무기, 함정을 시험하며, 해미에는 항공시험장을 보유하고 있다.

국방기술품질원[30]

국방기술품질원은 우수 군수품 획득을 위한 품질보증 및 품질경영과 국방과학기술의 조사 · 분석 · 평가 및 정보관리를 보다 체계적으로 수행하기 위한 국방기술기획업무를 주임무로 하여 방위사업청 출연 전문연구기관으로 2006년 2월 2일 개원되었다.

국방기술품질원은 시험평가와 관련하여 비무기체계 업체투자연구개발사업의 개발시험평가를 수행하며, 무기체계 시험평가시에는 각군(시험평가기관) 및 방위사업청을 비롯한 기관에 기술지원을 하고 있다.

국방기술품질원의 조직은 〈그림 2-7〉과 같다.

기술기획본부는 방위력개선사업에 대한 기술조사 · 분석평가 및 기술관리, 방위사업청 IPT 및 대군 기술지원(시험평가포함), 비무기체계 업체투자연구개발 기술지원 등의 업무를 수행하고, 품질경영단은 군수품 품질보증 활동, 양산 및 운영단계 부품국산화 개발관리 및 표준화 등 업무지원, 양산단계 설계상 오류 및 수정 등 형상통제 업무를 수행한다.

국방기술품질원의 연구인력은 박사 13%, 석사 50%, 기타 37%이며,

---

30) '국방기술품질원' 홈페이지를 주로 참고하였다.

서울, 부산 등지에 6개의 전문연구센터를 두고 있다.

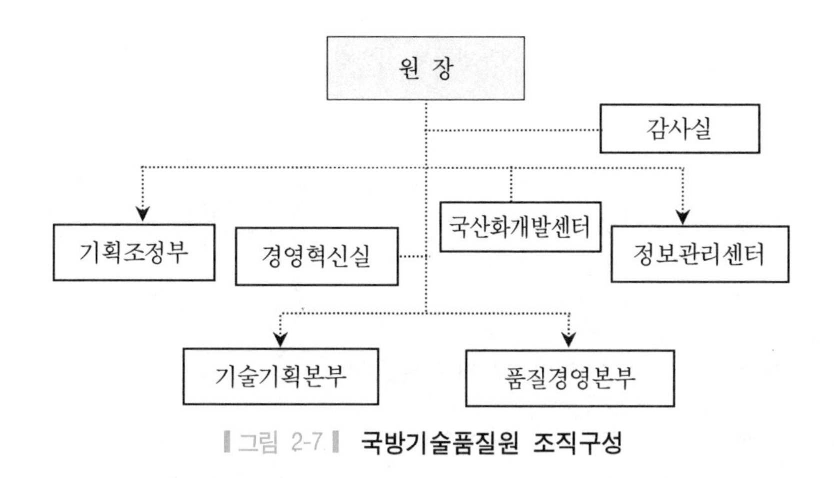

▌그림 2-7▐ **국방기술품질원 조직구성**

육군의 시험평가 조직(시험평가단)

시험평가단의 발자취

육군 시험평가단의 변천과정은 우리나라의 무기체계 개발사와 맥을 같이 하며, 내용은 〈표 2-3〉과 같다.

1970년대에는 무기 · 장비가 미국의 군사원조 및 해외구매 위주로 획득되었으나, 국산화 개발 시작으로 시험평가업무 필요성이 대두되어 1981년 5월 교육사령부 전투발전부에 시험평가처가 설치되어 육군에서 최초로 시험평가 업무부서가 창설되었다. 이후 1982년 11월 시험평가 중요성 및 시험평가 소요 증가로 조직이 확대되었고, 시험평가의 투명성 · 공정성이 요구되어 전투발전부에서 독립하여 교육사령부 시험평가실로 편성이 변경되었다. 이후 1985년 임무의 중요성을 고려 "부(部)"로 승격되어 시험평가부로 명칭이 변경되었다.

▮표 2-3▮ **시험평가단 변천과정**

연 도	내 용	비 고
1981. 5. 1	교육사령부 전투발전부 시험평가처 설치	화력, 기동시험
1982. 11	교육사령부 직속 시험평가실로 독립	
1985. 7	시험평가부로 위상승격	시험평가업무 지원을 위한 시험계획처 신설
1990. 1	특수시험처 신설	통신, 정보 · 전자, 방호 기능의 시험 추가
1995. 3	시험평가단으로 개칭 및 증편	시험평가 소요증가 종합군수지원 완전성 보장
2004. 4	자동화체계시험처 신설	
2006. 4. 1	육군본부로 예속전환	방위사업청 개청 (2006. 1. 1)
2007. 6	항공시험과 신설	KHP사업기반조성

시험평가단이 현재와 같은 단(團)으로 개칭(단장 : 장군)된 것은 1995년 3월이다. 그 이유는 중 · 장기 전력증강계획에 의한 시험평가 소요가 추가로 증가하였고, 종합군수지원(ILS)의 완전성을 보장하기 위해서였다. 이 때 시험평가단에는 종합군수지원처(ILS처)가 신설되었다. 그리고 2004년 4월에는 C4I체계 등 자동화체계개발(국방정보체계) 발전에 따라 '자동화체계시험처'가 신설되었다.

시험평가단이 현재의 모습을 갖춘 것은 2006년 4월로서 방위사업청 개청에 따른 각 군의 전력증강업무 조직과 기능이 방위사업청으로 전환됨에 따라 시험평가단이 무기체계 획득관리 업무를 대행하게 되었다. 또한, 육군에서는 무기체계 및 비무기체계(장비, 물자, 교육장비 · 교보재 등) 시험평가업무가 시험평가단으로 일원화됨으로써 시험평가단의 임무와 기능 등의 중요성이 커지게 되었다. 따라서 정책의 일관성과 의사결정의 신속성을 보장하기 위해 교육사로부터 육군본부 직할로 예속이 변경되었으며, 계룡대 지역으로 이전하여 오늘에 이르고 있다.

최초 설치된 1981년 이후 현재까지 인원은 4배가 증가하였고, 오늘날의 감군 추세에도 불구하고, 시험평가의 중요성을 감안하여 시험평가단의 규모는 오히려 조금씩 커가고 있다.

또한, 비무기체계(교보재류 포함) 시험평가가 추가됨으로써 운용시험평가 업무영역이 확대되어 육군의 시험평가단은 육군본부 각 참모부와 유기적인 업무협조를 실시하고 있으며 이를 통해 무기체계의 적기 전력화에 기여하고 있다.[31]

시험평가단의 임무와 역할은?

시험평가단의 주된 임무는 무기・비무기체계에 대한 운용시험평가를 수행하는 것이며, 그 외에도 획득단계별 시험평가 관련 지원업무 수행(획득관리 전 순기 입회 및 참여), 운용시험평가 업무 연구・ 발전 등의 업무를 수행한다.

시험평가의 대상이 되는 무기체계는 지휘통제체계(합동지휘통제체계 KJCCS, 지상전술 C4I 체계 등)와 통신체계(군 위성통신체계, SPIDER, 교환기 등), 감시・정찰 무기체계(전자전, 레이더 장비, 전자광학장비 등), 기동 무기체계(전차, 장갑차, 전투차량 등), 항공 무기체계(고정익, 회전익 항공기 등), 화력 무기체계(소화기, 대전차화기, 화포, 탄약, 유도무기 등), 방호 무기체계(방공무기, 공병장비 등), 전술훈련 모의장비 등의 기타 무기체계가 있다. 비무기체계는 일반군수물자와 교육훈련용 장비・물자(교육훈련용 장비, 교보재, 교육지

---

31) 무기체계는 전력기획참모부, 자동화 정보체계는 정보화기획실, 물자류는 군수참모부, 교보재 등 교육훈련지원요소는 정보작전지원참모부와 협조한다.

원장비 등)를 말하며 품질의 안정성과 사업추진의 투명성 보장을 위해 시험평가단이 육군본부 예속부대로 전환되면서 추가적으로 운용시험평가 업무를 수행하고 있다.[32)]

운용시험평가의 중점은 〈표2-4〉에서 보는 것처럼 첫째, 작전운용성능(ROC) 충족성, 둘째, 군 운용의 적합성, 셋째, 전력화지원요소(전투발전지원요소, ILS)의 실용성이다.[33)] 신형 155밀리 자주포(K9) 운용시험평가의 경우를 예로 들어보자.

▌그림 2-8▐ K9 자주포

K9 자주포 운용시험평가시 시험평가관은 최대사거리, 발사속도, 사격통제방식 등의 '작전운용성능'을 확인하고, '군 운용 적합성'을 확인하기 위하여 운용 및 조작의 편의성 · 안전성, 기존 무기체계와의 상호운용 적합성, 전술적 운용의 적합성, 동 · 하계 및 야전운용을 고려한 환경

---

32) 시험평가 대상 무기체계와 비무기체계에 대해서는 『국방전력발전업무규정』(2006). pp. 222～230 [별표 2] 참조

33) 전력화지원요소란 무기체계 획득시 야전배치와 동시에 전력화할 수 있도록 발전시켜야 할 '전투발전지원요소'와 효율적이고 경제적인 군수지원 보장을 위한 '종합군수지원요소'를 말한다.

적응성 등의 시험을 한다.

또한 '전력화지원요소'의 실용성 시험은 야전교범을 포함한 전투교리, 전투편성, 교육훈련 등의 '전투발전지원요소'가 적합한지 확인하고, 표준화 및 호환성, 정비계획, 지원장비, 보급지원, 군수인력운용, 기술교범, 포장 · 취급 · 저장 및 수송, 정비 및 보급시설 등 '종합군수지원(ILS)'의 실용성 여부를 확인한다.

표 2-4 운용시험평가 중점(예 : K9 자주포)

구 분		비 고
작전운용성능 충족성		• 최대사거리 • 발사속도, • 사격통제방식 등
군 운용의 적합성	운용 및 조작의 편의성, 안전성	• 운용 · 조작의 편의성 • 운용 · 조작의 안전성
	기존무기체계와 상호운용 적합성	• 기존 통신장비와 운용적합성 • 기존 사격기재와 운용적합성
	전술적 운용의 적합성	• 화포방열 • 임기표적사격 • 전술적 임무수행능력 등
	환경적응성	• 저온 · 고온 • 강수, 강설 • 모래먼지 • 연막시험 등
전력화지원 요소의 실용성	전투발전지원요소	• 군사교리 • 부대편성 • 교육훈련 • 시설 • 무기체계 상호운용을 위해 필요한 하드웨어 · 소프트웨어
	종합군수지원요소 (ILS요소)	• 연구 및 설계반영 • 표준화 및 호환성 • 정비계획 • 지원장비 • 보급지원 • 군수인력운용 • 군수지원교육 • 기술교범 • 포장, 취급, 저장 및 수송 • 정비 및 보급시설 • 기술자료 관리

잠깐! 신형 155밀리 자주포(K9)

신형 155㎜ 자주포(K9)는 1990년대 우리의 국방과학기술이 혼신을 다해 개발해낸 대표적 무기체계로서 1998년 시험평가를 마치고, 1999년 전력화된 세계에 자신 있게 자랑할 수 있는 명품(名品)이다.

K9은 최대사거리가 40㎞에 달해 적지종심(20~40㎞)에 대한 화력지원과 대(對)화력전에서 우수한 성능을 발휘하여 적 포병을 제압할 수 있다는 점이 가장 큰 특징이다. 자동화된 사격통제장비와 포탄이송 장전장비를 탑재해 사격명령을 접수한지 수초 이내에 초탄을 발사할 수 있다.

강력한 화력에 더해진 뛰어난 기동성(최대속도 60㎞/h) · 생존성, 그리고 용이한 방향전환과 우수한 주행 가속성도 돋보인다. 이를 바탕으로 사격후 즉각적인 진지이동, 즉 '사격후 신속한 진지변환'(shoot & scoot)의 전술 운용을 보장하며 국내에서 개발한 고강도강(鋼)으로 장갑을 보호, 적의 화기와 포탄 파편으로부터 전투요원을 보호할 수 있다.

이 같은 K9의 성능은 미군의 주력인 155㎜ 자주포 M109A6 '팰러딘'과 영국의 AS90, 독일의 PzH2000과 사거리와 반응성, 기동성을 나타내는 최대 주행속도, 가속성능, 등판능력과 톤당 마력면에서 대등 또는 그 이상으로 우수하다.

출처 : 신인호, 『무내미에는 기적이 없다』(서울 : 책으로 만나는세상, 2003), pp. 27~30.

방위사업청이 개청되면서 시험평가단의 역할도 일부 변경이 되었는데, 과거에는 업무범위가 획득단계 중 시험평가에만 국한되던 것이 현재는 획득 전(全) 단계에 참여하고, 과거에는 전투용 사용 가(可) · 부(不可)의 결과판정을 시험평가단에서 하였으나 현재는 판정 권한이 방위사업청으로 전환되었다.

시험평가는 이처럼 무기체계 전 분야에 대한 중간 및 최종검증을 하기 때문에, 시험평가단은 '시험평가는 방위력개선사업의 최후 보루'라는 사명감을 가지고 '방위력개선사업의 파수꾼' 역할을 수행하고 있다.[34]

시험평가단의 편성은 어떻게?

시험평가단은 〈그림 2-9〉에서 보는 것처럼 전장기능별 운용시험평가를 고려하여 계획총괄 및 시험지원을 하는 계획운영과와 전장기능에 의하여 기동, 화력, 통신특수, 방호, 자동화체계, 항공시험과로 편성되어 있다.

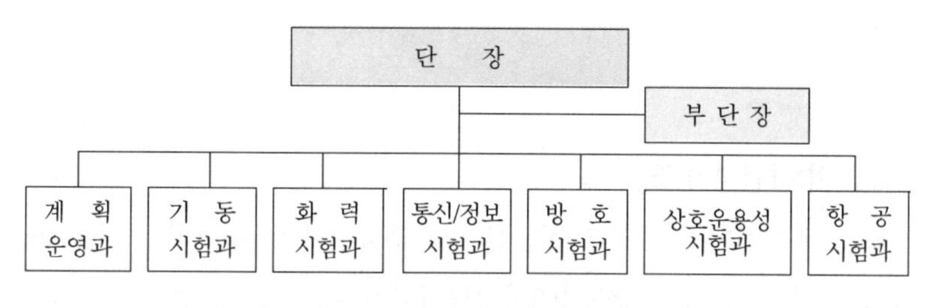

┃그림 2-9┃ **육군 시험평가단 편성**

이와 같은 편성은 고정된 것은 아니며, 임무에 따라 변경되기도 한다. 예를 들어 앞으로는 비무기체계(일반군수품, 교육훈련용 장비 · 물자 등) 시험평가 업무가 증가함에 따라 물자시험과가 신설될 예정이다.

또한 현대의 무기체계는 단순기능보다 복합기능을 가진 경우가 많으므로 시험평가를 위해서는 무기체계의 특성을 고려하여 몇 개의 기능을 묶어 TF(Task Force) 개념의 별도 '시험평가팀'을 편성하기도 한다. 예를 들어 차기 전차나 차기 보병전투장갑차의 경우는 무기체계 분류상으로는 기동기능에 속하지만 기동, 통신, 화력, 정보(감시 · 정찰), 방호 등의 기능이 복합되어 있고, 자주포의 경우는 화력기능에 속하지만 기동, 통

34) 파수꾼이란 첫째, 경계하여 지키는 일을 하는 사람(把守, a guard), 둘째, 어떤 일을 한눈팔지 않고 성실하게 하는 사람을 비유적으로 이르는 말이다.(네이버 지식검색)

신, 화력, 정보, 방호 등의 기능이 복합되어 있으며, 심지어는 차기 복합형 소총의 경우도 화력기능에 속하지만 화력, 정보 기능이 복합되어 있다. 이 경우 시험평가를 위해 주기능을 담당하는 과에서 주시험관을 편성하여 시험평가를 주관하지만 다른 기능과에서도 부시험관을 편성하여 지원하며, 필요시에는 각 병과학교, 야전부대 등 타 기관의 전문인력을 추가로 편성하여 시험평가를 진행한다.

해·공군의 시험평가 조직

해군의 시험평가 조직

해군의 시험평가 조직은 해군본부 전투발전단 '시험평가처'(처장 대령) 예하에 시험평가 1과, 2과, ILS시험평가과가 있다. 시험평가 1과는 함정 시험평가를 담당하고, 2과는 해상·수중무기 시험평가를 담당한다.

해군 시험평가처는 1995년 3월 전투발전단 무기체계연구발전처 시험평가연구과로 출발하였는데, 이때에는 무기체계 시험평가 체계, 기법 등에 대한 연구발전업무만 수행하였고, 실질적인 시험평가는 사업주관부서와 조함단에서 수행하다가, 1995년 9월 전투발전단 무기체계처 시험평가과로 개편되면서 무기체계 시험평가 기능을 수행하게 되었으며, 1996년 1월에는 조함단에서 '인수시운전(引受試運轉)'[35] 기능을 인수하여 수행하게 되었다.

1999년 4월 전투발전단 시험평가처(함정, 무기시험평가과)로 증편되었고, 2007년 2월에는 ILS 시험평가과가 신설되어 오늘에 이르고 있다.

35) 업체에서 건조한 함정·항공기를 군이 인수하는데 있어서 인수시운전을 통하여 건조계약상의 계약요구조건 충족여부를 확인평가하여 기준충족여부를 판정하기 위하여 실시한다.

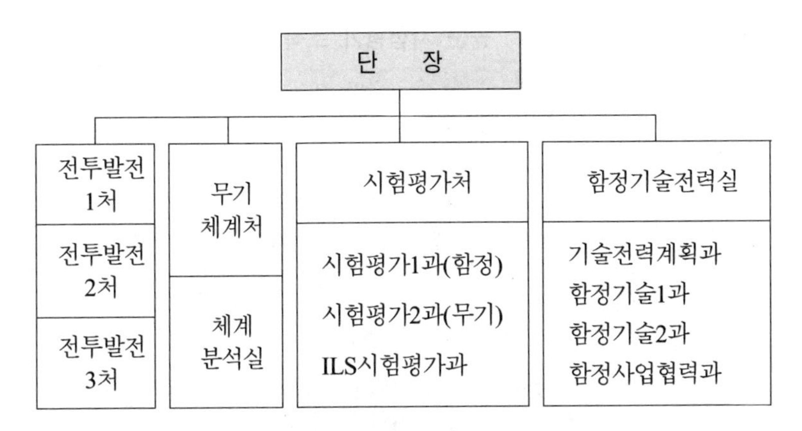

▌그림 2-10▐ **해군 전투발전단 편성**

한편 해군본부 전투발전단 함정기술전력실에서는 함정 시험평가 및 시운전 기술업무를 담당하여, 자료에 의한 시험평가 기준검토, 함정 인수시운전평가서 검토 및 확정, 함정 인수시운전 참관 및 기술지원을 하고 있다.

공군의 시험평가 조직

공군의 시험평가 조직은 공군본부 전투발전단 분석평가처 예하에 시험평가 업무를 조정 · 통제하는 '시험평가과'가 있으며, 비행시험을 지원하는 '제52시험평가전대'가 있다. 〈표 2-5〉는 공군 시험평가 조직 및 직능을 보여준다.

공군은 육군과 달리 시험평가과가 아닌 제52시험지원전대에서 연구개발사업 개발시험평가 입회 및 지원을 하고, 운용시험평가계획(안)을 수립하여 보고하며, 운용시험평가를 수행하고 결과보고를 한다.

표 2-5 공군 시험평가 조직 및 직능

부 서	직 능
공군본부 시험평가과	• 공군 시험평가업무 조정 · 통제 • 국외도입사업 시험평가업무 • 연구개발사업 시험평가업무 - 체계개발동의서 및 체계개발계획서 검토 - 운용시험평가 계획 승인, 승인건의 - 운용시험평가 결과 판정, 판정건의 • 시험평가 예산 소요제기
제52 시험평가전대	• 국외도입사업 시험평가업무 • 연구개발사업 시험평가업무 - 체계개발계획서 검토(시험평가분야) - 개발시험평가 입회 및 지원 - 운용시험평가 계획 보고 - 운용시험평가 수행 결과 보고 • 비행시험 지원 • 시험평가 예산 소요제기 및 집행결과 보고
군수사령부 항기소	• 국산화 개발품 개발 · 운용시험 • 국산화 개발품 인증

출처 : 이주형, 앞의 글, p. 15.

6 외국의 시험평가 조직들로는 어떤 것이 있는가?

미 국

미 국방성 시험평가 조직

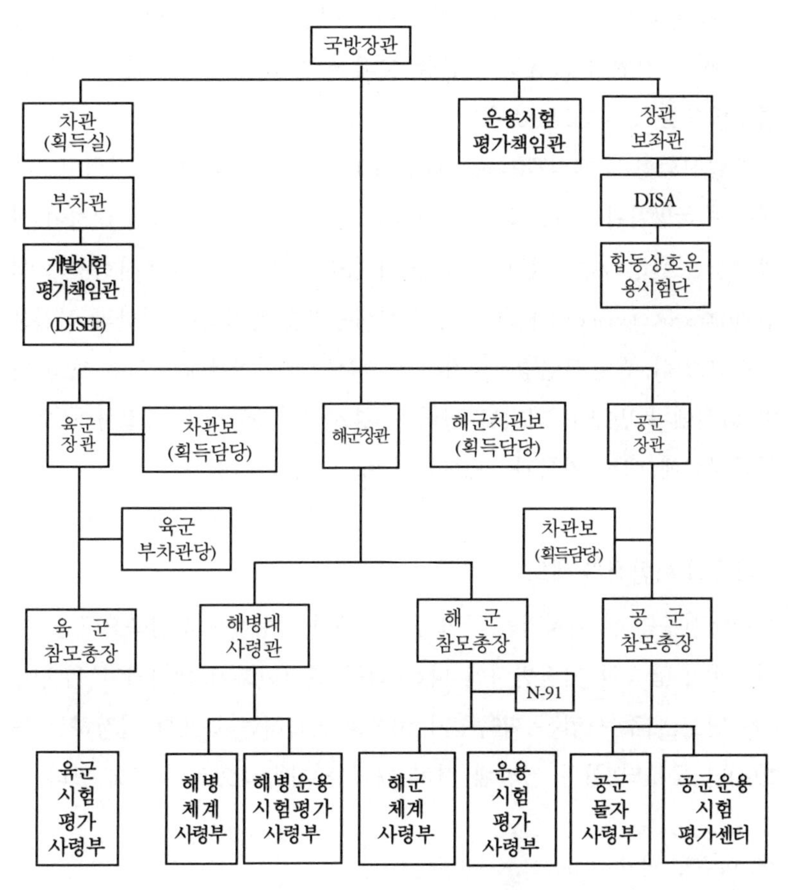

▌그림 2-11▐ 미 국방성 시험평가 조직

미국의 시험평가 조직은 〈그림 2-11〉에서 보는 바와 같이 세계 최대 무기개발 및 수출국답게 방대하다.

미국의 경우 시험의 객관성과 일관성을 유지하기 위하여 개발시험은 국방부 차관실(획득실), 운용시험은 운용시험 평가국이 각각 주관하여 수행하며, 육·해·공군별 개발시험과 운용시험 조직을 분리 운영하고 시험과 평가를 분리한 독립적인 평가제도를 적용하고 있다.

육·해·공군이 별도의 시험평가시설을 보유하여 독립적 시험평가를 수행하며, 국방성 차원의 위원회에서 시험평가업무에 대한 조정·통제를 하여 자원의 효율적 배분을 통해 불필요한 낭비를 최소화 하고, 업무중복을 방지하고 있다.[36]

개발시험평가 책임관(Deputy Director Developmental T & E)은 시험평가에 대하여 국방차관을 보조하고 조언하는 참모로서 주요 사업에 대하여 개발시험을 관장하는 권한과 책임을 가지고 있다. 반면, 운용시험평가 책임관(Director Operational T & E)은 운용시험평가를 관장하는 권한과 책임을 가지고 있다. 운용시험평가국장의 보고서는 국방장관에게 직접 보고 되며 의회에 특별보고 되기도 한다. 운용시험평가국장은 국방성의 모든 획득계획에 대한 기록과 자료를 볼 수 있다.[37]

미국의 시험평가 제도

미국정부는 전 세계적인 군비축소 추세와 국방예산의 감축요구 및 무기체계의 급속한 기술발전에 따른 획득 환경변화에 대처하기 위하여, 1997년도 이후 사업은 획득주기 50%를 단축하는 목표를 설정하는 등 1990년 초부터 획득 전반에 걸쳐 개혁을 지속적으로 추진해 왔다.

36) 이주형, 앞의 글, p. 24.

37) 방위사업청, 『시험평가 업무관리지침서』(2006), p. 20, 59.

미국의 시험평가제도는 무기체계 개발과정에서 제거해야 할 '결함'(Deficiency)을 조기에 도출하여 획득과정의 위험을 관리하고, 시험평가 과정을 통해 시스템의 요구 충족도, 소요군 요구도 분석 및 위험도 해석을 통한 객관적인 자료를 의사결정자에게 제공함으로써 다음 단계의 사업진행 결정에 대한 확신을 주어 의사결정을 지원하는 수단으로 활용하고 있다. 이 제도의 특징은 소요 및 개념형성 단계에서부터 모델링 및 시뮬레이션(M & S)에 의한 조기 운용성확인(EOA : Early Operational Assessment)을 실시하여 개발시 문제점과 위험요소를 조기에 발견하여 수정하고, 해당 무기체계의 잠재적인 운용효과 평가 및 사용자 요구를 반영하여 사업추진의 타당성을 검토함으로써 사업초기에 사업진행, 종료여부에 대한 신속한 의사결정으로 사업지연을 방지하는 것이다.

미국의 시험평가 정책과 절차

미 국방성의 시험평가 정책과 절차는 이미 검증된 시스템 엔지니어링(체계공학)의 프로세스(Process)를 직접적으로 채택하고 있다.[38)]

미국의 시험평가 절차에서는 '능력기반획득'(Capability Based Acquisition) 개념에 맞게 상호운용성은 FoS(Family of Systems), SoS(System of Systems) 수준까지 요구하고 있고, 통합된 개발시험과 운용시험, 조기 운용성분석 및 평가까지 강조하고 있다.[39)]

미 국방성의 시험평가 분류는 한국과 동일하며 다음과 같이 분류한다.

첫째, 기술적 성과에 주로 초점을 둔 개발 시험평가

38) 새로 제정된 한국의 '방위사업관리규정'은 시스템 엔지니어링과 동시공학 이론 등 과학적 이론을 근거로 수행과정(Process)과 절차(Procedure)를 반영하고 있다. 시험평가 분야 또한 이러한 과정과 절차를 반영하여 시스템 전체 수명주기 동안에 시험평가가 이루어 질수 있도록 제도를 개선하여 적용하고 있다.

39) 박준호, "육군 시험평가 발전방향"(2006 육군시험평가세미나 발표자료)

둘째, 운용 효과도와 적합성에 초점을 둔 운용시험평가(운용시험평가에는 초기단계 운용성확인(EOA) 포함)

셋째, 실제 조건 하에서 실시하는 실사격 시험평가

미 육군의 시험평가 조직[40)]

미 육군의 시험평가사령부는 2성장군이 지휘하며, 현역 5~600여 명, 군무원 4,400여 명, 계약직 4,000여 명 등의 인력으로 구성되고, 구성원들은 고도로 숙달된 엔지니어, 과학자, 기술자, 연구자와 평가관들로 400종이 넘는 체계들에 대한 시험평가와 일일 1,100가지의 각종 시험을 수행하고 있다.[41)] 육군 시험평가 사령부는 시설과 도구들에 5조 원의 예산이 투자되었고, 1년 예산이 5,000억 원에 이르는 방대한 조직이다.

미 육군 시험평가사령부는 미 본토, 하와이, 알라스카를 포함한 미 전역의 17개주 29개소에 분포해 있고(49억 평), 예하에는 개발시험사령부, 운용시험사령부, 육군평가센터가 있다.

개발시험사령부는 7,000여 명의 인력과 3개소의 시험장, 6개소의 시험센터를 보유하고 있다. 운용시험사령부는 총 10개의 부서가 있는데, 이중 5개 부서는 사령부가 위치하고 있는 Fort Hood(텍사스주)에 위치하고 있으며, 이곳에서 대부분의 시험 및 평가지원 활동이 이루어진다. 운용시험은 무기체계별로 편성된 전담조직에서 수행한다.

40) ATEC : Army Test & Evaluation Command, O/DTC : Operational / Developmental Test Command, AEC : Army Evaluation Center

41) 미 국방성 전체 인원 25,000명중 ATEC 인원이 9,000명에 달한다. 군무원위주의 전문화된 편성이며, 군무원은 석사이상이 89%에 달한다.

육군 시험평가사령부
(ATEC) ★★

개발시험사령부 (DTC) ★	운용시험사령부 (OTC) ★	육군평가센터 (AEC) 민간인
• Aberdeen 시험센터 (지상무기 실사격) • Yuma 시험장 -한대지역시험센터 (알라스카) -열대지역시험센터 (하와이 등) • Dugway 시험장 (화생방시험) • White Sand 시험장 (핵/미사일) • Redstone 시험센터 (로켓/폭약) • 항공기술시험센터 • 전자시험센터	• 근접전투시험처 • 항공시험처 • 화력지원시험처 • 공수/특수작전시험처 • C4 시험처 • 정보/전자전시험처 • 공병/전투지원시험처 • 방공시험처 • 미사일방어무기시험처 • 미래병력구조시험처	• 근접전투평가처 • 항공평가처 • 화력지원평가처 • C3 평가처 • 정보평가처 • 전투지원평가처 • 공중/미사일방어평가처 • 첩보기술평가처 • 생존성평가처 • ILS평가처 • 신뢰도/정비성평가처 • 미래병력구조평가처

▌그림 2-12▐ 미 육군 시험평가사령부 편성

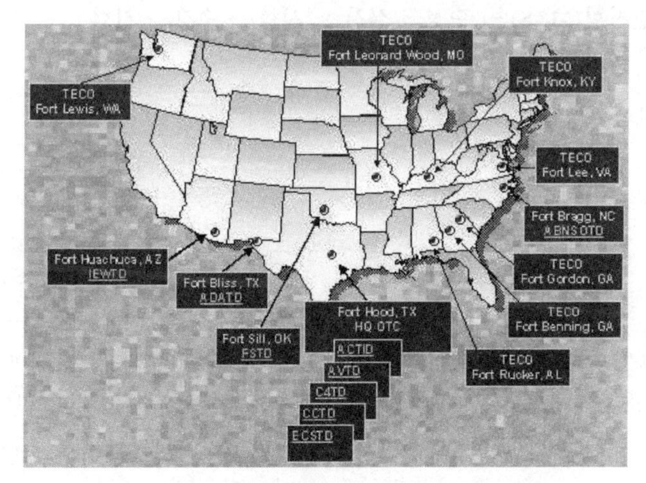

▌그림 2-13▐ 미 육군 시험평가사령부 위치

대부분의 시험이 다수의 장병들을 대상으로 실시되기 때문에 시험팀은 전 세계적으로 전개하여 그들의 임무를 수행하고 있다. 또한, 시험사령부와 별개로 평가센터가 있어 시험과 평가가 분리되어 있는 독립적인 평가제도를 활용한다. 육군평가센터는 개발시험 및 운용시험을 거친 각종 품목 및 시스템이 육군변혁 추진목표에 기여할 수 있는지, 또한 미래 전장을 주도할 수 있을 것인가에 대하여 최종적으로 평가한다. 평가센터 내에는 각 분야별 전문적인 평가팀이 편성되어 있다.

사령부 예하 개발시험 조직과 운용시험 조직이 분리운영되지만, 시험은 개발시험과 운용시험을 통합하는 것을 원칙으로 임무를 수행하고 있다.

우리와의 차이점은 〈표 2-6〉에서 보는 바와 같다.

표 2-6 **한국과 미국의 시험평가 차이점**

미국 시험평가	한국 시험평가
• DT와 OT 상호통합 • 시험과 평가조직 분리 • M & S가 시험평가의 필수 수단 • **사전시험(M&S) → 수정→ 실시험→ 수정→ 사후시험(M&S)** • 조기개입 및 계속적인 관리 • 문제를 예방하고 수정	• DT와 OT 통합 노력 • 시험과 평가조직 미 구분 • M & S가 개발시험평가에 한정 • **시험 → 수정 → 시험** • 의사결정 중심의 관리 • 문제를 보고 수정

프랑스

시험평가 조직

프랑스에는 국방부 병기본부(DGA : Delegation General of Armament) 예하에 육군장비(DAT), 해군장비(DCN), 항공장비(DCAE), 전자정보 비밀무기(DEI) 및 기초연구(DART)를 담당하는 부서가 있다. 국방부내에 속한 병기본부는 기술군으로서 합참과 동등한 수준의 독립적인 정부기관이다.

1996년 프랑스에서는 변화하는 획득환경에 적극적으로 대처하기 위한 군 현대화 계획의 일환으로 병기본부에 대한 대대적인 개혁을 실시하였고, 그 개혁의 일환으로 병기본부 시험장과 관련 연구기관의 시험평가를 통합 관리하는 시험평가국이 새로운 조직으로 탄생하였다.

프랑스 시험평가국의 주요임무는 첫째, 연구, 기술분석 및 시험평가 업무를 수행하여 병기본부 사업관리자의 요구를 충족시키고, 둘째, 국내 혹은 해외 민군 사용자에게 시험장 사용을 활성화시켜 투자의 효율을 증대하는 것이다. 이를 위하여 모든 시험평가 관련 인력 및 자산을 통합 관리하고 있다.

시험평가국은 4개의 부와 23개 시험장을 기능별로 구분하여 조직한 5개의 기술실로 구성되어 있고, 프랑스 전역에 18개 시험센터를 보유하고 있다. 10,000여 명 이상의 인력을 운용하고 있으며. 이와 같은 프랑스의 시험평가 조직과 시험장을 살펴보면 〈그림 2-14〉와 같다.

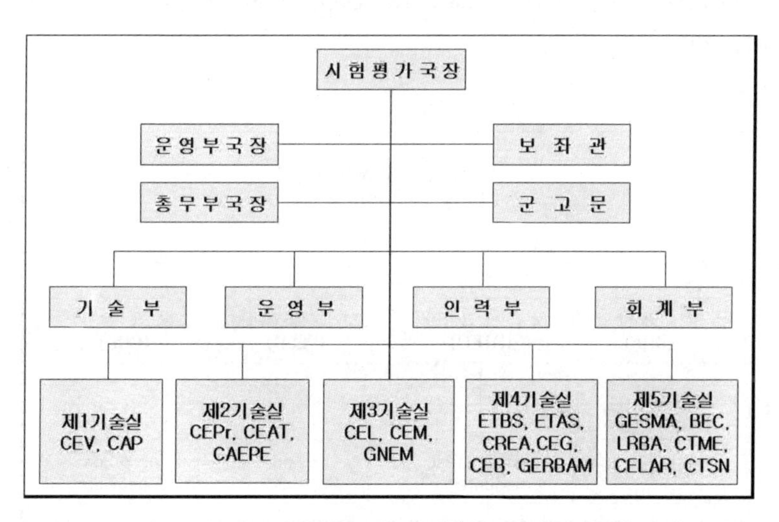

▌그림 2-14▐ **프랑스의 시험평가 조직, 시험장**

시험평가 제도

프랑스에서도 미국과 마찬가지로 시험평가업무의 객관성 제고와 일관성 있는 관리를 위하여 개발부서와 시험평가 부서가 독립적으로 운용되고 있다. 그리고 프랑스는 유럽의 국가들 중에서 시험장 및 시험시설의 연구개발 및 확보에 많은 투자를 하고 있으며, 자국 여건에 적합하고 독자적인 시험평가 기법을 연구하여 활용해 오고 있다. 그러나 시험평가 과정과 절차는 대부분 NATO 표준절차를 적용하고 있으므로 미국과 유사하다.

영 국

시험평가 조직

영국의 국방부 평가연구개발국 산하에는 연구개발국, 시험평가조직, 보호 및 생명과학부, 분석센터 등의 4개의 기관이 편성되어 있는데 이중 국방시험평가조직(DTEO : Defense T&E Organization)에서 시험평가를 주관하고 있다.

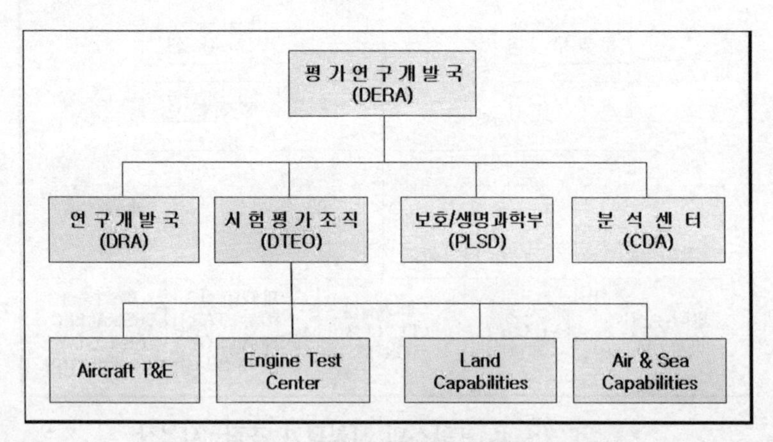

▌그림 2-15▐ 영국의 평가연구개발국 조직

DTEO(시험평가조직)는 항공, 엔진, 지상, 공중해상의 4개 시험센터와 시험센터 산하에 19개 시험장으로 구성되어 있다.

시험평가 제도

영국의 시험평가 기관도 미국이나 프랑스처럼 개발과 시험평가 업무의 분리를 통하여 시험평가의 독립성 및 객관성을 추구하고 있다. 또한, 변화하는 획득환경에 대처하고 최근의 시험 기술의 발전에 따라 물리적인 시험, 모델링 및 시뮬레이션, 훈련을 통합하는 방향으로 시험평가 업무를 발전시켜 나가고 있다.

다만 시험평가 과정과 절차는 대부분 NATO 표준절차를 적용하고 있으므로 미국이나 프랑스와 유사하다.

스웨덴[42]

스웨덴의 시험평가 조직인 FMV(Defense Materiel Administration)는 헌법에 명시된 기관이지만 정부와는 독립적인 위치에 있다. 육·해·공군 모든 무기체계에 대한 시험평가업무를 FMV에서 담당한다.

FMV 인원은 1,800여 명으로 스웨덴 국방부가 120명임을 고려시 얼마나 많은 인원인지 알 수 있다. 본부는 스톡홀름에 있으며, 무장 및 탄약, 비행시험 및 유도체계 시험, 미사일 시험 등의 시설(6개)이 있다. FMV는 직접 시험인프라 구축 및 시험평가관련 전문인력관리를 하고, 운용시험 시설을 보유하여 시험을 수행하며, 업체 개발시험에 참여한다.

42) 이주형, 앞의 글, pp. 36~39.

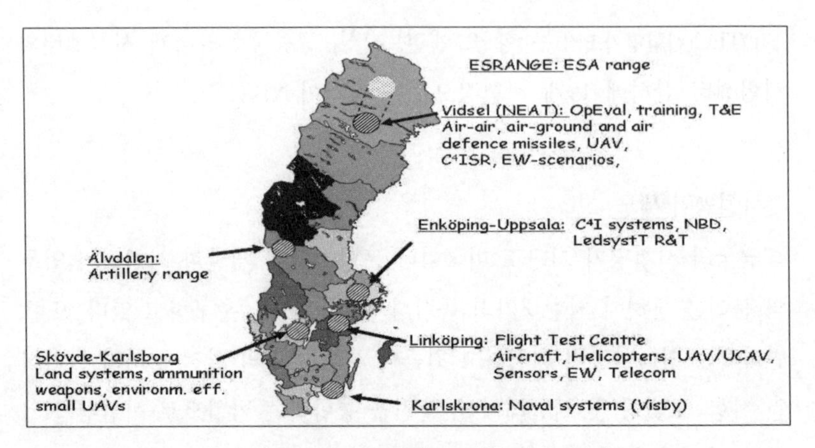

▌그림 2-16▐ 스웨덴의 시험평가 시설

일 본

시험평가 조직

일본의 방위청 예하에는 항공막료감부, 항공총대, 항공지원단, 항공교육단, 항공 개발사령부, 보급본부 등의 6개의 기관이 편성되어 있는데 이중 항공개발시험사령부에서 시험평가를 주관하고 있다.

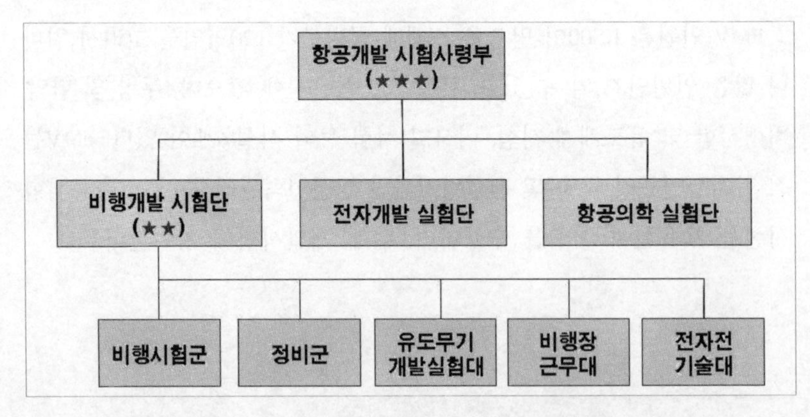

▌그림 2-17▐ 일본의 항공개발 시험사령부 조직

시험평가 제도

일본의 시험평가 기관도 미국이나 프랑스처럼 개발과 시험평가 업무의 분리를 통하여 시험평가의 독립성 및 객관성을 추구하고 있다. 또한 업체 자체 개발시험과 수요군 운용시험을 완전 분리하고 방위청과 민간업체간 시험개발 자원통합을 고려하지 않고 있다.

항공개발 시험사령부의 기능은 항공기 및 미사일 등의 시험평가와 기초연구 및 비행시험, 시험비행요원 양성 교육과정 운용, 기술연구본부(한국의 국과연 해당) 시험지원, 계약본부 의뢰 양산기 수락시험 비행 등의 업무를 수행하며 현재는 기존 개발항공기에 대한 영역확장, 항전장비 개발 및 개조, 공대지 미사일 개발 시험비행을 주로 수행 중에 있다.

선진국의 시험평가 발전동향

미국을 비롯한 선진국들은 시험평가 발전을 국가안보 및 국가이익 차원에서 보고, 세계적으로 공인받을 수 있는 능력을 확보하기 위해 노력하고 있다. 선진국 시험평가 발전 동향을 시험평가 조직, 정책과 절차, 시험인프라, 국제협력 등으로 구분하여 살펴보면 다음과 같다.

첫째, 시험평가 조직 면에서 미국을 포함한 군수산업 선진국들은 한국의 방위사업청에 비해 대규모 관리조직을 보유하고 있다.[43)]

둘째, 시험평가 정책과 절차 면에서 선진국들은 시스템 엔지니어링에 의한 검증 및 인증제도를 도입하고 있다. IPT(통합사업관리팀 : Integrated

43) 박찬석, “시험평가 정책 발전방향” (제5회 시험평가기술 심포지엄 발표자료), p. 16. 미국의 ATEC(육군 시험평가사령부) 등 각 군별 독립된 시험평가 조직, 프랑스의 병기본부(DGA : Delegation General of Armament), 영국의 국방시험평가조직(DTEO : Defense T&E Organization), 스웨덴의 FMV(Defense Materiel Administration) 등

Project Team) 주관으로 통합 및 동시시험을 강조하고 있고, 비용절감 및 개발기간 단축을 위해 M&S를 필수수단으로 활용하고 있으며, 획득 전 순기에 걸쳐 시험평가 업무를 수행하고 있다.

이를 위하여 미국은 미국대로, 유럽은 유럽공동으로 시험평가 표준절차(Process)를 개발하여 적용하고 있고, 시험평가의 기준이 되는 적용규격을 제정하여 사용하고 있다.[44]

예를 들어 MIL-STD-810F는 미군이 사용하는 환경시험표준서이고, TOP-3-2-045는 총기류 시험절차이며, NATO STANAG-4347은 나토의 열상장비 성능표준이다.

셋째, 시험장 및 시험장비 확보, 전문인력 관리, 통합 D/B체계 구축 등 시험인프라 면에서 인프라 구축 및 종합관리체계가 구축되어 있으며, 미국은 국방부, 프랑스와 스웨덴은 시험평가 관리조직(DGA, FMV)에서 업무를 수행한다.[45]

넷째, 시험평가 국제협력 면에서도 미국 등 선진국들은 국가간 시험평가 공동수행 및 정례회의, 국제 세미나, 시험인프라 활용 등 협력을 강화하고 있다. 미국은 국방부 주관으로 EU 등과 협력을 강화하고 있고, EU 회원국(18개국) 간에는 시험평가 분야 정례회의가 개최되고 있으며, 스웨덴의 FMV와 프랑스의 DGA 간에는 매분기별 시험평가 분야별 회의가 개최되고 있다.[46]

---

44) 미국은 자체적으로는 MIL-SPEC(군용규격서, Military Specification), MIL-STD (군용표준서 : Military Standard), TOP(기술시험절차서, Test Operations Procedure) 등을 활용하고 있고, 유럽과 공동으로는 나토 표준서(NATO STANAG : NATO Standardization Agreement), ITOP(국제 시험절차서 : International TOP) 등을 만들어 활용하고 있다.

45) 박찬석, 앞의 글, p. 9, 16.

46) 박찬석, 앞의 글, p. 9

잠깐! MIL-STD-810F는?

• 개 념

환경표준서(MIL-STD-810F)는 군용장비를 개발할 때에 여러 가지 환경요소를 고려하여 장비를 설계하고 시험하기위하여 만들어진 표준서이다. 이 표준서에는 고온, 저온, 강우, 염무, 습도, 모래와 먼지, 소음, 진동, 충격 등 24개 환경요소에 대한 시험방법이 표준화 되어 있다. 이 표준서는 장비획득 책임자, 환경공학 전문가, 장비설계 및 시험평가관련 기술자에게 공히 사용될 수 있으며, 군용장비 뿐 아니라 민수용장비 개발과정에도 적용할 수 있다고 설명되어 있다.

※ MIL-STD-810F : Department of Defense Test Method Standard for Environmental Engineering Considerations and Laboratory Tests(환경공학 고려사항과 실험실 시험)

• 역 사

MIL-STD-810은 1962년 미 공군 내에 있는 항공장비 및 지상장비에 대한 환경시험을 수행하기 위하여 제정되었다. 그 후 1964년 MIL-STD-810A 개정판을 거쳐 2000년 1월에 MIL-STD-810E(1989. 7)를 개정하여 현재 적용하고 있는 MIL-STD-810F 개정판이 출간되었다.

미국은 2007년 현재 MIL-STD-810G로 개정하기 위하여 실무그룹을 구성하여 논의를 진행하고 있다.

출처 : 김철 외 2명, "MIL-STD-810F의 Tailoring 개념"
『제5회 시험평가기술심포지엄』에서 인용, 재구성

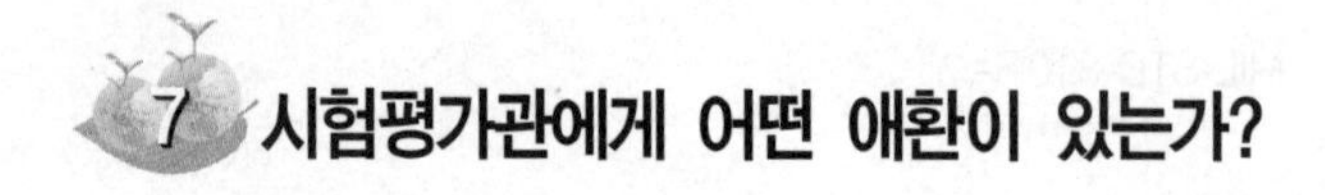

7 시험평가관에게 어떤 애환이 있는가?

시험평가단에 근무하는 모중령.
1년에 215일 시험평가 출장을 다녀왔다. 휴일을 제외한 거의 전기간을 출장으로 보낸 셈.
저절로 주말부부가 되었다.

어느 직업 · 직종이나 마냥 즐거움으로 연속되지는 않을 것이며, 애환은 있을 것이다. 마찬가지로 시험평가업무에 종사하는 사람들은 그 나름의 애환이 있다.

첫째, 시험평가관은 출장이 많다. 실제로 육군 시험평가단의 한 과에서 2007년 한 해 동안 출장을 다녀 온 일수를 파악해본 결과 가장 적은 사람은 84일, 많은 사람은 215일에 이르렀다.

시험평가관들이 가는 출장은 민간회사에서의 회의참석 출장과는 차이가 있다. 그것은 달리 표현하면 군대의 힘든 훈련이고, 실제 전투이다. 예를 들어 운용시험평가에서는 악조건을 최대한 반영하기 위하여 혹한기, 혹서기를 포함한 3계절 시험평가를 실시하는데, 계절의 특성을 가장 잘 반영하기 위하여 혹한기는 가장 추운 전방지역, 혹서기는 가장 더운 지역 부대를 일부러 선정하여 시험평가를 한다. 혹한기, 혹서기에 야지에서 이루어지는 시험평가의 고통은 힘든 훈련, 실전에 버금간다. 또한 추위와 더위뿐 아니라 강우, 강설, 진흙뻘, 소음, 먼지 조건에서의 시험과 필요시에는 공수낙하, 해상 · 수중시험도 하고 있다.

시험평가를 하다가 보면 악조건은 시험평가관과 자연스럽게 친구가

된다. 그러나 개발 후 야전에서 어떠한 악조건 하에서도 문제없이 운용이 가능하여, 우수하다고 인정받는 최고성능의 무기체계를 개발해야 한다는 책임감과 사명감이 아니라면 시험평가는 단지 힘든 고통일 뿐이며, 회피의 대상이었을 것이다.

둘째, 시험평가에는 위험이 수반된다. 안전성이 검증되지 않은 장비, 탄약에 대한 안전성 시험을 병행하므로 안전조치를 사전에 충분히 강구하고 시험평가를 실시하지만 사고의 위험성은 상존한다. 또한 악조건 극복 가능성을 평가하기 위하여 최악의 기상, 지형조건에서 시험평가를 하기 때문에 그에 따른 위험성도 크다. 따라서 보험가입이 필수적이지만, 보험회사조차도 '단기간 고위험' 업무로 분류하여 보험가입을 꺼리는 실정이다.

실제 시험평가 기간 중 사고가 나는 경우도 있었다. 예를 들면 전방 모군단의 다락대 훈련장에는 1977년 5월 17일 106밀리 무반동총 국산화를 위한 시험평가 중 사고를 당해 부상치료 중 동년 5월 26일 47세로 순직한 이석표 청와대 비서관의 순직비가 있다.[47]

또 다른 희생자도 있었다. 1997년 12월 5일 신형 155밀리 자주포인 K9 개발시험평가 사격시험 중 포수로 자주포 내부에 탑승했던 삼성테크윈의 정동수 대리는 화재로 인하여 34세의 나이에 부인과 어린 아들을 남겨 놓고 세상을 떠나고 말았고, 동승했던 국방과학연구소의 강신천 선임연구원은 2도화상, 조기호 기술원은 3도화상을 입고 3개월 간 치료를 받았다.[48]

---

47) 당시 무기체계 국산화를 위한 시험평가는 대통령의 관심사항이었기 때문에 청와대 비서관도 시험평가에 참여했었다. 이석표 비서관은 자주국방을 위한 방위산업발전의 최초의 희생자이며, 그의 아들은 박정희 대통령의 특별지시로 국방과학연구소에서 근무하고 있다.

48) 신인호, 앞의 글, pp. 137~143. 이 후 강신천 선임연구원, 조기호 기술원은 화상

▌그림 2-18▐ **K9 자주포 사격**

이러한 생명에 관계되는 사고사례 외에도 시험평가는 위험한 순간순간의 연속이지만 시험평가관들은 이 또한 사명감과 무기체계 개발 후의 보람을 기대하며 극복하고 있는 것이다.

셋째, 시험평가관은 외롭다. 시험평가관은 공정하고 투명한 시험평가를 위해 외로움을 감수해야 한다. 시험평가관은 업무상 이권관련 인원과 사적인 접촉을 해서는 안 되며, 일체의 향응과 금품수수를 해서도 안된다. 즉 부조리 발생, 민원야기 가능성을 원천적으로 차단하기 위하여 업체 등과 일체의 향응을 주고받는 것은 금기(禁忌)사항이므로 항상 소수의 고정된 시험평가관끼리만 식사를 하게 되고, 모임을 자제하고, 행동을 조심하게 된다. 특히 2개이상 업체에 대하여 동시시험평가를 할 때에는 영세업체의 경우 업체가 존속하느냐 몰락하느냐 하는 판단이 될 수도 있고, 대규모 업체라도 탈락하면 막대한 손실을 감수해야 하기 때문

에도 불구하고 지속시험 등 몇 가지 남아 있는 시험에 자진하여 주도적으로 참여하여 시험과 개발성공에 기여하였다.

에 어느 업체에 조금이라도 유리하게 보이는 행동이나 말을 할 수가 없어 극도로 말과 행동을 조심해야 한다.[49)]

운용시험평가를 위해서는 방위사업청, 전력기획참모부, 국방과학연구소, 기술품질원 등 관련기관 뿐 아니라 야전시험지원부대 및 업체와도 유기적 업무협조도 필요하다. 따라서 투명함과 공정성을 유지하면서도 원활한 협조관계를 이루어 나가는 지혜가 운용시험평가관에게는 요구된다.

마지막으로, 시험평가관이 느끼는 가장 큰 애환은 업무에 대한 무한책임의식(無限責任意識)을 포함한 부담감이다. 시험평가 결과는 시험평가관이 군 관련 직종에 근무하는 한 끝까지 책임이 부여된다. 따라서 시험평가관은 시험평가 결과에 대해 차후에 필히 심판받는다는 자세로 시험평가에 임하게 된다.

기존에 사용하던 장비와 상이한 신규장비의 경우 평가기준 · 절차 · 방법 설정, 시험기간 · 장소선정, 시험평가 수행 및 결과 판단이 쉽지 않다. 그러나 그 결정은 다른 누구도 해주지 않는다. 오직 시험평가를 직접 수행하는 시험평가관만이 나름대로의 사명감과 직무지식을 가지고 결정할 뿐이다. 그 과정에서 잘못된 판단을 하는 경우 책임이 수반된다. 실제로 시험평가 기간 중이나 종료 직후뿐 아니라 시험평가가 종료되고 몇 년이 흐른 후 시험평가관이 처벌을 받은 사례도 간혹 있다.

따라서 시험평가관들은 **'평가관 자신만이 책임진다'**는 인식을 가지고 철저히 시험평가하고, 정확히 보고하도록 노력하고 있다. 그래서 시험평가 행위는 방위력개선사업의 **'마지막 보루이며 파수꾼'**이라는 별칭을 받게 되는 것이다.

---

49) 업체와의 관계에 대해서는 이 책 제Ⅲ장 3절 참조

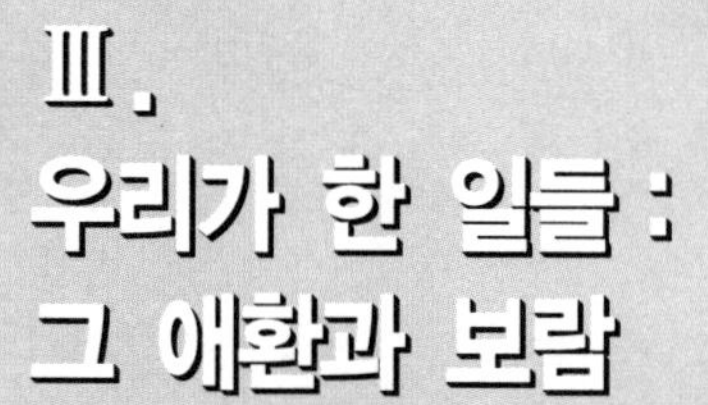

Ⅲ. 우리가 한 일들 : 그 애환과 보람

연구개발은 시험평가의 연속적 활동이며
시험평가는 연구개발의 핵심적 활동이다.

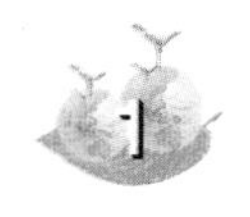

첫 단추를 잘 꿰어야 한다

> 이 장비는 내가 사용할 것은 아니어도 내 후임자들이 사용할 것이다.
> 그러므로, 먼 후손을 위하여 오늘, 한 그루 나무를 심는 선구자의 심정으로 무기체계 개발사업의 첫 단추를 꿰어야 한다.

획득단계 초기 임무수행자의 역할이 중요하다

모든 일을 수행함에 있어 시작이 중요하듯이 방위력개선업무도 시작이 제일 중요하다.

국방기획관리규정에 따르면 PPBEES(기획, 계획, 예산, 집행, 평가)제도 하에서 무기체계획득은 〈그림 3-1〉에서 보는 바와 같이 소요결정, 중기계획 수립, 예산편성 · 집행(획득, 유지), 평가의 절차를 밟는다. 따라서 무기체계 획득업무의 시작은 기획단계의 소요결정이라고 할 수 있다.50)

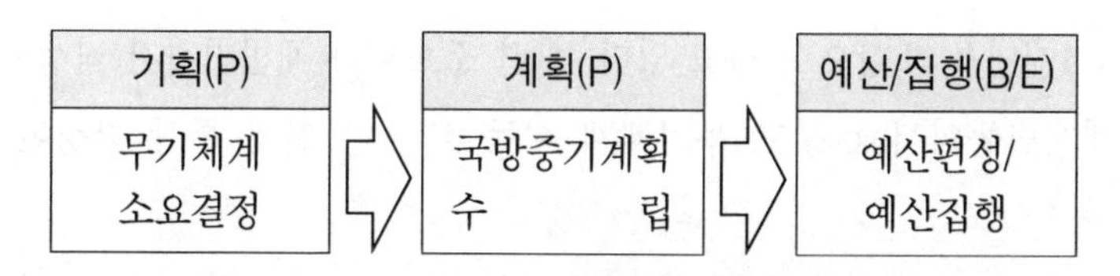

그림 3-1 **무기체계 획득 절차**

---

50) PPBEES란 Planning(기획), Programing(계획), Budget(예산), Execution(집행), Evaluation(평가) System의 약자이다.

한편 무기체계 소요결정 절차는 〈그림 3-2〉에서 보는 바와 같다.

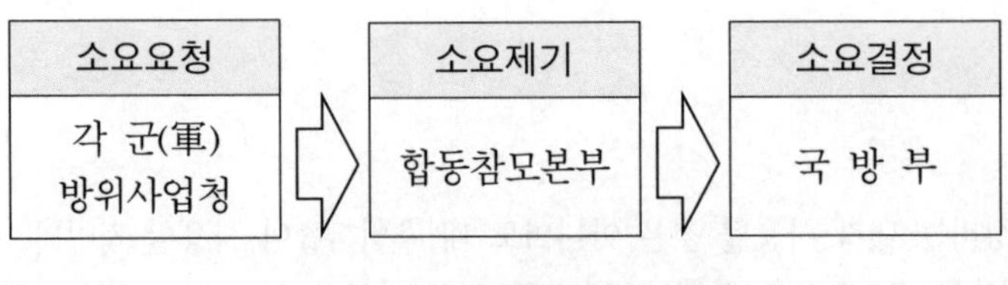

▌그림 3-2▐ **소요결정 절차**

각 군에서는 예하부대 · 부서의 의견(소요제안)을 종합하여 합참으로 무기체계 개발 소요를 요청하고, 합참에서 국방부로 소요를 제기하면, 국방부에서 장관의 결재를 받아 소요가 결정된다.[51)]

소요요청문서에는 장기, 중기, 긴급 소요요청서와 중 · 장기전력소요서가 있으며, 이러한 문서에는 필요성, 편성 및 운영개념, 전력화시기 및 소요량, 작전운용능력(ROC), 전력화지원요소 등이 포함된다.

이러한 소요요청문서는 장기일 경우 회계년도를 기준으로 8년에서 17년 후, 중기일 경우라도 3년에서 7년후에 전력화될 무기체계에 관한 내용을 수록하고 있다. 이와 마찬가지로 중 · 장기 소요결정 내용을 수록한 '합동군사전략목표기획서(JSOP)'도 회계년도 기준 3년부터 17년까지를 대상으로 하고 있고, '중기계획' 작성도 회계년도 기준 2년부터 6년까지 5개년을 대상으로 하고 있다. 한편 소요군과 개발기관간 작성되는 '체계개발동의서(LOA)'도 무기체계 획득 4~5년 전에 통상 작성된다.

---

51) 각군뿐만 아니라 국방부본부, 합참, 방위사업청, 국직기관 및 합동부대 등도 소요요청이 가능하다. 한편 비무기체계 소요결정은 국방부 군수관리관실, 자동화 정보체계 및 정보화분야 핵심기술 소요결정은 정보화기획관실이 수행한다.

잠깐! 체계개발동의서란?

• 체계개발(Full Scale Development)

설계 및 시제품을 제작하여 개발시험평가와 운용시험평가를 거쳐 양산예정인 무기체계를 개발하는 단계를 말한다.

※ 무기체계 연구개발 절차 : 이 책 34쪽 참조
(소요결정-선행연구-탐색개발-체계개발-양산 · 배치)

• 체계개발동의서(Letter of Agreement : LOA)

- 개념 : 무기체계 체계개발 착수시 연구개발을 관리하는 기관이 개발할 무기체계의 운영개념 · 요구제원 · 성능 · 소요시기 · 기술적 접근방법 · 개발 일정계획 및 전력화지원요소와 비용분석, 개략 개발 · 운용시험평가 계획(통합수행여부 포함) 등에 대하여 소요군의 의견을 고려하여 작성하여 소요군으로부터 동의를 받는 문서를 말한다.
- 작성절차 : 체계개발동의서는 방위사업청 사업관리본부장(통합사업관리팀장)이 탐색개발결과를 근거로 작성한다. 작성시 소요군, 연구개발주관기관(국방과학연구소 또는 주계약업체) 및 해당 장비 기술팀으로부터 지원을 받을 수 있다. 방위사업청 사업관리본부, 소요군 및 연구개발주관기관(또는 업체)이 공동 서명함을 원칙으로 한다.
- 중요성 : 체계개발동의서는 시험평가기본계획서(TEMP), 개발시험평가계획 및 운용시험평가계획의 근거가 되는 체계개발실행계획서의 근거문서로서, 소요결정단계에서 개략적으로 반영된 사항은 체계개발동의서 작성시 구체적으로 관련규정과 내용을 반영함으로써 개발과정의 가시화 및 소요군 입장에서 검증할 수 있는 근거를 마련할 수 있다.

출처 : 『국방전력발전업무규정』(2006), 『방위사업관리규정』(2007)

그런 반면에 현역군인은 인사관리제도상 수시로(무기체계 획득기간에 비해 상대적으로 짧게) 보직변경을 하는 경우가 많으므로, 소요를 요청하거나 제기, 결정, 중기계획 작성, 체계개발동의서를 작성할 당시의 담당자와 무기체계를 전력화(양산, 배치)하는 단계의 담당자가 상이한 경우가 비일비재하다.

시험평가의 측면에서도 시험평가계획 작성자와 실제 시험평가자가 다른 경우도 있고, 시험평가 과정에서 주시험관이 변경되기도 하며, 시험평가에 참여하지 않았던 시험평가관이 최종단계에서 보완요구사항을 확인하는 경우도 있다.

따라서 소요를 결정할 당시와 중기계획 작성, 체계개발동의서를 작성할 당시, 시험평가 계획을 수립할 때 실무자의 직무지식뿐 아니라 사명감이 향후 사업의 성패를 가름하는 중요한 요소가 된다.

상기와 같은 제반사항과 여건을 고려하여 시험평가와 관련 사업초기 임무수행자가 관심을 가져야 할 사항은 첫째, 무기체계 운영개념 구체화, 둘째, 전력화시기와 관련하여 충분한 시험평가기간 확보, 셋째, 운영개념에 부합된 작전운용성능(ROC)의 적합성 및 구체화, 넷째, 전력화지원요소 누락방지, 다섯째, 시험평가를 위한 환경요건 조성(시험평가 지침 · 자료, 예산조치 등), 여섯째, 적절한 시험평가 기준 · 조건 · 방법 설정 등이다.

무기체계 운영개념 구체화

먼저 무기체계의 운영개념은 무기체계를 어디에서 어떻게 운영할 것인가를 결정하는 것으로, 이는 작전운용성능과 전력화지원요소, 시험평가 기준 · 조건 · 방법 작성의 근간이 된다. 이러한 운영개념이 제대로 설정되어 있지 않은 경우 작전운용성능이나 전력화지원요소 등을 구체화하기가 곤란하고, 시험평가 기준 · 조건 · 방법도 설정하기가 제한되어, 향후 사업이나 시험평가 진행간 논란을 야기시켜 사업을 지연시키는 요인이 된다.[52)]

'차기 다중채널 무선장비'[53] 기술도입생산의 경우를 예로 들어 보자. 무기체계 획득업무 초기인 소요결정단계에서 장비의 운영개념이 구체화 되지 않아서 시험평가 계획단계에서도 시험평가 기준·조건·방법을 구체화하기가 어려웠다.

운영개념이 구체화되지 않고, 평가항목 및 연동장비에 대한 사전연구와 분석이 부족한 상태에서 시험평가계획은 부실화 될 수밖에 없었다.

구체화되지 못한 운영개념과 부실한 시험평가계획의 영향으로 시험평가 기간중에 시험평가 기준과 방법 등의 개념을 재설정 후 시험평가업무를 추진하는 바람에 차기 다중채널 무선장비 기술도입생산 사업은 여러 가지 문제를 남기면서 전력화시기가 최초 1994년에서 2000년으로, 6년이나 지연되는 결과를 초래하였다.[54]

한편, 2003년부터 2004년까지 운용시험평가가 진행된 '1¼톤 휴대용샘 탑재 차량'의 경우도 최초 소요제기를 할 때 운영개념을 명확하게 정리하지 않아, 이 후 관련기관의 대표자들이 운영개념을 재검토하였으나 역시 결론을 맺지 못하였다. 운영개념의 혼란은 결국 시험평가시에도 관련 기관간 논쟁을 유발시키는 등 사업진행간 많은 어려움을 야기시킨 가운데 야전운용성 부적합으로 사업이 중단되었다.

이처럼 운영개념이 사업초기에 구체화되지 못하면 시험평가나 사업진행에 막대한 지장을 초래하므로 사업초기 임무수행자는 신규전력 소요요청·제기·결정과정뿐 아니라 체계개발동의서 작성, 시험평가계

---

52) 작전운용성능, 기술적·부수적 성능은 단위전력의 운영개념을 충족하고 작전수행에 필요한 요구성능 및 능력을 제시하는 것이며, 이는 시험평가의 기준이 된다.

53) 사단급 이상 제대에 편제하여 SPIDER의 제대간 간선 및 Data 통신망을 구성, 운용하는 장비

54) 합참, 『시험평가실무지침서』(2004), p. 105.

획 수립에도 관심을 가지고 재차 확인하여 적절한 운영개념이 수립되도록 하여야 한다.[55)]

전력화 시기와 관련하여 충분한 시험평가기간 확보

시험평가관들이 호소하는 가장 큰 애로사항은 시험평가 준비 및 실시기간 부족이다. 그러므로 사업초기 임무수행자는 전력화시기와 관련하여 사업추진 소요일정을 판단할 때는 반드시 충분한 시험평가 기간을 고려하여야 한다. 왜냐하면 무기체계의 성능검증을 위해서도 일정기간의 시험평가 실시기간이 확보되어야 하지만, 시험평가를 잘 하기 위해서는 그에 못지않게 관련자료 수집, 기초지식연구, 관련기관 및 시험지원부대와 업무협조, 계획초안 작성, 세미나, 계획・준비검토회의 및 계획보고 등 준비기간이 필요하고, 시험평가 실시 후에도 결과보고를 위한 기간이 필요하기 때문이다.

그러나 사업초기 임무수행자, 특히 사업관리부서의 담당자가 소요제기시에 현행 및 장차의 기술수준(연구개발주관기관 및 업체의 개발능력)뿐 아니라 시험평가 기간을 비롯한 사업추진 소요 일정을 고려하지 않고 전력화 시기를 무리하게 판단하여 문제가 발생하는 경우가 종종 발생하고 있다.

사업관리부서의 담당자가 전력화시기를 무리하게 판단할 수밖에 없는 이유는 담당자가 현행 및 장차의 기술수준이나 시험평가기간에 대한 이해가 부족한 탓도 있지만, 한국 방위력개선사업의 예산제도와도 연관이 있다. 즉, 사업담당자는 중기계획 등에 예산이 반영되어야만 관심을 가지고 사업을 추진하게 된다. 한국 예산제도의 장점일 수도 있고, 단점

55) 운영개념은 소요요청서 작성시 포함되어 소요제기・결정과정에서 검증되며, 체계개발동의서, 시험평가계획서 등에도 포함된다.

일 수도 있지만 PPBEES 제도의 최대 취약점인 사업예산이 정해진 해에 사용되지 않으면 삭감되는 경우가 많기 때문에 사업담당자는 예산이 편성되었을 경우와 편성되지 않았을 경우 사업에 대한 마음가짐이 달라져, 예산이 편성되지 않으면 느긋하게 개발기간을 사용하고, 예산이 편성되면 사업을 서두르게 되어 전력화까지 시간이 부족하게 된다. 이처럼 사업담당자는 예산사용을 마지노선으로 두고 전력화시기를 판단하게 되며, 그에 따라 사업일정을 무리하게 편성하다 보니 시험평가 기간, 특히 야전 운용시험평가기간의 희생을 강요하는 경향이 있다.

개발시험평가를 통하여 무기체계의 완벽한 개발이 보장되고, 성능이 완전히 발휘된다면 운용시험평가에 충분한 기간을 가질 필요는 없지만 현실은 그렇지 않다. 즉, 운용시험평가 기간을 부족하게 부여한 사업들은 대부분 문제가 발생하였다. 운용시험평가 스케줄이 촉박한 사업일수록 군(야전)운용의 적합성 측면에서 결함이 많이 발생하고, 작전운용성능 충족성 측면에서도 완전하지 못한 무기체계를 생산하게 되는 경우가 많다.

따라서 제품의 완전한 성능보장과 보완소요의 최소화를 위해 사업담당자는 충분한 운용시험평가기간을 확보토록 전략을 마련하여야 한다. 운용시험평가 기간이 부족하게 편성되어 문제가 야기되었던 사례와, 반대로 관련기관간 원활한 협조로 운용시험평가기간을 충분히 확보하여 시험평가를 성공적으로 수행했던 사례를 함께 살펴보면 다음과 같다.

시험평가기간 부족으로 시험평가간 문제야기 사례 : 군 이동통신체계(RAU·MST) 성능개량 사업

2002년 운용시험평가를 실시한 '군 이동통신체계(RAU · MST) 성능개량 사업'[56]은 2001년 10월 업체자체개발계획서가 국방부에서 승인되었다.

그러나 업체 시제품 개발도 완료되지 않고, 업체자체 시험 및 개발시험평가를 실시하지 않은 상태에서 2002년 4월 까지 운용시험평가계획을 작성하고, 또한 평가방법은 개발시험평가와 운용시험평가를 병행 실시하며, 동계시험은 개발시험평가시 환경시험으로 대체하도록 지시되었다. 왜냐하면 2003년이 전력화시기로 사업관리부서에서는 일정에 맞게 전력화를 추진하고자 무리하게 사업일정을 통제하였기 때문이다.

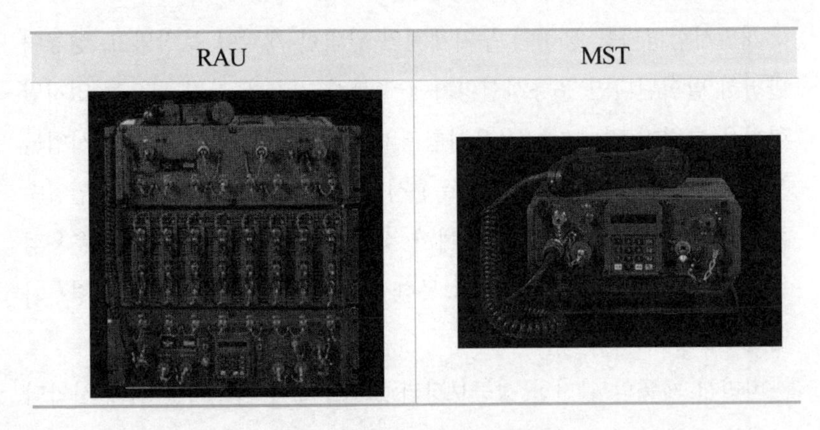

▌그림 3-3▐ RAU와 MST

그러나 업체자체개발계획서가 승인된 후 4개월 동안은 업체로서도 시제품개발 및 자체 시험을 하기에는 기간이 부족하여 장비개발이 지연되고 있었다. 그에 따라 시험평가단은 업체자체 시험성적서, 개발시험평가

56) 군 전술통신체계(SPIDER)의 이동통신망을 제공하는 장비로서 5/4톤 무전차에 RAU(무선결합기, Radio Access Unit)를 노드에 설치하고, 대대장급 이상 지휘관 및 참모의 1/4톤 차량에 MST(이동무선단말기, Mobil Subscriber Terminal)를 설치하여 음성 및 DATA 통신을 제공하는 장비. 민간 전화에 비유하자면 RAU는 무선기지국이며, MST는 차량에 부착된 이동전화기(카폰) 또는 휴대폰이다.

계획 및 결과 등 관련자료가 없는 가운데 운용시험평가계획을 작성하게 되어 평가항목을 도출하는데 애로를 겪었을 뿐 아니라 군 작전운용성능에 대한 개발시험결과가 없고, 전자기술 발달에 따른 EP(대전자전)능력에 대한 사업관리부서의 명확한 지침이 없어 시험기준설정이 곤란하였다. 따라서 내용상 미흡한 점이 많아 이후 많은 보완을 하게 되었으며, 또한 개발시험평가 착수 및 종료시기가 불투명하여 운용시험평가 일정수립도 곤란하였다.

결국 시험평가관들이 많은 노력을 하였음에도 불구하고 운용시험평가는 6월 중순에 착수되었다. 운용시험평가 실시과정에서도 최초 시험평가단에서는 운용시험평가를 위하여 RAU 4대, MST 12대를 필요로 하였으나 업체 제작분은 RAU 2대, MST 8대로 시제 장비가 부족한 상태에서 시험평가를 진행하게 되었다. 시제 장비별로도 성능차이가 발생하여 시험평가 결과 군 운용의 적합성 면에서 성능이 크게 미달되었다.

결국 2002년 7월 15일부터 8월 30일까지 7주간 운용시험평가를 하려고 하였으나 8월 17일 중간검토회의 결과 성능미달로 시험평가 중단을 의결하였다.

이후 운용시험평가 재개를 위하여 업체에서 성능을 보완하는 등 절차를 거쳐 시험평가는 종료되었지만 시험평가를 서두르다가 전력화시기를 더욱 지연시키는 결과를 초래하였다.

시험평가기간 확보로 원활한 시험평가 수행 사례 : 상호통화기세트' 성능개량 사업

탑승전투용 '상호통화기세트' 성능개량 사업[57]의 운용시험평가는 관련기관간 원활한 협조를 통하여 전력화시기 및 운용시험평가 일정을 조정하여 충분한 시험평가기간을 확보함으로써 원활히 시험평가 및 사업을 완료한 사례이다.

'상호통화기세트' 성능개량 사업은 육본 사업관리부서에서 2006년 말 전력화를 목표로 2006년 11월까지 운용시험평가를 종결하도록 10월 11일 공문으로 시험평가단에 통보하였다.

성능개량 전	성능개량 후

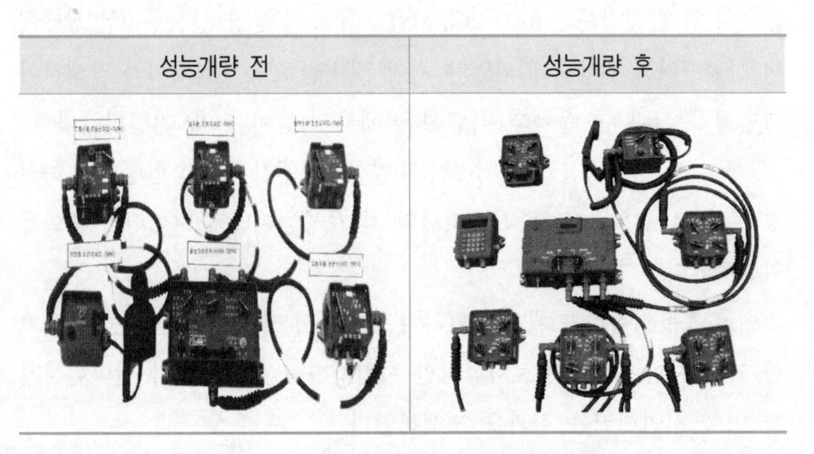

▌그림 3-4▐ **성능개량 상호통화기세트**

이는 최소한의 행정 소요기간(자료수집, 계획검토, 세미나 등) 부족은 물론

57) K, M계열 전차, 장갑차, 자주포 내부에 설치된 무전기와 상호연동하여 승무원간 상호 통화하는 장비로 기존 아날로그 방식의 장비를 디지털 방식으로 성능개량하는 사업. 원격제어 및 데이터통신이 가능하며, 무기체계가 아닌 비무기체계로 사업이 추진되었다.

시험평가 소요일정(16주 예상) 및 관련자료 수집 및 분석(군사요구도와 개발계획승인서, 개발시험결과) 등을 고려시 운용시험평가가 연내 종결되기 어렵다고 판단하고 사업관리 부서에 평가 제한사항을 통보하였다. 이러한 의견이 합당한 것으로 판단하고 사업 일정을 합리적으로 재판단('07년 6월 운용시험평가, '07년 말 전력화) 하여 추진함으로서 누락되었던 타 장비와의 연동문제 등을 보완하는 등 정상적으로 사업을 추진하였다. 따라서 야전에서 성능이 제대로 발휘될 수 있는 장비를 계획된 기간에 전력화 될 수 있도록 시험평가를 완료하였다.

지금까지 획득단계 초기(소요결정, 중기계획 작성, 체계개발동의서 작성, 시험평가계획 수립 등) 실무자의 직무지식뿐 아니라 사명감이 향후 사업의 성패를 가름한다는 것을 첫째, 무기체계 운영개념 구체화, 둘째, 전력화 시기와 관련하여 충분한 시험평가기간 확보 등의 사례를 통해 알아보았다.

시험평가 수행간 무기체계 운영개념 구체화 미흡이나, 무리한 사업추진일정(시험평가 기간부족) 보다 더 빈번하고 큰 문제를 야기하는 것이 바로 셋째, 작전운용성능(ROC)을 잘못 설정하여 사업에 지장을 초래하는 경우이며, 넷째, 사업 초기에 전투발전지원요소와 종합군수지원(ILS)요소 등 전력화지원요소를 소홀히 한 경우에도 사업진행과정과 양산·배치 후 많은 문제가 발생한다. 다섯째, 시험평가를 위한 환경요건 조성(시험평가 지침·자료, 예산조치 등)이 미흡하거나, 여섯째, 적절한 시험평가 기준·조건·방법 설정 등이 설정되지 않은 경우에도 시험평가에 많은 문제가 발생한다.

작전운용성능(ROC), 시험평가 기준·조건·방법 설정에 대해서는 다음 항에서, 전력화지원요소에 대해서는 이 책 Ⅲ장 6절에서 별도로 자세히 설명하고 시험평가를 위한 환경조성에 대해서는 이 책 Ⅲ장 사례에서 전반적으로 포함하여 살펴보기로 하겠다.

무기체계 획득업무 초기단계 업무수행자들은 대부분의 경우 사명감을 가지고 최선을 다하여 업무를 수행하고 있다. 예를 들어 소요요청·제기부서 실무자들은 적절한 운용개념과 경제성을 고려한 합리적인 작전운용성능(ROC)을 설정하기 위해 수개월간 검토를 거듭하여 글자 한자 한자에까지 세심하게 신경을 쓰며 수십 쪽에 달하는 보고서를 작성하는 등 많은 노력을 하고 있다. 체계개발동의서나 시험평가계획을 작성하는 업무담당자도 마찬가지이다.

그렇지만 일부 인원들의 순간적인 안일한 생각, 담당하는 무기체계가 많아 특정기간에 업무가 과중되는 경우, 해당분야에 대한 직무지식 부족, 예산사용시기 압박 등 여러 가지 이유로 무기체계 중 몇몇 사업들에서 사업초기에 시작을 잘못하여 사업진행과정이나, 심지어 사업종료 후까지도 문제가 야기되는 경우가 있다. 그런 경우는 사업기간 지연(전력화 지연), 예산낭비뿐 아니라 전력화된 무기체계가 부실화 되어 실제 전력발휘에 지장을 초래할 수도 있으므로 관심을 가지고 확인하고 또 확인해 보아야 한다.

한 명의 담당자가 확인하는 것보다 때로는 관련기관간 협조를 통한 교차 확인이 오류를 줄일 수 있는 방법이다. 만약 오류가 발견되면 관련기관간 검토 후 과감하고 신속하게 시정을 해야만 차후의 불필요한 시간과 노력의 낭비를 줄일 수 있게 되는 것이다.

작전운용성능(ROC) 설정은 획득업무의 척도다

잠깐! 작전운용성능이란?

- 개념 : '작전운용성능(Required Operational Capability : ROC)'또는 '작전운용능력'이란 군사전략 목표달성을 위해 획득이 요구되는 무기체계의 운용개념을 충족시킬 수 있는 성능수준과 무기체계능력을 제시한 것으로서 주요작전운용성능과 기술적·부수적 작전운용성능으로 구별되며, 이는 연구개발 또는 국외도입 무기체계의 획득을 위한 시험평가의 기준이 된다.
  예를 들어 차기 보병전투장갑차의 경우 전투중량 25톤, 최고시속 70㎞/h, 야지속도 40㎞/h, 수상도하능력 6.5㎞/h, 탑승인원 12명, 주무장 40mm, 지상전술 C4I체계와 연동 가능 등이 작전운용성능이다.

- 결정절차 : 작전운용성능은 소요요청기관(소요군 등)의 건의 내용을 기초로 합참에서 결정하고, 기술적·부수적 성능은 방위사업청에서 결정한다.

- 대상별 확정시기
  1. 연구개발 무기체계는 탐색개발 과정을 통하여 구체적으로 검토 후 체계개발 개시 전까지 확정
  2. 구매 무기체계는 제안요청서 배포 전까지 확정
  3. 구체적인 작전운용성능은 신규 중기전력소요결정시까지 확정

출처 : 『국방전력발전업무규정』(2006), 『방위사업관리규정』(2007)
비무기체계사업의 경우 '군사요구도'라는 용어를 사용한다.

작전운용성능(ROC)은 무기체계 획득을 위한 핵심요소로서 최초 소요제기로부터 전력화에 이르기까지 전 과정에 걸쳐서 영향을 미치게 된다. 이러한 작전운용성능은 연구진에게는 개발목표, 시험평가자에게는 평가기준, 군 입장에서는 전력화시 획득예산과도 연관되기 때문에 그 중요

성과 더불어 실무자의 책임은 막중하다.

작전운용성능은 체계운용 개념에 따라 한국적인 작전환경에 부합되도록 과학기술 발전추세 및 우리의 연구개발 능력 등을 고려하고 운용개념을 충족하는 범위에서 사용이 편리하고 운용환경에 적합하도록 설정되어야 한다.

이처럼 작전운용성능이 중요하다는 것은 누구나 인정하면서도 작전운용성능 작성시 주요항목이 누락되거나 불필요한 항목이 포함되고, 과도하거나 불명확한 경우 작전운용성능 재검토 및 수정 작업으로 시험평가 지연, 전력화 시기 지연 등의 문제점을 야기 시킨 사례가 다수 발생하였다. 이에 육군에서는 2003년 8월『작전운용성능 설정기준』이라는 책자를 발간하여 세계적인 군사 과학기술 발전추세와 한국적인 작전환경 및 여건에 부합하는 작전운용성능 설정의 제반기준을 제시하고 있다.

그럼에도 불구하고 각개 실무담당자의 전문성과 경험 부족, 신규 무기체계에 대한 이해 부족, 작전운용성능 설정 후 체계개발까지 장기간 소요에 따른 업무 인계인수 부실 등의 이유로 과거 유사무기체계 및 국외 무기체계가 지닌 특성과 제원을 조합한 형태로 작전운용성능을 제시하거나, 잘못 적용하는 사례가 여전히 발생하고 있다. 또한 작전운용성능을 수정하는 과정에서도 실무자의 책임을 회피하려는 의도나 기관간 책임전가, 수정절차의 복잡성으로 인한 수정 회피 등의 사유로 수정시기를 지연하거나, 아예 수정이 되지 않고 전력화한 사례들도 있다.

〈표 3-1〉은 1995년 시험평가단 창설 이래 전력발전업무를 수행하면서 작전운용성능과 관련하여 문제가 되었던 대표적인 사례들을 유형별로 제시하였다.

표 3-1 작전운용성능 설정 오류 사례들

유 형	사 례
ROC 미설정	• 경대전차무기(PZF-3) 야간조준경
주요항목 누락	• 1 1/4t 통신가설차(차량중량) • 소음기관단총(발사속도) • 전자전 장비탑재 다목적 전술차량 (전자파 간섭, 전원발생기 연료소모율)
불필요한 항목추가	• FO용 주야관측장비 -열상장비로 무월광하 탐지 · 인지 • 지상감시장비(RASIT) : 항공기 탐지 등
ROC 과도설정	• GPS(수신주파수, 방수능력, 무게) • 6인승 짚(속도감응식 조향장치 등) • 1 1/4t 성능개량 구급차 • 신형 화생방 보호의
ROC와 개발규격 상이	• 오리콘 성능개량 • K-2 방독면
불명확한 ROC 설정	• 차기 전술통신체계(SPIDER) • 전차장 열상조준경 • 신궁
ROC 수정사항 확인 미흡	• 단안형 야간투시경

각 유형별 사례들의 구체적인 예를 들어 살펴보자.

작전운용성능 미설정으로 사업지연 사례 : 경대전차무기(PZF-3) 야간조준경

1993년 10월부터 1994년 5월까지 시험평가를 실시한 경대전차무기(PZF-3) 야간조준경 사업은 편제된 경대전차 무기(PZF-3)에 야간조준경을 국외도입(3개 업체 경쟁)하여 장착하는 사업이었다.

▌그림 3-5▐ PZF-3(Panzerfaust-3)

경대전차무기(PZF-3) 야간조준경은 주장비가 아니라 육본 군수참모부에서 경대전차무기 ILS 검토시 부수장비 개념으로 소요제기를 하여 사업이 추진되면서 작전운용성능이 미설정 된 상태에서 시험평가가 지시되어 시험평가 기준설정이 곤란하였다.

1993년 5월까지 시험평가 대상장비와 자료는 인수하였으나, 성능확인 기준이 없어 2개월 이상을 시험방안에 대해 관련기관 간에 검토 및 논의로 아쉬운 시간을 보냈다.

결국 주장비에 명시된 사거리를 야간조준경의 관측거리로 보고, 실제 사격 가능성과 야전운용성 여부, 각 업체별 제시된 자료 및 유사장비(KAN/PVS-5A : 가글, 야간투시경) 제원, 국방규격서 등을 근거로 작전운용성능을 설정하여 시험기준으로 삼고 상급부대 승인 후 시험평가를 실시하였다.

이처럼 시험평가기준(작전운용성능)이 미설정된 국외도입 장비에 대한 비교시험평가의 경우 시험평가 전 평가기준이 설정되지 않는다면 시험평가 기간 중 논란이 야기될 가능성이 클 것이다. 반면 만약 사업관리부서에서 소요 제기시 사전에 작전운용성능을 설정해 주었다면 사업기간이 더 단축될 수 있었을 것이다.

작전운용성능 주요항목 누락으로 시험평가지연 사례 : 1 1/4 t 통신가설차

2006년초에 운용시험평가를 실시한 '1 1/4 t 통신가설차'의 경우 '차량중량'이 군사요구도로 설정되어 있지 않았다. 따라서 2월부터 시작된 운용시험평가 기간 중에 개발시험에서 검증되어야 할 '차량중량'에 관계된 안전운행능력시험(인원탑승 및 장비 적재 후 하중분포, 경사도 측정, 종·횡경사 등판 등)을 실시하게 됨에 따라 최초 계획보다 시험평가 기간이 연장 될 수밖에 없었다.

그 과정을 보면 그해 4월 개발업체로부터 안전운행능력시험 결과를 접수하였다. 차량 총 중량을 4,760kg으로 시험을 한 결과 '적합'하다는 내용이었다.

그러나 이는 총중량인 차량무게에 탑재물을 합산하지 않은 수치였다. 즉, 군사요구도상에 총중량을 포함하지 않아 업체에서는 충분하게 ROC를 충족할 것으로 제시하였다. 그러나 탑재물을 모두 계산한 결과 250kg이나 더 무게가 초과되었다.

따라서 초과된 중량을 줄이기 위해 박스 중량을 줄이고 탑재물을 조정하는 등의 경량화 조치를 실시한 후 내구도 시험을 다시 실시하였다.

이처럼 작전운용성능의 주요항목이 누락된다면 사업중에 발견되더라도 최초 계획된 기간보다 시험평가 기간 지연 등 사업을 지연시키는 요인으로 작용할 뿐 아니라, 만약 발견이 되지 못하고 전력화 될 경우 야전운용상 많은 문제점을 발생시키는 요인이 될 것이다.

불필요항목 추가선정으로 논쟁야기 사례

• **FO용 주야관측장비(TAS-1)**

FO용 주야관측장비는 포병 관측반에 편성되어 주・야 전장감시, 표적획득, 사격 요청용으로 운용되는 장비로 2006년 8월부터 2007년 1월까지 운용시험평가를 실시하였는데, 열상장비로 '무월광하 탐지 및 인지능력'을 확인토록 작전운용성능에 포함되어 있었다.

그러나 열상장비는 시계가 불량한 대기조건에서도 투과력이 양호한 적외선을 이용하여 물체에서 방출하는 열(熱) 차이, 즉 표적과 배경간의 온도차이를 감지하여 영상화하므로 월광조건(무월광~만월광)의 영향을 거의 받지 않는다.[58] 따라서 월광조건이 의미가 없음에도 작전운용성능에 포함되어 시험평가 종료 후 '무월광하 시험평가를 실시하였는가?' 하는 시험평가 실시과정 및 결과기록을 두고 관련기관(사업관리기관, 육본 관련부서, 시험평가단 등) 사이에 불필요한 논란이 야기 되었다.

FO용 주야관측장비(TAS-1)	주간 관측시험장면
영상장비 레이저거리 측각기 배터리 DMD 삼각대	

▌그림 3-6▐ **FO용 주야관측장비 및 관측시험장면**

---

58) 세부사항은 다음 장 '기술발전추세에 주목하라' 참조

K9 자주포	K-77 사격지휘장갑차
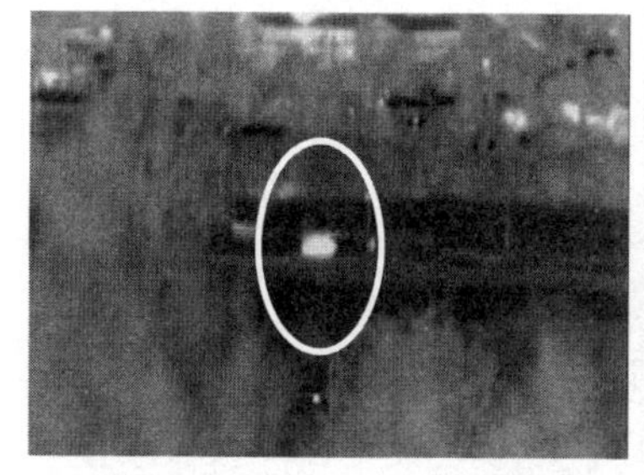	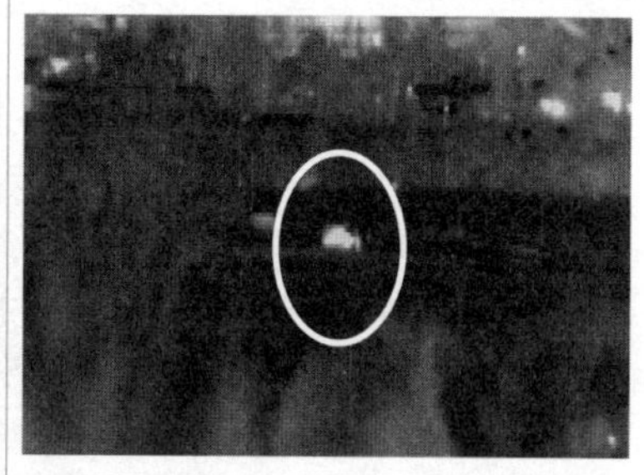

▌그림 3-7▐ **FO용 주야관측장비로 야간 2㎞ 물체 식별**

즉 시험조건을 무월광~50% 월광에서 실시해야 하나 시험평가단에서는 42~81% 월광상태에서 실시하고 결과를 결과보고서에 기록하였으며, 다른 시험항목 평가를 할 때 무월광 상태에서 추가시험을 실시한 결과 월광시험 때와 차이점이 없어 결과보고서에 기록을 하지 않았는데, 사업관리기관에서는 일단 작전운용성능 및 운용시험평가계획에 포함되어 있으므로 무월광 하에서 시험을 실시한 근거가 있어야 한다는 주장이었다. 이론과 논리상 할 필요는 없었지만 불필요한 내용이 포함됨으로 해서 괜한 오해의 소지를 남길 수 있는 행위가 되었다.

결국 육군 시험평가단에서 타 시험항목 평가시 무월광 조건에서 탐지 및 인지능력을 추가적으로 확인시켜주고 난 후에야 논쟁을 종결시켰다.

잠깐! FO용 주야관측장비(TAS-1)이란?

TAS-1은 현재 국내 포병부대에서 사용하고 있는 거리 및 방위각만 측정할 수 있는 레이저거리측정기인 GAS-1K를 신형화시킨 장비로 열상장비, 레이저 거리측정기, 측각기 등 3종의 장비로 이루어져 있으며 각각의 장비들은 분리되어 단독으로 운영이 가능하도록 제작되었다.

열상장비(영상관측기)는 5㎞까지 야간관측이 가능하고, 레이저 거리측정기는 배율 7배에 10㎞까지 거리측정이 가능하다.

삼성탈레스가 개발한 이 관측장비는 기존의 포병관측장비보다 소형화 · 경량화 되어 정확도와 편의성이 극대화되었을 뿐만 아니라 열상장비를 추가하여 주간은 물론, 야간 및 악천후에도 표적을 육안으로 관측할 수 있도록 해 종심전투능력을 확장시키고, 전장에서 전방관측과 동시에 원하는 목표물을 지정하면 자동으로 표적위치 획득이 가능하다. TAS-1은 비충전 전지와 충전전지 또는 상용전원에서 사용할 수 있을 뿐만 아니라 유 · 무선 통신장비를 이용하여 포병시스템에서 획득한 표적제원 전송을 할 수 있어서 상급부대와 직접 데이터 연동이 가능하기 때문에 신속하고 원활한 작전수행을 도와준다.

북한군도 PORK TROUGH 등 대박격포 · 포병위치 탐지레이더를 운용하고 있지만 아직도 군단급 기구정찰 대대나 사단급 사단정찰중대, 포병연대 정찰소대, 경보병 대대 등 인간정보 위주로 표적획득을 하고 있다.

한국 포병에게 관측장교용 주야 관측장비인 TAS-1과 같은 장비는 북한군보다 신속한 화력유도를 통해 훨씬 효율적이고 효과적인 작전수행을 가능케 한다.

출처 : 월간 『국방과 기술』제342호(2007. 8), pp. 8~9.

• **지상감시장비(RASIT)**[59]

2002년부터 2003년까지 운용시험평가를 실시한 '지상감시장비(RASIT)'의 경우 전방 주요고지에 배치하여 적지종심지역에 대한 이동표적을 감시하는 장비임에도 불구하고, 작전운용성능 항목 중 '공중 20~40㎞에 이동하는 경항공기 탐지 가능'토록 목적 외 기능이 추가되어 있었다. 또한 시험평가 대상 경항공기 종류와 기종별 탐지거리를 명시하지 않아 전 헬기에 대해 최대 탐지거리(40㎞)로 시험을 할 수밖에 없었다.

▌그림 3-8▐ **지상감시장비(RASIT)**

이에 따라 헬기 기종별 탐지능력 시험을 위한 헬기 협조(500MD, UH-1H, UH-60, CH-47D) 및 시험실시로 시간낭비와 연료비 등을 소모하게 되었다.

또한, 운용개념도 맞지 않으므로 시험평가 결과도 '기준 미충족'으로 나와 항목의 필요성에 대한 논란이 야기된 가운데 작전운용성능에 포함

59) DOPPLER효과를 이용한 입사 및 방사 방사선의 주파수 차이로 표적을 탐지하는 장비

되어 있다는 이유로 시험평가관들은 어쩔 수 없이 '전투용 사용불가' 건의를 할 수 밖에 없었고 이후 ROC 수정 과정을 거쳐 전력화하기까지 추가적인 시간이 더 필요하게 되었다.

- **GPS 국외도입 사업**[60]

1996년 운용시험평가를 한 'GPS 국외도입 사업'의 경우는 선진국(미국) 도입 대상장비들의 성능 및 기술수준을 확인하지 않고, 과도하게 작전운용성능을 책정했기 때문에 문제가 발생한 사례이다.

GPS 국외도입 사업의 작전운용성능은 'GPS 위성에서 송신하고 있는 2개 주파수를 모두 수신 가능', '수심 1m 이하 운용 가능', '무게 2kg 이하' 등으로 설정되어 있었다. 그러나 운용시험평가 결과 3개 시험평가 대상장비(모두 미국회사 제품)중 2개 시제품은 1개 주파수만 수신이 가능하였고, 수심 1m 이하 운용가능성도 2개의 장비가 5~20분내에 침수되어 운용이 불가능 하였으며, 1개 장비는 무게가 2kg을 초과하는 등 3개 대상장비 모두 작전운용성능에 미달하였다.

그 결과 시험장비를 무상으로 제공하였던 업체들로부터 시험평가 후 "왜 선진국(미국, 러시아, 프랑스 등)에서 문제없이 운용되고 있는 최첨단 장비를 작전운용성능 미충족으로 '전투용 사용불가'로 평가하였느냐?

업체에서 투입된 인원, 시간, 예산을 보상하라."는 항의를 받는 빌미를 제공하게 되었다.

이러한 사항은 만약 작전운용성능을 설정하는 담당실무자나 시험평가관들이 충분한 사전연구를 통해 선진국 작전운용성능 기준보다 국내에서 설정한 기준이 과도하며, 미국장비는 왜 그 정도의 기준만 설정했

60) GPS(Global Positioning System) : 휴대용 위치식별기

는지를 고민하였더라면 당시 미국의 기술수준을 파악할 수 있었을 것이고, 과도한 기준의 사전 수정을 통해 운용시험평가 후 불필요한 논란이 발생하지 않았을 것이다.

- 6인승 짚(K-131)[61]

'6인승 짚(K-131)' 운용시험평가는 1996년과 1997년 실시하였다.

K-111(구형)	K-131(신형)

▌그림 3-9▐ **1/4톤 차량**

'6인승 짚(K-131)'의 경우 '속도감응식 조향장치'와 '폭발방지용 연료탱크(연료탱크에 폭발방지장치 부착)'가 작전운용성능으로 설정되어 있었다. 그러나 운용시험평가 결과 속도감응식 조향장치는 그 당시 군이 보유하고 있는 장비의 조향장치인 '동력유압식'과 상이하여 군의 기술수준으로는 유지관리가 곤란하고, 장비가격도 동력유압식에 비해 약 40만 원

61) 기존의 1/4톤 K-111 차량을 대체하는 지휘 및 행정용 차량으로 아시아자동차(현재는 기아자동차)에서 생산하여 '레토나'라는 이름으로 상용차량으로도 판매하였다.

이 추가 소요되었으며, 기능면에서도 차이가 없어 경제성과 유지관리를 고려하지 않은 요구사항으로 평가되었다.

한편 폭발방지용 연료탱크는 이론상으로는 안전에 기여할 수 있는 장치로 판단되었으나 반년 정비시 연료탱크 정비를 할 수 없는 문제점이 발견되었다. 또한 연료를 주입할 때 폭발방지용 연료탱크 내부의 알루미늄 박판사이에 공기방울이 발생하여 일반 연료탱크보다 약 3배의 시간이 소요되어 작전반응시간이 지연되는 것으로 평가되었다. 비용도 일반 연료탱크보다 단가 면에서 약 26만 원이 추가 소요되었다. 반면 일반적으로 사용하는 연료탱크로 대체하여 폭발시험을 한 결과 폭발현상도 없었으며, 다른 부수적인 문제점도 없었다.

따라서 시험평가관들은 조향장치를 속도감응식에서 동력유압식으로 수정할 것과 폭발방지용 연료탱크에서 폭발방지장치를 제거하는 것으로 작전운용성능 수정을 건의하였고, 의견이 수용되어 양산을 할 때는 동력유압식 조향장치를 채택하고, 폭발방지장치를 제거한 연료탱크를 부착한 짚차를 생산하게 되었다.

사업관리자들과 시험평가관들은 이처럼 때로는 염두로 기존 보다 좋을 것이라고 판단하여 채택한 사항들이 실제 야전환경과는 차이가 있을 수 있다는 것을 항상 염두에 두고 작전운용성능 설정과 시험평가를 진행하여야 문제점을 식별하여 개선할 수 있다.

작전운용성능과 개발규격이 상이하여 사업지연 사례 : 오리콘 성능개량 확인시험[62)]

1998년 1월 육군 시험평가단의 오리콘 운용시험평가관은 시험평가를 준비하면서 기초연구간 작전운용성능 49개 항목 중 탐지거리 등 13개 항목에서 작전운용성능과 개발규격이 상이하다는 사실을 발견하고 사업관리 부서에 의견을 제시하였다.

▌그림 3-10▐ **오리콘**

작전운용성능과 개발규격이 상이하게 된 이유는 오리콘 성능개량 사업이 무기체계 전체성능보다 부품개발 위주로 이루어졌고, 부품개발 승인도 4차례에 걸쳐 2년간 이루어졌으며, 기존 오리콘의 아날로그 방식을 기준으로 작전운용성능이 설정되었기 때문이었다. 따라서 디지털화된 신기술 적용과 운용방법 변경 등으로 새로 개발되는 성능개량 오리콘 장비에는 작전운용성능 13개 항목이 불필요하게 되었던 것이다.[63)]

---

62) 오리콘(Oerlikon, Oerlikon-Buhre사에서 1959년 개발) 장비는 스위스에서 1975년부터 80년까지 도입한 35밀리 쌍열 대공포이며 국지방공무기로 운용중이었으나 장기간 사용으로 인한 장비 노후화 및 성능저하로 작전운용이 제한되어 이를 개선하기 위하여 업체자체 부품개발(비무기체계)로 성능개량을 하였다.

이에 따라 2월에 관계관들이 모여 개발부품 성능검토회의를 한 결과 국방품질연구소(현재의 국방기술품질원의 전신)에서도 '13개 항목이 작전운용성능과 개발규격이 불일치 한다'는 시험평가단의 의견에 동의하였다.

동년 2월 국방품질연구소는 기술검토결과 작전운용성능과 개발규격이 상이한 13개 항목은 기술적으로 개발규격이 타당하다는 사실을 입증하여 개발규격을 시험기준으로 적용할 것을 국방부에 건의하였다. 그러나 국방부의 최종 의사결정 부서에서는 소요군과 국방품질연구소의 의견을 수용하지 않고 오히려 과거 기준의 작전운용성능을 시험기준으로 적용하고, 개발규격을 참고로 하라는 지침을 주었다.

4월부터 7월까지 발견된 문제점에 대한 선행조치가 되지 않은 상태였으므로 불필요한 항목에 대한 시험 진행은 무의미하였고 많은 문제도 야기되었다. 따라서 시험평가단에서는 시험평가 결과보고를 할 때 탐지거리 등 문제항목에 대한 작전운용성능 수정 및 삭제를 다시 건의하게 되었다.

그 결과 8월과 9월 두달 동안 시험평가단의 작전운용성능 수정 및 삭제건의에 대해 관련기관(국방부, 합참, 육군본부)간 지리한 논의를 거쳐 시험평가결과를 정리할 수 있었다.

이러한 사항은 최초 작전운용성능을 설정하는 단계에서 개발규격을 확인하여 작전운용성능을 변경하였더라면 문제가 발생하지 않았을 것

---

63) 오리콘 성능개량은 국내 부품개발에 의한 체계성능 개량사업으로 설정된 작전운용성능이 부품위주로 되어 있어(7개 부품개발에 49개 작전운용성능 설정) 체계 전체성능을 반영하지 못하였고, 변조기, 계산기 등은 신기술과 운용방법을 적용하게 됨에 따라 일부 작전운용성능은 적용이 불가능 하였으며, 전기적 특성(중간 주파수 대역폭, 입력전원 등)에 관한 허용오차 범위를 고려하지 않았다. 또한 장비예열시간 등 일부 작전운용성능은 표기에 오류가 있었고, 의미가 불명확 하였다.

이다. 또한 작전운용성능이 설정된 이후라도 개발규격과 상이하며, 개발규격이 타당하다는 결론이 도출되었다면 과감히 작전운용성능을 수정하는 조치를 취해야 했을 것이다.

작전운용성능은 신성불가침이 아님에도 불구하고 수정절차의 번거로움, 관련기관간 업무처리 회피 등의 이유로 사실상 수정이 쉽지 않은 실정이다.64) 그러나 작전운용성능이 잘못되어 사업이 지연되거나, 향후 야전에서 장비운용시 문제점이 발생할 수 있다는 사실을 감안하면 필요시에는 과감하고 신속하게 작전운용성능을 수정하는 조치가 따라야 할 것이다.

작전작전운용성능이 불명확하게 설정되어 평가지장 초래 : 차기 전술통신체계(SPIDER) 초도양산 배치 전 확인시험

차기 전술통신체계(SPIDER)는 1998년 운용시험평가를 실시하였다.

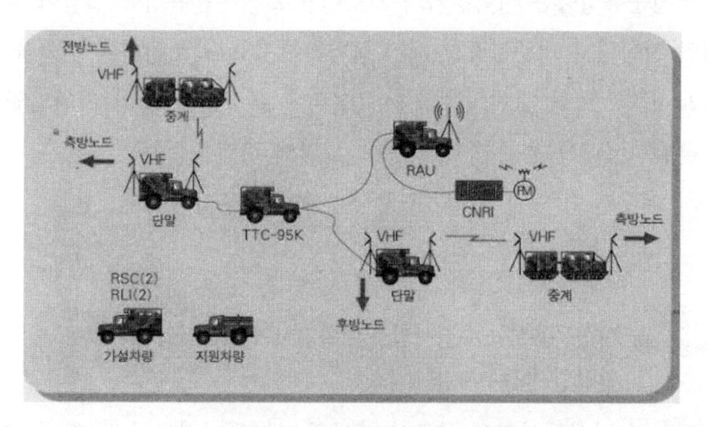

▌그림 3-11▐ SPIDER 노드 구성

64) 주요 작전운용성능은 사업의 효율적인 추진을 위하여 필요한 경우 소요요청기관의 수정건의를 받아 합동전략회의에서 수정할 수 있고, 방위사업청은 기술적 · 부수적 성능을 보완할 수 있다.

그런데 스파이더 체계의 일부장비(RLI, CNRI)는 작전운용성능이 개략적으로 작성되었거나 아예 요구기능이 없었다. 또한 이동무선결합기(RAU)의 작전운용성능 중 '대전자전 능력보유'라는 내용이 있었는데 요구조건이 광범위하고 구체성이 부족하여 시험평가시 기준설정에 어려움이 많았다. 따라서 시험평가 계획 작성간 평가기준설정이 모호하여 시험계획 검토회의시 관련실무자간 토의 후 결정을 하였으나, 그 사이에 많은 논란이 야기되었다. RLI, CNRI는 선행시험 후 개발요구서가 제시되었는데 선행시험시 미리 개발된 장비와 연동운용에 대한 개념정립이 되어 있지 않아 시험평가에 혼선을 초래하였다.

한편 스파이더 체계는 개발기간이 장기화됨에 따라 최초 작전운용성능 설정 당시에는 최신장비가 초도양산 배치 전 확인시험 당시에는 진부화 되기도 하여 작전운용성능이 현실에 맞지 않아 평가기준 설정에 문제점으로 대두되기도 하였다.

작전운용성능은 시험평가의 기준이므로 작전운용성능 설정이 불명확하면 시험평가 기준설정 자체가 불명확해지고, 시험평가에 혼선을 초래하게 된다. 또한 작전운용성능이 설정된 후 개발기간이 지연되었다면 기술발전이나 운용개념 변경 등으로 인해 작전운용성능 수정소요가 있는지 여부를 반드시 확인, 조치 후 사업을 추진하여야 한다.

작전운용성능 수정사항을 미확인하여 추가시험 사례 : 단안형 야간투시경

단안형 야간투시경은 기존의 양안형 야간투시경보다 무게 및 크기를 감소시키고, 탐지능력을 향상(배율 3배, 탐지거리 2배 이상)시켜 야간작전시 전장감시 및 지휘통제, 야간표적지시기와 복합하여 조준사격용으로 운용하는 장비로 2004년 운용시험평가를 실시하였다.

양안형 야간투시경(구형)	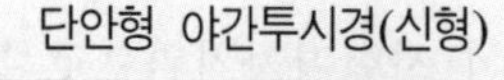 단안형 야간투시경(신형)

▌그림 3-12▐ **야간투시경(가글)**

운용시험평가시에 운용시험평가관들은 합동참모회의 결과 작전운용성능 중 저온에서의 건전지 사용시간이 추가되어 수정되었음에도 이를 확인하지 않은채 최초 소요제기서상의 작전운용성능만 확인하여 시험평가계획 초안을 작성하였다. 그 후 최종적으로 운용시험평가 실시전 작전운용성능을 재확인하는 세미나 과정에서 '저온(-32℃)시 건전지 사용시간'에 대한 추가 수정내용을 확인하여 운용시험평가계획을 보완하였다.

그러나 저온시 건전지 사용시간은 개발시험평가 사항으로 사업관리부서 및 국방품질관리소에 추가시험을 요구하였고 국방품질관리소는 누락항목에 대한 추가시험을 실시하고 개발시험평가 결과를 완성하였다.

만약 운용시험평가 전 작전운용성능 수정사항을 발견하지 못했다면 주요 시험평가 항목이 누락될 뻔했다.

따라서 시험평가관들은 작전운용성능의 수정여부를 최종적으로 확인하여 시험평가계획을 작성하여야 하고, 작전운용성능 결정부서[65]와 방위사업청, 소요군의 사업관리부서 등에서도 관심을 가지고 변경사항을 확인하여 시험평가기관으로 통보해 주어야 한다.

앞에서도 언급하였듯이 작전운용성능은 연구진과 시험평가관에게는 개발과 평가의 기준이다. 그러나 획득업무 수행간 가장 빈번하게, 그리고 큰 문제를 야기하여 사업에 지장을 초래하는 것도 작전운용성능이다. 작전운용성능은 한 번 작성되면 수정하기도 쉽지 않다.

그러므로 획득업무 종사자들은 작전운용성능의 중요성을 다시 한 번 염두에 두고, 한국적인 작전환경에 부합되도록 과학기술 발전추세와 연구개발 능력 등을 고려하여 작전운용성능을 설정하도록 노력하여야 한다.

현재 각군의 소요요청부서에서는 군 · 민간 전문가로 통합개념팀(전력기획참모부, 야전, 병과학교, 연구소, 학계 등)을 구성 운용하고, 투자사업 심의회나 정책회의시 국방과학연구소 등 관련 전문가를 참석시키는 등 '적정수준의 작전운용성능 설정 시스템 구축방안 정립'을 위해 관심을 가지고 업무를 추진하고 있다.

그에 더하여 실무자의 작전운용성능 작성간 시험평가요원의 참여를 확대하여 의견을 개진토록 할 필요가 있다고 본다. 시험평가관들이 시험평가 경험으로 작전운용성능 항목 및 기준설정의 타당성, 현 시험평가 수준 및 능력으로 측정가능 여부 등을 제시해주면 작전운용성능 작성관계관들에게 좋은 참고가 될 것으로 판단한다.

---

65) 주요 작전운용성능은 합참, 기술적 · 부수적 성능은 방위사업청에서 결정

잠깐! 작전운용성능도 진화한다?

- 작전운용성능은 운영개념 및 국방과학발전추세 등을 고려하여 진화적 개발 개념을 도입할 수 있다.

- 진화적 개발전략의 추진 장려 : 사업관리본부장(통합사업관리팀장)은 과학기술의 발전속도를 고려한 소요무기체계의 진화적 요구조건을 반영하여, 무기체계 전력화 기간 단축, 개발과정간 신기술의 가용성 증대, 사용자의 추가요구에 대비한 성능의 최신화를 위하여 진화적 연구개발전략 추진을 고려하여야 한다.

- 진화적 개발전략(Evolutionary Acquisition) : 기술의 개발 및 확보시기와 개발위험도를 고려하여 작전운용성능의 목표치를 분할하여 동일한 개발단계를 2회 이상 반복 적용하여 최종적으로 개발 완료하는 전략이다.

  가. 점진적 개발(Incremental Development) : 무기체계의 작전운용성능이 개발 이전단계에서 기 확정되었으나, 개발목표치의 달성을 위하여 개발단계를 반복적으로 적용하는 방식으로 가용자원이 제한되는 경우 또는 개발의 기술적 위험도가 높은 경우 무기체계의 성능을 분할하여 우선순위에 따라 점진적으로 무기체계를 개발 완성하는 방식으로 기술성숙도의 예측이 가능할 때 적용한다.

  나. 나선형 개발(Spiral Development) : 무기체계의 운용개념은 확정되었으나 구체적인 작전운용성능(ROC)이 개발착수 이전에 확정되지 않은 경우에 적용되는 개발전략으로 단계별 사업 종료시 기술성숙도를 고려하여 다음 개발단계의 무기체계의 작전운용성능을 부분적으로 확정하는 일련의 개발과정을 반복하게 된다. 나선형 개발은 주로 신개념 무기체계 또는 첨단기술이 적용되는 복합무기체계의 개발시 기술 성숙도의 예측이 곤란할 때 적용된다.

출처 : 『국방전력발전업무규정』(2006), 『방위사업관리규정』(2007)

하나의 요구조건을 지나치게 강조하면 주객이 전도된다

미얀마의 한 부족은 미인(美女)의 조건이 긴 목이라는 것을 해외 토픽에서 본 적이 있다. 그곳의 여자들은 미인이 되기 위해 둥근 고리를 목에 끼워 억지로 목을 늘린다. 필자가 사진에서 본 그곳의 대표 미인이라는 여자는 고리를 예닐곱 개 목에 끼웠고, 목 길이가 보통 한국 여자들의 두 배에 달한다. 그러나 그 모습은 필자가 보기에는 부자연스러웠고, 실생활에서도 그 여자는 많은 불편함을 감수하고 살아야 한다고 한다.

아프리카의 어느 오지마을의 소수민족들은 입술이 크면 미인이다. 그래서 그들은 나무를 주걱처럼 둥글게 만들어서 입술을 찢고 그 속에 그 나무를 넣어 입술을 주걱처럼 튀어나오게 만들고 미인이라고 한다. 그 입술이 불편하여 물도 잘 마시지 못한다.[66]

어떤 부족은 여자들의 온 몸에 문신을 하기 위해 칼로 상처를 내서 일부러 치료하지 않고 덧나게 만들고 그 흉터가 많을수록 아름다운 여자라 한다.

그에 비하면 중국 고전 속 미녀의 조건인 전족(纏足)은 정말 양반인 듯하다. 물론 그 전족조차도 여자의 불편을 담보로 한 제도이기는 마찬가지 이지만…….

이처럼 하나의 조건을 지나치게 강조하다 보면 겉보기에는 어떨지 몰라도 실 활용에서는 여러가지 단점이 나올 수 있다. 그것은 인간뿐 아니라 무기체계 개발에서도 나타나는 현상이다.

구 소련군 전차는 적 포탄으로부터의 피격률을 낮추기 위해 미국 전차에 비해 전차의 높이를 낮추고 실내를 좁게 설계하는 대신 전차병을 선발할 때 체격이 적은 사람을 선발하였다. 그러나 중동전에서 소련군

---

66) Daum 카페, '미인의 기준'

(아랍군) 전차는 미군(이스라엘군) 전차와의 전차전에서 사격통제장치의 열세와 실내활동의 제약 때문에 오히려 피격이 많이 되었다. 그리고 좁은 실내에서의 활동은 승무원들의 스트레스를 유발하는 큰 요인이 되었다. 이것은 생존성을 지나치게 강조함으로써 생긴 폐단이었다. 무기체계와는 다소 다를 수 있지만 중세 중기병은 말과 인간의 방호에 지나치게 집착한 나머지 기동이 힘들 정도로 말과 기사를 쇠갑옷으로 무장하여, 쏜살 같이 내달리는 몽고군에게 잔인한 살육의 대상이 되었다.

한국에서 개발된 무기체계 중 대표적인 사례인 K-3기관총(한국형 기관총)의 예를 들어보자.

K-3기관총(한국형 기관총)은 M60 기관총에 비해 가볍고, 작으면서도 우수한 총기를 개발할 목적으로 사업이 추진되었다. 그에 따라 개발단계에서 무게 제한(M60은 10.43kg, K-3는 6.85kg, 34% 무게 감소)으로 경량화에 치중한 결과 기관총 몸체가 약하고, 총열도 약하게 제작되었으며, 부품상호간 유동이 심하였다.

▌그림 3-13▐ **K-3 기관총**

잠깐! K-3 개발 배경

월남전의 주역이었던 미국의 M60 기관총(7.62㎜ 탄환사용)은 5.56㎜ 탄을 사용하는 보다 더 가볍고 우수한 성능을 가진 벨기에 FN사의 M249(SAW)가 출현함에 따라 전장에서 도태되기 시작하였다. M249(SAW)는 7kg이 채 안되는 무게에 한명의 사수가 모든 책임을 맡을 수 있으며, 탄환은 소총과 공용으로 벨트 급탄식과 탄창 급탄식을 혼용할 수 있는 장점을 가지고 있었다.

같은 이유로 한국에서도 이 무기체계를 획득하기 위해 노력하였다. K-2용의 SS109(나토의 K100)탄환을 바로 사용할 수 있어 이미 소총과 탄환교환이 가능한 상태였다. 이런 이유로 한국은 한국형 기관총 개발의 모델을 FN사의 모델에서 찾았으며, 면허생산하게 되었다. 즉 한국은 FN사의 M249(SAW)를 기본으로 삼고 K-3를 만들었으며 1989년부터 군에게 지급하기 시작하였다.

출처 : 합참 무기체계자료실, 'K-3 한국형기관총'에서 인용

그 결과 장비 전력화 후 기능고장이 많이 발생하였고, 특히 연속사격시 총열이 과열되면 쉽게 기능고장 및 결함이 발생하였다. 즉 연속사격 도중 재장전해야 하는 등 기관총의 특성을 발휘하기가 곤란하였을 뿐 아니라 약한 총열로 인해 타부분에도 영향을 미쳐 기능고장이 빈번하게 발생하였고, 교체 수리부속도 부족한 실정이 되었다. 또한 산악 및 야간 기동훈련시 충격이나 마찰 등에 취약하여 단발자와 양각대 핀 등 부품 강도가 약해 잦은 마모 현상이 발생하였다.

K-3기관총은 1989년 초도보급 이후 수차례에 걸친 품질개선 활동에 많은 시간과 노력, 자원을 투입하지 않으면 안되었다.

경우는 다소 다르지만 기갑병과에서는 원거리 사격과 살상효과를 높이기 위하여 주포의 크기가 더 커지기를 원한다.

잠깐! 전차의 주포구경을 증대시킨 이유는?

2차대전 초 30~50㎜에 불과했던 전차의 주포구경은 Leopard Ⅰ, AMX-30, T-62전차 등의 2세대 전차에 105㎜로 증가하였고, 3세대에는 120㎜로 약 3배가량 증가하였다. 이렇게 전차의 주포구경을 지속적으로 증가시킨 이유는 전차탄의 포구속도를 크게 하여 탄자의 운동에너지를 증가시키면 전차포의 사거리, 관통력 및 정확도를 향상시킬 수 있기 때문이다.

그러나 현재의 주포 구경 증대를 통한 포구속도 증가는 분자량이 큰 화약가스 CO2의 단열팽창을 이용하고 있어 이미 한계에 이르렀다. 이에 따라 전차포의 포구속도를 증가하기 위해 추진제를 액체로 대체한 액체 추진포와 전기에너지를 이용하여 탄자를 가속시키는 전기포에 대한 연구가 진행 중이다.

출처 : 육군본부, 『지상무기체계 원리(Ⅰ)』에서 인용

한국군도 1990년대 세계적인 전차 발전추세에 발맞추고, 북한군 신형 전차(주포 125밀리)에 대응하기 위하여 105밀리 주포인 기존 K1 전차(1988년 전력화가 되었다고 해서 88전차라고 명명하기도 한다)에 120밀리 주포를 장착하고 몸체까지 주포에 맞추어 성능개량을 시도하였다.

그러나 개발비용 등의 문제로 최초 군이 의도한 대로 몸체는 개량하지 못하고 K1전차에 120밀리 주포를 부착하고, 탄도계산기를 국내 개발하는 선에서 K1A1으로 성능개량하여 1996년과 1997년간 시험평가를 거쳐 1999년부터 전력화하게 되었다.[67)]

67) K1A1 전차는 K1전차가 보유하고 있는 우수한 기동성능 및 최신의 사격통제장치를 근간으로 120㎜ 활강포를 장착하여 화력 및 전투사거리를 개선한 전차이며, 포와 포탑 구동장치 및 탄도계산기의 성능도 개선하였다. 전차 승무원의 생존성 향상을 위해 엔진실 화재감지선을 열저항형에서 열전대감지형으로 교체하였으며, 차체와 포탑사이의 베어링을 와이어 레이스형으로 채택하여 기동간 포탑 선회 특성 및 심수 도하시의 밀봉성을 향상시켰다.

K1	K1A1

▌그림 3-14▐ **K1 전차와 K1A1 전차**

잠깐! 전차 주포 국산화와 차기 전차

전차의 120밀리 포신은 부식을 방지하고, 열에 견디게 하기 위하여 크롬도금을 하는데, 이것은 1990년대 중반만 하더라도 세계적으로 미국, 스위스 등 4~5개국 밖에 하지 못하는 어려운 기술이었다.

그런데 K1A1 성능개량 시기에 국과연에서는 이미 차기 전차 개발에 착수하고 있었는데, 차기 전차의 주포를 개발하기 위하여 스위스 공장을 견학하며 배운 기술로 크롬도금을 성공할 수 있었고, 이를 K1A1 주포에 적용하여 국산화할 수 있었다.(M256포 5억 원, '국산'포 3.5억 원)

▌그림 3-15▐ **차기 전차**

돌이켜 보면 K1A1 개발은 대부분의 부품을 외국에 의존하던 1985년의 K1전차에서, 국산화율 90% 이상을 목표로 달성하려는 2007 차기 전차로 가기 위한 교량역할을 충분히 한 셈이다.

차기 전차는 국내개발 필요성이 없는 일부 부품을 제외한 모든 구성품 및 체계를 국내 주요 방사업체들과 함께 순수 국내기술로 개발하였다.

차기 전차는 앞으로 운용시험평가를 거쳐 군에 배치될 전망이며, 현재 개발 중이지만 이미 일부국가에 수출이 결정됐다.

출처 : 월간 『국방과 기술』제338호(2007. 4), pp. 12~13.
「조선일보」2007년 10월 12일, E3면

이처럼 K1A1을 성능개량하는 과정에서 전차몸체는 그대로 두고 주포만 개량한 결과 화력은 우수해졌지만 화력에 걸맞는 기동력 개선이 이루어지지 않은 아쉬움이 있기도 하였다.

이와 같이 소요제기과정에서 전력업무 종사자들이 한 가지 효과에 지나치게 집착하여 다른 기능들을 무시하거나, 무시하지 않더라도 간과 또는 괜찮겠지 하는 방심을 하고 지나치는 경우는 충분히 발생할 수 있다. 또한 소요제기과정에서는 충분히 문제점을 검토했으나 비용문제 등으로 목표한 수준을 충족하지 못할 수도 있다.

한편 이와는 반대로 지나치게 많은 것을 요구하여 기형이 되는 경우도 있다. 즉 소요군의 입장에서는 이것도 탐나고, 저것도 탐나서 이런 저런 기능들을 함께 요구하는 경우가 많다. 그러나 많은 기능들이 포함될수록 무게와 부피가 증가할 가능성이 커져, 사람이 인력으로 조작하기에는 부담이 증가할 수 있다. 또한 요구사항이 많아질수록 비용부담도 증가하고, 반드시 필요하지 않은 요구조건들이 포함될 경우도 발생한다.

예를 들어 2007년 운용시험평가를 실시한 PRE(자동위치보고장치) 사업의 경우 위치식별만 가능하면 되는데, 데이터 통신 등을 추가적으로 요구하여 비용과 개발기간이 증가하게 되었다. 상호통화기세트도 마찬가지로 내부통화만 되면 되는데 데이터 통신을 요구하고 있다. 따라서 무기체계 개발을 위한 작전운용성능 결정시에는 목적에 부합되는 기능만 선택하고 부수적인 기능은 과감하게 버리는 지혜도 필요하다.

그러므로 전력업무 종사자, 특히 소요를 결정하는 과정에 있는 사람들은 '내가 지나치게 한 가지 성능에 집착하고 있는 것은 아닌가?' 또는 '내가 지나치게 많은 것을 요구하고 있는 것은 아닌가?' 하는 것을 항상 염두에 두고 심사숙고하여, 주객이 전도된 무기체계가 탄생하지 않도록 노력해야 하는 것이다.

과도한 평가기준, 시험조건·방법은 스스로 발목잡기

과유불급(過猶不及) 이라는 말이 있다. '지나친 것이나 모자란 것이나 마찬가지로 좋지 않다.'라는 뜻인데 이것은 방위력개선사업에도 해당된다.

1998년 운용시험평가를 한 '오리콘 성능개량 확인시험'의 경우를 예로 들어 보자. 육군에서는 사격성능시험(명중률) 기준 설정시 '연례 대공실탄사격 규정', 교육참고 25-5 '교탄지원지침서' 등 근거문서에 집착하여 시험기준을 설정하였는데, 그 기준이 현실과는 다소 동떨어져 무리한 것이었다. 즉 명중률 시험기준을 업체요원들로 자동사격시 15 : 1로 정하였는데, 기존 오리콘 운용부대의 사격실태를 분석한결과 경험 많고 숙달된 추적병에 의해, 그것도 정조준이 아닌 오조준 사격시에만 그 합격기준에 도달할 뿐이었다. 그러니 운용능력이 미흡한 업체요원들이 합격하기란 어려운 일이었다.

시험기준 설정시에는 근거문서를 기초로 현실적으로 적용이 가능한지 심층분석을 실시해야 하며, 일부 무기체계의 명중률은 훈련 목적상 다소 높게 기준이 설정되어 있어 시험시 합격, 불합격의 기준으로 적용하기에는 다소 무리가 있다는 것을 염두에 두어야 하는데 간과한 것이다.

시험평가 결과보고 1개월 후 명중률에 대해서 별도로 부분 재시험을 하였고, 그 때는 기준을 '기존장비와 개량장비의 수평적 사격성능 비교 시험'으로 수정하였다.

한편, 지나친 기준을 업체자체에서 스스로 요구하여 논란이 야기된 사례도 있다.

2006년 운용시험평가를 한 단일형소총[68]의 경우 업체에서는 자체 개발시험을 실시 후 방위사업청과 육군 시험평가단에 제시한 '단일형소총 운용시험평가절차서(안)'에 유효사거리 합격기준을 '유효사거리(600~800m)에서 E표적(半身型 標的)에 60% 명중되고, 명중된 탄의 90%가 3.2㎜ 연강판을 관통'하는 것으로 명시하였다.

▌그림 3-16▐ **단일형소총 시제품**

시험평가단 내부에서는 기준에 대해 다소의 논란이 있었지만 업체에서는 수출용이므로 높은 성능을 입증하기를 원하였을 것이기 때문에 업

68) 업체자체 개발하였으나 군 소요가 없는 단일형소총을 수출하기 위하여 운용시험평가를 실시한 사례이다. 단일형소총이란 유탄발사기와 소총을 결합한 소총을 복합형소총이라고 명명한 것에 비해 소총만 있기 때문에 붙여진 이름이다.

체 스스로 기준을 제시한 것이며, 3배율의 조준경이 부착되어 있고, 비공식적으로 업체에 확인 결과 자체 시험에서 문제가 없었다는 것을 확인하여, 그 기준을 그대로 적용하기로 하였다.

그러나 시험평가 결과는 가장 숙달된 사수들을 대상으로 했음에도 불구하고 60%에 훨씬 못 미치는 것이었다. 물론 시제화기이고 시험지원 요원들이 숙달이 덜 되었을 수 있다는 것을 감안해도 문제가 되는 결과였다. 시험결과를 두고 업체와 시험평가단 간에 논란이 되었음은 물론이다.

과도한 기준의 경우 비록 그 기준은 충족할 수 있다고 하여도, 실제 운용상 불필요하거나, 그런 성능을 구현하기 위해서는 과도한 비용이 소요되는 경우도 있다. 예를 들어 군용장비는 혹한기, 혹서기에 그것도 북한지역까지 고려한 온도조건에서 사용하기 위하여 운용온도 범위를 상용보다 폭 넓게 설정한다.[69] 온도를 몇 도 낮추느냐, 몇 도 높이느냐에 따라 비용은 엄청난 차이가 있다. 또한 충격에 견딜 수 있도록 훨씬 견고한 조건을 요구한다. 보안이 요구되므로 보안기능을 추가하는 경우도 있다. 따라서 비용이 상용보다 상승함은 물론이다.

일반 상용 노트북이 대개 100~300만 원 선이지만 군에서 사용되는 '견고화 노트북'은 1,100만 원이나 한다. 상용 워키토키(단거리형 무전기)는 5~30만 원이지만 군용 단거리 무전기는 100여만 원을 호가한다.

따라서 꼭 필요한 경우가 아니라면 상용으로 대체하는 것을 검토하거나, 비용 대 효과를 고려하여 적정한 범위를 설정하는 노력이 필요하다.

2007년 운용시험평가를 마친 대포병탐지레이더 국외구매 사업의 경우에도 과도한 평가기준 때문에 논란이 야기되었다.

---

69) 예를 들어 주장비는 -51~71°C, 사격통제장치와 열상장비는 -30~43°C, 탄약은 -30~43°C에서 운용가능 등이다.

'탐지고각(探知高角)은 90도로 작전운용성능을 설정하였는데, 해석에 따라서는 실제 운용상 그 범위에서 탐지가 불필요하였기 때문에 시험평가 전후 의미 해석을 놓고 관련기관들 사이에 많은 논란이 야기되었다. 지나친 기준도 문제이지만 너무 엄격한 기준도 문제가 되는 것이다. 예를 들어 숫자에 관련된 요구기준 중 100% 합격수준은 꼭 필요한 경우가 아니라면 사수 또는 시험요원의 컨디션 등을 고려하여 몇 회중 몇 회 이상 등 Belt(최소~최대)화 또는 '± 몇 %' 등으로 범위를 설정해주는 것이 바람직하다.

한편, 불명확한 기준도 문제가 된다. 1998년부터 1999년까지 운용시험평가를 실시한 '전차 포수조준경'의 경우 작전운용성능을 '고온다습, 안개, 연막, 강우, 강설조건에서 「제한적」사거리 측정 가능', '「장시간」 사용할 때 흐름현상이 없어야 함' 등으로 명시하였는데, 「제한적」, 「장시간」의 정도에 대해 해석이 애매모호하였다. 즉 객관성이 결여되어 보는 사람에 따라 의미가 달라지고, 평가결과도 달라질 수 있는 용어였던 것이다. 결국 관련기관간 협의하에 정리를 하여 시험평가를 마치기는 하였지만 평가의 기준이 되는 작전운용성능을 설정하는 초기단계에 그런 일들은 정리되는 것이 더 바람직 할 것이다.

따라서 방위력개선사업 종사자들은 필요해서 소요제기를 하고도, 스스로 만든 함정에 빠지거나, 올무에 발목이 걸리는 경우가 없도록 소요제기 단계에서부터 꼭 달성하여야 하는 요구성능 분야는 수치적으로 명확하게 제시하고, 기타분야는 최소한의 벨트화된 기준을 제시하여야 전력화 마지막 단계인 운용시험평가에서의 혼돈을 최소화 할 수 있을 것이다.

시험평가관은 획득 전(全) 단계에서 활동해야 한다

미국은 1985년 「CBRS」(개념에 의한 소요창출체계)를 도입하였다.[70] 이것은 합동비전(VISION)이나 육군비전(VISION)에서 기준개념을 도출하고, 그 개념에 따라 미래 작전능력을 구상하여 소요를 도출한다는 것이다.

미국은 9.11테러와 이라크전을 거치면서 2003년 이후 이를 더 발전시켜 「합동능력 통합개발체계(JCIDS)」[71]를 적용하고 있다. 「합동능력 통합개발체계(JCIDS)」는 각군이 아닌 합동차원에서 미래 군사전략목표를 달성하기 위해 필요한 능력을 정의하고, 현 능력과 비교하여 부족능력을 식별하여, 필요한 전투발전요소를 결정한다는 개념이다.

그에 따라 미국의 획득절차는 과거 '위협기반접근'(Bottom up)에서 '능력기반접근'(Top Down)[72]으로 변화하고, 합동작전개념과 능력이 중요해지고 있으며, 순차적 개발 · 생산에서 동시적 개발 · 생산으로 변화하였다. 앞으로 미국의 획득절차는 SoS(복합체계 : System of Systems)와 NCW(네트워크 중심전 : Network Centric Warfare)를 구현할 수 있도록 발전될 것이다.

이러한 획득절차의 변화와 함께 현대 무기체계의 복잡성, 신기술의 신속한 접목 필요성은 시험평가 절차도 변화시키고 있다. 즉 과거의 시험평가가 체계개발단계에 국한되었다면, 현재의 시험평가는 획득 전 순기로 영역이 확대된 것이다.[73]

---

70) CBRS : Concept-Based Requirements System

71) JCIDS : Joint Capabilities Integration & Development System

72) 위협기반접근 : Threat-based Approach
능력기반접근 : Capabilities-based Approach

73) 미국은 능력기반 군(軍)으로 전환하기 위한 '시험평가 능력 (T&E Capability)' 확보가 시급하다고 판단하여, FY2002부터 국방성 DOT & E 책임으로 T & E / S & T 프로그램을 시행하고 있다. 박준호, 앞의 글에서 인용

잠깐! SoS(복합체계)와 NCW(네트워크중심전)

복합체계(SoS)는 정보 · 감시 · 정찰(ISR)과 정밀유도무기(PGM)를 지휘 · 통제 · 통신으로 연결하여 하나의 체계를 구성함으로써 전력활용의 통합성을 통해 전투력의 승수효과를 극대화 한다는 것이다.

네트워크 중심전(NCW)은 정보화시대에 등장한 새로운 전쟁이론으로 정보통신기술의 발전을 이용한 네트워크를 구축하여 전장상황 인식의 공유와 전력의 통합을 통해 작전의 수행효과를 획기적으로 높이는 것이다.

한편 새로운 획득절차에서는 시험평가 절차도 능력(성능)을 기초로 하는 획득체계(Capability Based Acquisition) 개념에 맞게, 조기에 운용성확인을 실시하고, 상호운용성 을 포함하여 통합된 개발시험과 운용시험(DT & OT)을 실시하고 있다. 이에 따라 시험평가계획은 국방획득절차상 의사결정권자에게 필수적인 정보를 제공하고 사용자를 지원하도록 획득 전순기에 걸쳐 반드시 통합되도록 요구하고 있다.

이러한 미 국방부의 시험평가 정책과 절차는 앞에서도 소개한 바와 같이 이미 검증된 시스템 엔지니어링의 프로세스를 직접적으로 채택한 결과이다.

그동안 우리나라의 시험평가 관련 규정과 절차는 세계적으로 통용되고 있는 시스템 엔지니어링과 같은 과학적 이론과 절차에 의거 수립된 것이 아니라 지금까지의 무기체계 획득(주로 단순구매) 경험을 위주로 보완 발전되어 왔다. 그러나 2006년 새로 제정된 방위력개선사업관리규정은 시스템 엔지니어링과 동시공학 이론 등 과학적 이론을 근거로 수행과정(Process)과 절차(Procedure)를 반영하여 연구개발 절차를 합리적이고 과학적으로 수행할 수 있는 계기를 마련하였다. 시험평가 분야 또한 이러한 과정과 절차를 반영하고 시스템 전체 수명주기 동안에 시험평가가 이루어 질수 있도록 제도를 개선하여 적용하고 있다.

그에 따라 기존의 체계개발단계의 개발시험평가와 운용시험평가에 추가하여 전단계인 탐색개발단계에서 운용성확인이 반영되었다. 또한 기존에는 개발시험평가와 운용시험평가를 분리하여 시행하였으나 지금은 통합시험평가계획서를 바탕으로 통합시험을 원칙으로 하고 있다.[74]

탐색개발단계의 운용성확인은 소요군(시험평가단)이 수행하므로 무기체계 획득업무에서 기존에 없던 시험평가단의 역할이 추가된 것이다. 운용성확인을 위해 소요군(시험평가단)에서는 운용성확인 계획을 작성, 운용성확인을 수행한다.

잠깐! 통합시험평가 절차는?

연구개발 무기체계의 체계개발단계에서 개발시험평가와 운용시험평가의 통합시험평가 절차는 다음과 같다.

1. 시험평가 업무를 조정 · 통제하는 방위사업청(분석시험 평가국)에서 시험평가기본계획서(TEMP : Test Evaluation Master Plan)를 작성해서 개발시험평가기관(국방과학연구소) 과 운용시험평가기관(시험평가단)에 통보해주면, 이를 근거로 양개기관은 각각 개발시험평가계획(안)과 운용시험평가계획(안)을 작성하여 방위사업청에 제출한다.
2. 분석시험평가국장은 개발기관 및 소요군으로부터 접수한 개발시험평가계획(안) 및 운용시험평가계획(안)을 통합하여 통합시험평가계획서를 작성하고 사업관리본부(통합사업관리팀)와 개발기관 및 소요군에 통보한다.
3. 개발기관과 소요군은 통합시험평가계획서를 근거로 개발시험평가 및 운용시험평가를 수행한 후 그 결과를 분석시험평가국장에게 제출한다.
4. 분석시험평가국장은 개발기관 및 소요군으로부터 접수된 시험평가결과를 검토한 후 방위사업청장 승인을 받아 최종 판정한다.

---

74) 통합하여 시험평가를 수행하는 것이 비효율적이라고 판단되는 경우에는 개발시험평가와 운용시험평가 계획서를 개별적으로 수립하여 개별시험평가를 실시한다.

그러나 이러한 운용성확인, 운용시험평가 등 기본업무 외에도 시험평가단은 획득단계별 운용시험평가 관련 지원업무를 수행하고, 초도생산 전 보완요구사항 확인에 참여하며, 필요시 전력화평가에 참여한다.

획득단계별 운용시험평가 관련 지원업무는 먼저 소요제기 및 결정단계에서 소요제안 및 요청서를 검토하여 의견을 제시한다. 선행연구 단계에서는 운용요구능력을 검토하여 의견을 제시하고, 탐색개발단계에서는 탐색개발실행계획서의 운용성확인 분야를 검토한다. 탐색개발에서 체계개발로 전환되는 단계에서는 체계개발동의서(LOA)의 시험평가분야를 검토한다.

이처럼 새로운 획득절차에서 시험평가단(관)은 소요제기 단계부터 전력화평가까지 획득 전(全) 단계에서 활동이 요구되고 있으며, 실제로 활동하고 있다.

시험평가관이 획득 전 단계에서 활동함으로서 조기에 문제점을 발굴하여 시정할 수 있고, 개발 및 획득사업 초기에 사용자의 운용 요구도를 적절히 반영할 수 있으며, 시험평가를 포함한 획득기간을 단축할 수 있으므로 경제적이고 효율적이다.

그러나 이러한 전체 과정에서 무엇보다 중요한 것은 관련기관들의 협조관계이다. 미국도 T&E/S&T 프로그램에서 초기단계 파트너십(Partnership)의 중요성을 강조하고 있다. 관련부서와의 협조관계는 이 책 제Ⅲ장 4절에서 세부적으로 알아보도록 하겠다.

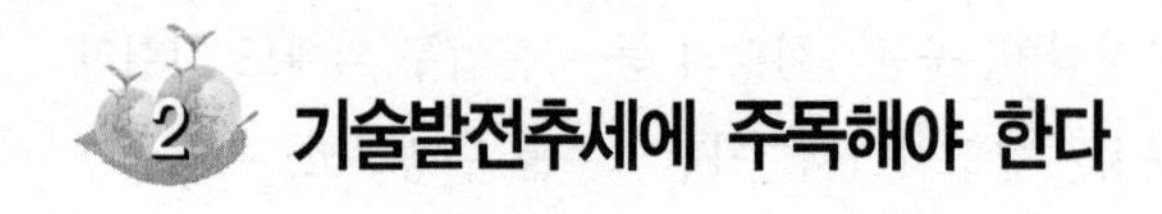

2 기술발전추세에 주목해야 한다

강하거나 영리한 것이 아니라 변화에 민감한 것이 살아남는다.

- IBM, Global Market Trends

무기체계의 기본원리를 이해하라

걸프전 이래 과학기술의 발달과 군사혁신의 가속화로 현대전의 패러다임이 기술위주로 급격히 바뀌어 가고 있으며, 정보우세와 무기체계의 질적 우위확보가 미래전 승리의 관건이 되고 있다. 이에 따라 무기체계는 점차 정밀화, 복합화, 고성능화 및 고가화 되어 가고 있으며, 이와 같은 무기체계를 획득하기 위해서는 방위력개선사업 종사자가 기술적인 마인드를 갖고 장비의 기본적인 작동원리를 이해하는 것이 매우 중요하다. 예를 들어 무전기나 GPS와 같은 장비의 작전운용성능을 설정하거나 사업관리, 시험평가를 할 때 전파의 원리를 이해하고 있다면 업무에 큰 도움이 될 수 있을 것이다.[75)]

그러나 아쉽게도 우리 군은 과학기술 및 무기체계의 급속한 발전에 비해 기술적인 마인드가 부족한 실정이다.

이에 육군본부에서는 「쉽게 풀어 쓴 지상무기체계 원리」등 다수의 실무참고서를 발간하고, 방위력개선사업 종사자의 직무지식 향상을 위

---

75) 무기체계원리에 대해서는 육군본부, 『쉽게 풀어 쓴 지상무기체계 원리(I), (II)』(2002. 10) 참조

해 무기체계 발전 세미나 등을 개최하고 있지만 실무자의 관심부족, 타 업무로 인한 시간부족, 과학원리는 전문적이어서 어렵고 복잡하다는 인식으로 인한 참석 회피로 연구가 부실한 실정이다.

이처럼 무기체계 원리를 이해하지 못할 경우 어떤 문제가 발생했는지 한번 경험적 사례들을 설명 해보자.

오늘날 개발되는 무기체계에는 야간전투를 위해 야간투시경(가글), 열상감시장비(TOD) 등 개별적인 야간감시장비(통상 야시장비라고 줄여서도 말한다)뿐만 아니라 복합무기체계(지휘통제, 감시 · 정찰, 타격체계 등이 결합된 체계)인 차기 복합형소총, 차기 보병전투장갑차, 차기 전차, 비호 등 무기체계에도 야간감시장비가 부착되고 있다. 그러나 모든 장비에 부착되는 야간감시장비의 작동원리가 동일하지는 않다.

잠깐! 야간감시장비는 어떤 것들이 있는가?

- 야간감시장비는 능동형 장비와 수동형 장비로 분류된다.
- 능동형 야시장비는 감시하고자 하는 표적에 적외선이나 가시광선을 방사하여 그 반사파를 이용하여 사물을 식별하는 장비로 제논탐조등, 메다스코프 등이 예이다.
  능동형 야시장비는 가시광선이나 적외선을 직접 표적에 방사해야 하므로 육안이나 적외선 감지장비에 직접적으로 노출되어 최근에는 점차 사용이 감소하는 추세이다.
- 수동형 야시장비로는 물체에서 방출되는 적외선 에너지(열에너지)의 차이를 이용하여 영상화면으로 감지하는 '열영상형'과 미세한 빛(가시광선)을 증폭하는 '미광증폭형'으로 구분되며 적에게 직접 노출되지 않는 장점이 있다.

수동형 야시장비 중 미광증폭형은 달빛이나 별빛과 같은 희미하게 반사되는 빛을 수 천, 수 만배로 증폭하여 관측하므로 무월광 등 광량이 아주 미약한 경우에는 탐지거리가 제한된다. 또한 섬광, 조명 등 광량이 매우 많은 전장환경에서는 사용에 제한을 받지만 열영상형 야시장비(열상관측장비 또는 줄여서 열상장비라고도 한다)에 비해 상대적으로 저전력, 소형화, 경량화 할 수 있다는 장점이 있다.

이러한 미광증폭형 야시장비에는 휴대용 주야간 관측장비(PVS-98K)[76], 야간투시경(KAN/PVS-7)[77] 등이 있다.

▌그림 3-17▐ **휴대용 주야간 관측장비(PVS-98K)**

그러나 열영상형은 시계가 불량한 대기조건에서도 투과력이 양호한 적외선을 이용하여 표적과 배경간의 온도차이를 감지하므로 월광조건

76) 수색, 정찰 및 전장 감시용으로 운용할 수 있는 휴대용 원거리 관측 장비로, 현재 운용 중인 쌍안경 및 야간투시경을 대체할 수 있는 3세대 관측장비임. 특성은 주·야간 동시 관측이 가능하며, 영상 안정화 기능을 보유하고 있다.

77) 이 책 〈그림 3-12〉 참조

(무월광~만월광)의 영향을 거의 받지 않는다. 열영상형은 또한 표적자체가 발하는 고유 에너지를 검출함으로써 숲사이에 색대비로 위장된 목표에 대해서도 온도차에 의해 탐지가 가능하고 시계가 불량한 대기조건(안개 또는 연막차장)에서도 적외선의 양호한 대기투과 특성에 의해 다른 광학장비에 비하여 표적관측 능력이 양호하다.[78]

이러한 원리 때문에 미국의 'TWS 운용요구서'[79]에는 '열상조준경은 반드시 열악한 조건에서도 작동해야만 한다.(예 : 비, 안개, 해무, 애연, 아지랑이, 눈, 먼지 및 연기)'라고 명시하고 있다. 그러므로 열영상형 야시장비의 탐지능력을 측정할 때는 월광조건 보다는 표적과 배경의 온도차이에 관심을 가져야 한다.

▌그림 3-18 ▌ TOD(TAS-970K)[80]

---

78) 앞의 책, pp. 44~60, 구용서 외 2명, "한국형 전차장 열상조준경(KCPS)의 열상장비 성능평가," 국방과학연구소, 『제 2회 시험평가기술 심포지엄』(1999), pp. 75~89, 육군본부, 야교 30-30 『열상관측장비운용』(초안, 1997) 참조

79) Thermal Weapon Sight(소화기 및 경대전차 무기체계에 부착된 열상조준경)

80) 적의 주요 접근로 및 해안 감시레이다의 사각지역을 감시하기 위한 열영상장비

이러한 열영상형 야시장비에는 TOD(TAS-970K), 전차장 · 포수용 열상 조준경(KCPS · KGPS)[81], 토우조준경, 무인항공기의 영상감지장치용 열상 모듈, 헬기의 전방관측 적외선 장비(FLIR) 등이 있다.

그러나 소요제기자들이 이러한 원리를 이해하지 못하고 열영상형 야시장비 소요제기시 '무월광시 탐지능력'을 작전운용성능(ROC)으로 제시하고, 시험평가시에도 측정을 하는 경우가 많다.

앞에서 예를 든 것처럼 실제 'FO용 주야관측장비'를 개발할 때에도 작전운용성능에 무월광시 탐지능력이 포함되어 있었으나, 결과보고서에는 명확하게 기술이 되어 있지 않아 측정을 했느냐, 하지 않았느냐가 관련부서간 한동안 논란이 되기도 했다. 이러한 일은 무기체계의 원리를 이해한다면 발생하지 않았을 일들이었으며, 시간과 노력의 낭비를 감소시킬 수 있었던 문제였다.

만약 시험평가관이나 사업관리자가 열상장비의 특징을 이해하지 못한다면 무월광과 만월광의 표적과 배경조건이 다른 경우 무월광시 표적탐지가 미흡했다면 짙은 안개나 습도 등 다른 원인을 고려하지 못하고 월광의 탓으로 원인을 분석할 소지도 있는 것이다.[82]

한편, 열영상형 야시장비가 시계가 불량한 대기조건에서도 투과력이 양호한 적외선을 이용하여 표적을 관측하므로 모든 시도(視度) 상황에서 만능인 장비로 오해하기 쉬우나, 안개, 습도, 기타 적외선이 통과하지 못하는 조건, 즉 적외선차장 연막이 살포된 상황에서는 관측이 제한된다.[83] 그러나 일반적인 연막차장 상황이라면 관측에 문제가 없다.

---

81) KCPS : Korea Commanders Panoramic Sight
KGPS : Korea Gunners Panoramic Sight

82) 적외선은 습도가 높은 환경에서 사용할 때는 성능이 저하되는 단점이 있다.(합참 무기체계 자료실)

83) 적외선 차장연막이 살포되면 레이저 및 열상투과가 불가능하다. 이러한 원리를

이러한 원리를 모르면 시험평가 항목에 '모든 기상조건하에서 관측가능'이라는 과도한 기준을 설정할 수도 있다. 예를 들어 1998년부터 1999년까지 운용시험평가를 한 '전차장 열상조준경(KCPS)'은 시험평가관이 이러한 원리를 이해하지 못하고 '모든 연막조건하 관측 가능'을 시험기준으로 설정하였는데, 가시광선 차장연막이나 연막통 조건에서는 관측이 가능하였으나, 당연히 적외선 차장연막 하에서는 관측이 불가능하였다. 따라서 시험결과를 두고 사업관리부서, 품질관리소, 업체 등과 논의를 거쳐 문제가 없는 것으로 확인하고 시험을 종료하였으나 사실 불필요한 논의였다.

이처럼 사업관리자나 시험평가관 등이 무기체계의 기본원리를 모르고 작전운용성능이나 시험평가기준을 설정하게 되면 문제가 야기될 가능성이 대단히 클 것이다.

따라서 소요제기자, 개발자, 시험평가관 등 전력업무에 종사하는 사람은 담당하는 무기체계에 대해 기본원리를 이해하는 노력을 기울여 불필요한 시간과 노력의 낭비를 줄이고, 성능 좋은 무기체계가 개발되도록 힘써야 할 것이다.

이용하여 한국군도 북한군의 적외선 감시장비를 회피하기 위하여 창과 방패의 원리처럼 적외선 차장 연막탄을 개발하여 활용하고 있다.

빨라지는 기술발전 성과를 반영해야 한다

잠깐! 기술발전 속도는 어떻게 될까?

삼성전자가 세계 최초로 30나노(NANO : 10^{-9}) 64기가비트(Gb) 낸드 플래시 메모리를 개발했다고 2007년 10월 23일 오전 공시를 통해 발표했다. 이로써 삼성전자는 2002년 이래 8년째 이른바 '황(黃)의 법칙'을 입증했다.

황의 법칙이란 반도체 집적도가 매년 2배씩 증가한다는 삼성전자 황창규 반도체총괄 사장의 '메모리 신성장론'을 말한다. 메모리 신성장론은 황창규 사장이 2002년 2월 세계 3대 반도체학회인 국제반도체학회(ISSCC) 총회 기조연설에서 발표한 것으로 '1.5년만에 반도체 용량(집적도)이 2배가 된다'는 '무어의 법칙'을 깨고 업계의 정설로 굳혀지고 있다.

삼성전자는 2002년 이래 매년 9월 신제품 개발 공개로 이를 입증해왔다.(삼성전자는 앞서 1999년 256메가를 개발한 데 이어 2000년 512메가, 2001년 1기가, 2002년 2기가, 2003년 4기가, 2004년 8기가, 2005년 16기가, 2006년 32기가 등 메모리반도체 용량을 해마다 2배로 늘려왔다.)

이번에 적용된 30나노 기술은 머리카락 두께의 4천분의 1 정도의 초미세 기술이다. 또한 64기가비트 용량은 세계 인구 65억명의 10배에 해당하는 640억개 메모리 저장장소가 손톱만한 크기에 집적돼 한치 오차 없이 작동되고 있음을 뜻한다.

아울러 이 제품 16개가 모아져 최대 128기가바이트(GB)의 메모리카드 제작이 가능할 것으로 삼성전자는 전망했다. 이렇게 되면 DVD급 화질의 영화 80편(124시간), 40명 가량 개개인의 모든 DNA 유전자 정보를 메모리카드 하나에 저장할 수 있다고 삼성전자는 말했다.

출처 : 서울, 「연합뉴스」(2007년 10월 23일)

오늘 날 기술의 발전 속도는 과거에 비해 훨씬 더 단축이 되고 있다. 그러므로 소요를 제기하고, 무기체계를 개발하는 사람들이 기술발전 추세를 알고, 성과를 반영하지 못하면 소요제기부터 전력화(양산, 배치)까지 장기간이 소요되는 무기체계 개발의 특성상 개발된 무기는 그 순간 구형이 되어 있을 수도 있다.

가장 쉬운 예로 컴퓨터의 예를 들어 보면 1985년에는 XT 컴퓨터를 사용하는 사람도 드물었지만 1995년은 386 컴퓨터가 대중화 되었고, 2005년에는 486 컴퓨터조차 구형이 되었으며, 펜티엄, 심지어 듀얼코어 프로세서가 등장하였다.

따라서 지휘통제체계 뿐 아니라 컴퓨터를 사용하는 모든 무기체계는 소요제기시부터 개발될 때의 컴퓨터 발전추세를 염두에 두고 요구사항을 작성하여야 한다. 그렇지 않으면 펜티엄을 쓰는 시대에 386을 신형 무기체계라고 하는 웃지 못할 사태가 발생할 수 있다.

다행히 현재는 국방전력발전업무규정이나 방위사업관리규정 등에 국방과학기술수준 및 무기체계 운용환경을 고려한 기준 설정, 필요시 단계별로 진화적 작전운용성능을 설정할 수 있도록 되어 있고, 작전운용성능의 진화적 요구조건 반영으로 인한 사업계획의 변경을 위해 전력화시기 및 소요량의 수정이 필요한 경우에는 소요요청기관을 통하여 합참에 수정을 요청할 수도 있다. 즉 작전운용성능 및 작전운용능력은 운영개념 및 국방과학발전추세 등을 고려하여 진화적 개발 개념을 도입할 수 있다.[84)]

특히 전장관리정보체계와 기술발전 속도가 빠른 무기체계 등의 연구개발은 일괄개발 전략과 함께 점진적개발(Incremental Development) 및 나선형개발(Spiral Development)을 포함하는 진화적 개발전략(Evolutionary Acquisition Strategy)[85)]을 적용할 수 있도록 규정하고, 전장관리정보체계 연구개발은 다음의 사항을 고려하여 추진토록 하고 있다.

첫째, IT기술발전 속도가 매우 빠르므로 전력화시점에서 최첨단기술

84) 국방부, 『국방전력발전업무규정』(2006), 제 36, 37조

85) 이 책 제Ⅲ장 제1절 'ROC 설정은 획득업무의 척도다' 참조

이 적용될 수 있도록 개발전략을 유연하게 배합한다.

둘째, 최초 체계개발은 핵심체계위주로 개발 · 전력화하고, 이후에 성능개량을 추진하는 방식 등을 적용하여 개발기간을 최소화 한다.[86]

그러나 이런 규정들에도 불구하고 소요를 제기하는 실무자들은 소요가 결정된 후에는 다른 업무추진 관계로 기술발전 성과에는 관심을 소홀히 하기가 쉽다. 따라서 최종적으로 기술발전추세를 확인하여 검증 가능한 시점이 시험평가 단계라고 할 수 있다. 그러므로 시험평가시 시험대상 무기체계가 기술발전 성과의 추가반영이 필요한 것으로 파악되면, 사업관리부서와 개발기관, 업체 모두 소홀히 하지 말고 합심하여 적극적으로 해결해야 한다. 예를 들어 공역통제나 항공표적탐지에서 2002년 이전만 하더라도 UAV가 포함되지 않았으나 지금은 UAV가 포함되지 않는다면 문제가 발생할 수 있다.

그러므로 '기존 화포용 BTCS 성능개량 사업'[87]시에는 시험평가관들이 확인 결과 공역협조수단에 UAV 비행회랑이 설계되지 않아 UAV 공역 통제가 불가능하다는 것을 식별하고, 공역통제 및 협조수단에 UAV 회랑을 입력하여 사용토록 보완하였고, 신궁 피아식별기 시험평가시에도 UAV 식별기능을 포함하도록 하였다.

경우를 바꾸어 군사지도의 예를 들어 보면 예전에는 종이지도를 사용하다가, 종이지도를 스캔하여 컴퓨터에 입력하여 활용하는 단계로 발전하였으며, 오늘날에는 디지털 지도가 개발되어 활용되고 있다. 그리고 디지털 지도의 성능도 점차 업그레이드 되고 있다. 성능향상 속도도 빨

---

86) 국방부, 『국방전력발전업무규정』(2006), 제 64, 237조

87) 포병사격 지휘통제기(Battalion Tactical Computer System). 전술 C4I, FO용 주야 관측장비, 대포병탐지레이더 등과 연동 운용하여 전술적, 기술적 사격지휘 임무를 수행하는 장비로 사 · 여단 포병대대에 1세트씩 편제하여 운용하고 있다.

라져 소요제기를 할 때와 시험평가시 지도의 성능이 달라지기도 한다. 이런 사실을 간과하면 신형무기체계에 구형지도를 탑재하는 경우가 발생할 수도 있다.

기존화포용 BTCS 성능개량 사업의 경우를 예로 들어 보자. 2005년에 실시된 기존화포용 BTCS 성능개량 사업에 대한 운용시험평가시 시험평가관들이 BTCS에 탑재된 지도를 확인해 본 결과 국방과학연구소에서 1994년 개발된 구형 디지털 지도(CVRRG : Converted Vector Raster Restore Graphic)가 탑재되어 있었다. 그 이유는 2004년 BTCS 체계개발시에는 신형 디지털 지도(CADRG : Compresed Arc Digitize Raster Graphic)가 개발되지 않아 당시로서는 신형이었던 CVRRG를 탑재하도록 LOA에 명시하였고, 그 이후 육군지형정보단에서 2005년10월에 신형 디지털 지도가 개발되어 이후 전력화되는 전 무기체계에 탑재하도록 결정었다는 것을 사업관리자나 연구개발기관, 방산업체에서는 모르고 있었던 것이다.

구형 디지털 지도인 CVRRG는 지형정보가 남한지역은 10～15년, 북한지역은 15～25년이 경과한 것으로 부정확하고, 신형디지털지도인 CADRG와 30～200m 오차가 발생하여 1밀리 단위의 정확도를 따지는 포병이 사용하기에는 부적절하며, 육군의 공식적인 지도도 아니었다.[88]

또한 디지털 지도와 함께 시제품에 탑재된 지형고도자료인 DTED-Ⅱ는 ADD에서 구형디지털 지도(CVRRG)와 동시에 개발한 것으로 운용시험간 100개 측정지역중 46개 지역에서 20～71m의 오차가 발생하는 등 표고오차가 과다하였는데 이 또한 오차를 현저히 감소(허용오차 : 18m이내)시킨 성능개량된 DTED-Ⅱ가 있다는 것을 모르고 있었던 것이다.[89]

---

88) CVRRG는 지구형태 대로 투영하지 않고 사각형으로 투영되어 오차가 발생되나, CADRG는 지구형태인 타원형으로 투영되어 오차가 없다.

89) DTED-Ⅱ : Digital Terrain Elevation Data-Ⅱ

운용시험평가관들은 디지털 지도와 지형고도자료의 교체를 강력히 요구하였으나 업체에서는 교체기간 과다 소요 및 추가비용 발생을 이유로 교체곤란 의사를 표명하였다. 시험평가관들은 도저히 구형 디지털 지도와 지형고도자료로는 작전이 곤란하다고 판단하여 고민에 고민을 거듭한 결과 전력화 당해년도 물량은 지도교체를 위한 프로그램 개발이 장기간(7개월) 소요되므로 현재 내장되어 있는 구형 디지털 지도를 그대로 사용하되 그 다음 해 부터는 전력화시 신형 디지털 지도로 교체하고, 대신 지형고도자료는 6주면 교체가 가능하므로 성능개량된 DTED-Ⅱ로 즉시 교체하도록 교체 방안에 대한 대안을 업체 및 관련기관에 제시함으로써 전력화 및 사업추진 일정에 차질이 없도록 조치하였다.

앞의 여러 가지 예에서 보는 바와 같이 작은 관심이 무기체계의 성능을 향상시키는 계기가 될 수 있으므로 방위력개선사업 종사자들은 과학기술의 발전추세에 항상 관심을 가지고 반영이 되도록 하여야 한다.

이처럼 과학기술발전추세를 알아 볼 수 있는 방법은 외국의 무기체계 개발 동향을 통해 알아보는 방법이 있고, 현재 개발되고 있는 국·내외 기술을 무기체계에 접목할 수 있는 지 여부를 확인해 보는 방법도 있다. 또한 방위력개선사업 종사자들은 과학기술의 발전추세 뿐 아니라 현재 타 무기체계, 타 사업분야에서 개선된 성과물이 있는지, 전력화 이전 개선될 수 있는 성과물이 있는지를 확인하여 적극적으로 무기체계에 반영하여야 한다.

사업관리부서나 연구개발기관 등에서도 무기체계개발시 기술발전추

구형 DTED-Ⅱ 지도의 등고선 간격을 30m×30m의 수많은 삼각형으로 조합하여 표고를 산출하여 신뢰도가 ±52%이나 성능개량된 DTED-Ⅱ는 측지제원을 기준으로 30×30m의 수많은 삼각형으로 조합하여 표고를 산출하여 신뢰도가 ±95%로 향상되었다.

세를 반영하기 위해 많은 노력을 하고 있다. 예를 들어 현재 운용시험평가 중인 '차기 복합형소총'[90]에는 향후 개발 예정인 미래병사체계와 연동이 되도록 커넥션을 만들고, 연동가능여부를 시험평가 항목에 포함하는 등 대책을 강구하고 있다.

▌그림 3-19▐ **차기 복합형소총 시제품**

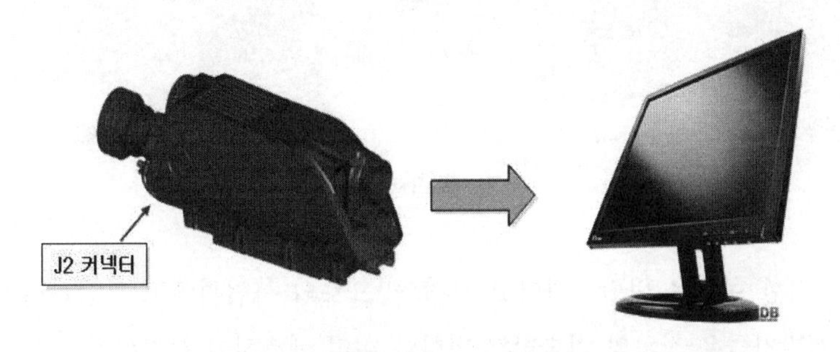

▌그림 3-20▐ **J2커넥터를 통해 외부로 영상 출력**

90) 5.56㎜ 소총탄과 20㎜ 공중폭발탄을 사용(2중 총열)하고, 첨단전자광학 사통장치를 적용하여 공격 및 방어작전시 근접전투용으로 운용하기 위한 화기이다.

| 그림 3-21 | 한국군 미래병사체계

| 그림 3-22 | 차기 복합형소총 개발시험장면

이러한 현상은 바람직하다고 보며, 앞으로의 사업시에도 사업관리자 및 개발자들은 장차의 기술발전 방향을 미리 예측하여 사전반영토록 노력하여야 할 것이며, 시험평가관들도 시험평가를 통해 관심을 가지고 반영된 사항을 검증하고, 사업관리자나 개발자가 간과한 사실이 있는지 여부를 확인하여야 할 것이다.

민간기술을 적극 활용하라

미래전은 확대된 전장공간에서 더욱 다양하고 복합적인 요소들이 동시다발적으로 운용될 것이다. 급변하는 시대적 요구에 능동적으로 대처하고 미래전에 대비하기 위해서는 변화와 혁신이 무엇보다 중요하다.

21세기 전쟁의 성격을 본질적으로 변화시키는 주요요인중 하나는 민간화(Civilian) 비중이며 오늘날 무기체계 획득환경은 국방기술과 민수기술의 융합이 가속화 되는 방향으로 변화되고 있다. 이는 앞으로 계속 증대될 것이다. 현재에도 군에서 사용 가능한 여러 장비 및 부품들이 많이 시판되고 있다. 예를 들면 PC, 광학기기, 엔진기기 등으로 시판되는 상용장비는 가격이 저렴하고 성능이 우수하며, 조달 역시 용이하다.[91] 미래 전쟁이 정보시스템의 우월에 의해 좌우되면 이러한 경향은 더욱 더 확대될 것이다.

산업사회의 전쟁에서는 승리를 좌우하는 요소가 적의 살상과 파괴였기 때문에 이를 위한 장비가 현저하게 발달되었다. 그러나 정보시대의 전쟁에서는 컴퓨터, 센서, 통신, 위성에 의한 정보관련 기계의 우열이 전쟁을 지배하게 될 것이므로 비살상장비가 혁신적으로 발달할 것이다. 비살상장비는 대부분 민간주도로 개발・생산되기 때문에 민간기술의 발달을 군인의 전문기술 분야에도 크게 영향을 줄 것이다. 즉 컴퓨터 해커가 적의 정보시스템을 마비시키고 파괴하는 기술, 인공위성을 사용해서 적의 동정과 통신활동을 방해하는 기술 등은 전통적으로 군인이 추구하던 살상을 위한 기술과 대별된 것으로 민간부문의 기술이 활용될 것으로 보인다.[92]

---

91) 최성빈 외 3명, 『군사기술 선진화 전략』(한국국방연구원, 2004), pp. 30～32.

92) 토플러는 그의 저서 '전쟁과 반전쟁(War and Anti- War)'중에서 "전쟁의 도구는 전차와 화포가 아니고 컴퓨터와 Micro-Robot가 되어 국가와 군인에 의한 무장집

미국을 비롯한 선진기술국도 최근 국방재원의 압박과 민수기술의 급속한 발전으로 국방연구개발 추진전략의 최우선 목표가 민수에서 개발된 첨단기술을 군 장비에 접목시키는 것으로 변하고 있으며, 이후 군이 필요한 기술을 특정분야로 한정하여 개발하는 것을 목표로 하고 있다.

최근에는 상용기술 특히 정보기술 수준이 군사기술보다 상대적으로 우월하기 때문에 선진국에서도 상용기술의 군사적 활용을 적극 추진하고 있다. 예를 들면 군은 GPS, 마이크로웨이브, 마이크로프로세서, 위성통신 등 정보통신분야에서 상용기술을 활용하여 획득기간을 단축하고 개발비용을 절감하고 있다.

미국의 경우 획득체계(Acquisition System)를 획득기간 단축과 획득비용 절감을 위한 기술개발과 체계개발로 구분하여 첨단기술개발 이후 체계개발을 수행하고 점진적 획득(Evolutionary Acquisition)전략을 채택하여 군사기술 능력을 배양하는데 주력하고 있다. 새로운 소요결정 체계와의 연계를 위하여 개념정비 단계를 추가함으로써 신기술 유입을 원활히 한 것이다.

또한 국제기술시장을 통해 첨단기술을 신속히 군용화 할 수 있도록 개발절차를 개선함과 동시에 민간의 혁신적 기술을 군 장비에 접목시키기 위해 신개념기술시범(ACTD : Advanced Concept Technology Demonstration), 선진기술시범(ATD : Advanced Technology Demonstrations), 합동실험(JE : Joint Experimentation)등을 도입하여 신속 · 저렴하게 첨단기술을 전투능력으로 전환하고 있다. 이중 ACTD는 입증된 신기술을 군사적으로 활용하는 기술전환사업이며, 군 작전개념을 개발하기 위한 독특한 개념개발사업이기도 하다.[93)]

단을 전유할 수 없게 된다."라고 지적하고 있다. 앞의 글, p. 31.

93) ACTD는 단기간(3~4년)에 별도의 개발과정 없이 첨단기술로 무기체계를 제작하여

한편, 미 육군은 이미 '98 AAN(차세대 육군 : Army After Next) 연례보고서 "지식과 속도, 2025년의 미 육군 및 전투부대"의 부록 A '기술에 대한 특별보고서'에서 AAN사업을 추진하는데 기본적인 고려사항은 점진적이고 혁신적인 기술발전을 미래의 육군비전과 계속 연계시켜 나가는 것이며, 이를 위한 최대의 과제는 급속한 기술변화에 대처하는 것이라고 판단하였다.

미 육군은 또한 예산감축과 신기술의 증가로 인해 타군, 정부기관, 그리고 경제계의 과학 및 기술적 업적을 활용해야하고, 개방시장을 통한 기술의 확산은 미 육군이 계속 기술적인 우위를 유지할 수 있는가를 가늠하는 시험대가 될 것으로 보고 있다.

일본의 연구개발 추진 기본개념은 미국과 마찬가지로 우수한 민간기술을 우선적으로 도입 · 응용하는 것이다. 예를 들어 CCD 카메라 기술을 미사일 시커(Seeker)에 활용하고, 액정기술을 F-2전투기 조종석 디스플레이에 활용하는 등 민간기술을 적극적으로 활용하고 있다. 단지 민간기술에 의존할 수 없는 군사용 기술만 군차원에서 기반을 유지하고 있으며, 독자적 추진을 원칙으로 하되 필요시 미국과 기술협력을 추진하고 있다.

미국과 일본의 경우처럼 우리 국방연구개발 추진전략도 기본적으로는 「선택과 집중」원칙하에 민간기술을 우선적으로 도입 · 응용하되 민간기술에 의존할 수 없는 군사용 기술만 특화전략을 수립하여 제한된 자원을 특정연구개발 분야에 집중시키도록 하는 것이 바람직하다.

우리 군은 미래전쟁에 대비하여 소요를 제기하고 있으나 선진국에서 운용중인 장비위주의 소요제기 관행이 지속되고 있다. 이로 인해 최근

야전에서 전투가능성을 판단하여 적합할 경우 전력화를 추진하는 제도이다.

급속히 발전하는 민간 첨단기술의 군용화가 제한되고, 획득기간 단축과 수명주기비용 절감을 추진하지 못함으로써 고비용·저효율의 업무관행이 여전한 실정이다. 따라서 신기술 접목을 통해 미래전쟁에 대비하고 저비용·고효율 기술개발 업무를 추진할 수 있는 혁신적인 체제로의 전환이 필요하다.

신기술을 적기에 전력화 하는 것이 소요기획업무의 핵심사항이며, 특히 민간부문에서 활용되고 있는 첨단의 정보기술을 신속하게 군용화 하는 것은 기술개발 위험과 비용을 최소화 하면서 우수한 장비를 획득하는 지름길이다. 이를 위하여 국내외에서 개발된 첨단기술을 신속히 군 장비에 활용하기 위한 체계적인 제도 마련이 요구된다.

신기술의 적기도입을 추진하기 위하여 다음과 같은 소요기획 정보공유를 위한 D/B 구축, 신기술 군용화 평가, 사업화 지원 등도 필요하다. 이를 좀 더 구체적으로 살펴보면 다음과 같다.

첫째, 첨단기술 보유집단과 사용집단간에 신기술 관련 정보를 상호 공유하기 위해서는 양 집단 모두 용이하게 사용할 수 있는 소요기획 D/B 체계가 구축되어야 한다. 첨단기술 집단은 자신이 개발한 상용기술에 대한 정보를 제공하고 군용으로의 접목 가능 여부를 의뢰하며, 군은 미래전쟁에 필요한 군사기술 개념형상 구상을 제공하고 기술집단에서 제안한 군용화 가능성을 검토 및 지원해야 할 것이다.

한국 국방품질원 기술기획단에서도 국방기술기획을 위하여 산·학·연·군을 망라한 1,100여 명의 국방과학기술 전문가 인력 D/B를 구축하고 과거 국방개발기관 위주에서 외부 참여전문가를 65%로 확대하였다.[94]

94) 국방기술품질원, 『미래를 지향하는 국방기술기획』,(2006) p. 11.

둘째, 신기술 군용화 평가를 위하여 상향식과 하향식 방식을 병행하여야 한다.

한국 국방품질원 기술기획단에서는 기술기획시 미래에 소요되는 전력을 기초로 하여 기술품질원 주도로 개발소요 핵심기술을 선정, 국가전략차원에서 분석 · 평가하여 개발을 결정하는 하향식 방식에 더하여, 미래 신개념의 혁신기술을 산 · 학 · 연 · 관 · 군으로부터 공모하고 공모기술 중 개발대상 기술을 전문가들의 분석 · 평가를 거쳐 결정하는 상향식 방식을 병행하고 있다. 이렇게 하향식과 상향식 방식을 동시에 적용함으로서 민 · 군간 기술을 접목하고 교류의 활성화도 촉진하고 있다.[95]

셋째, 가용한 민간의 신기술을 적극적으로 군용화 하기 위한 지원체제를 확고히 구축해야 한다. 중 · 소 벤처기업을 포함한 산 · 학 · 연이 군사기술 개발사업에 쉽게 참여하도록 획득절차를 개선토록 해야 한다.[96]

우리 군도 방위사업청이 개청되면서 방위사업관리규정 제정시 미국에서 현재 추진하고 있는 신개념 기술시범(ACTD) 제도를 우리 실정에 맞게 도입하였다.[97] 그에 따라 '09~'23 국방연구개발 실행계획서에 한국형 위성데이이터 링크 등 6개 과제에 대하여 ACTD 사업을 반영하여 추진할 예정이다.[98] 방위사업청 분석시험평가국장은 신개념 기술시범을 조정 · 통제하여 개발주관기관은 시스템을 통합하고 시험을 통해 신개념기술시범을 수행토록 하고, 소요군으로 하여금 군사적 효용성평가를 수행하도록 조치한다.

95) 국방기술품질원, 위의 글, p. 25.

96) 최성빈 외 3명, 앞의 글, pp. 68~70.

97) 방위사업관리규정(2007) 제Ⅱ편 제5장 제4절 신개념기술시범사업 참조

98) 제19회 『육군-국과연 확대협의회 팜플렛』(2006. 6. 29), p. 7.

한편 국방벤처업체에 대한 기술지원도 필요하다. 국방벤처업체에 대한 기술지원이란 국방벤처업체가 독자적으로 해결하기에 용이하지 아니한 군 특수 요구기술, 군사규격 시험평가등에 대한 기술지원을 통해 군용화 기술개발을 수행하기 위한 산・학・연・군 협력프로젝트이다.

이러한 기술지원 사업은 민수기술과 국방분야의 기술교류를 활성화하며, 국방벤처센터 입주업체를 통한 민군 겸용기술 개발을 가속화 하고, 자주적 국방기술력을 확보하는 데 그 목적이 있다.[99]

미 국방성에서 적용하고 있는 DeVenCI(Defense Venture Catalyst Initiative) 프로그램은 테러와 같은 글로벌 전장에서 첨단기술을 용이하게 전개시키며, 첨단 IT 기술을 미래의 네트워크 중심전(NCW)에 접목을 활성화하고, 혁신적인 첨단 민간기술을 국방분야로 적용을 가속화하기 위한 것으로, 국방분야 공급 및 지원체계에서 보다 광범위하게 민수분야로의 상용화 지원을 장려하고 있다. 이를 위해서 벤처 캐피탈 커뮤니티와 연계하여 국방관련 유용한 첨단기술을 보유하고 있는 혁신적인 중소벤처기업체를 중점적으로 지원하는 추진전략을 세우고 있다.

DeVenCI 프로그램의 추진방안으로, 혁신적 기술보유자와 국방성 사이의 교류와 상호 이해증진에 중점을 두고, 공동연구회, 기술박람회, 산업체 활동지원, 웹싸이트 등을 활용한다. DeVenCI 프로그램은 국방성에서 직접 관리하며, 현재 IT 분야의 기술센터가 설립되어 있고, 향후 BT, 에너지, 물자・나노테크놀로지, 그리고 우주항공분야에 촛점을 맞춘 기술센터가 설립될 예정이다.[100]

현재 한국도 국방과학연구소에는 '민・군 겸용 기술센타'가 설립되

99) 강문식, "국방벤처기업의 활성화와 효율적인 기술지원," 국방기술품질원, 『국방품질경영』 2007년 9월호, p. 41.

100) 강문식, 앞의 글, pp. 42~43.

어 민 · 군겸용 기술 개발업무를 수행하고 있다. 또한 국제 및 국내 무기체계 전시회, 세미나 행사 등 방위력개선사업을 위한 민 · 관 · 군간 정보교류 및 외교의 장도 다수 마련되고 있다.

예를 들어 '한국 항공우주 및 방위산업 전시회'가 1996년 이후 2년마다 개최돼 2007년 10월에는 6회째 행사를 성남 서울공항에서 26개국 256개 업체가 참가하여 실시하였다.

금번 행사에는 미국의 보잉, 록히드마틴, 노스롭 그루먼, 레이씨온, 영국의 BAE 시스템즈, 유럽의 EADS, 프랑스의 탈레스 등 세계 유수의 방산업체들이 부스를 차려 자사의 제품을 세일즈 했다. 한국에서는 대표적인 항공기 제조업체로서 첫 국산 초음속 고등훈련기인 T-50과 KT-1 기본훈련기를 생산한 한국항공우주산업(KAI), XK-2 차기 전차(흑표)를 생산한 로템, K9 자주포를 생산한 삼성테크윈, K21 차기 보병전투장갑차를 생산한 두산 인프라코어 등이 참여하여 장비를 전시하였다.[101]

한편, 국내 · 외 해양 방위산업의 현주소를 한 눈에 볼 수 있는 '국제해양방위산업전(Naval & Defense)'이 부산광역시와 대한민국 해군, 대한무역협회가 공동 주최하여 부산에서 격년제로 개최되고 있다. 금년에는 전 세계 15개국에서 모두 147개 업체가 참가하였는데, 60개의 해외 업체에는 록히드마틴과 탈레스, 레이티온, BAE 시스템즈, EDO 등이 포함되어 있고, 국내업체로는 LIG넥스원과 위아, 쌍용정보통신, 군장조선 등 87개 업체가 참여하였다.[102]

---

101) 「조선일보」2007년 10월 12일

102) 「조선일보」2007년 10월 12일 '국제해양방위산업전'은 1998년 부터 시작되었는데 2001년부터 '국제항만 · 물류 및 해양 환경산업전(Sea-Port)', '국제 조선기자재 및 해양장비전(Kormarine)' 등의 전시회와 함께 '부산국제조선해양대제전(Marine Week)'에 통합되었다. 마린 위크는 올해 4회째로 노르웨이, 그리스, 독일 전시회와 함께 세계 4대 조선 · 해양 전문전시회로 발돋움하였으며, 2007

한편 한국 육군도 벤처국방마트, 디펜스 아시아 행사 등을 민간단체(KOTRA)와 공동으로 개최하고 있는데, 이러한 행사는 군에는 민간기업의 기술수준을 아는 기회를 제공하고, 민간기업으로서는 군의 요구를 파악하는 기회의 장이 되며, 상호 이해와 협력을 증진시킬 수 있다. 앞으로는 이러한 전시회를 포함하여 세미나 등 민·관·군 상호 교류행사를 확대 추진해야 할 것이다.

전력업무에서 민간기술을 잘 활용하기 위해서는 군과 업체의 협조뿐 아니라 군 관련기관간의 협조도 중요하다.

소요군과 국과연간에도 확대협의회, 무기체계 관련 세미나·학술대회 등을 통하여 지식을 공유하여야 한다.

또한 국방전력발전업무규정(8조)에는 국방과학연구소 업무분장에 '대군 기술지원' 사항이 포함되어 있으며, 국방과학연구소에서는 전술데이터링크 군적용 관련 안보포럼('06년 4월), 군 위성 발전토론회('06년 6월) 등을 통해 군에 IT 신기술 관련 정보를 제공해 주고 있다.

그러나 방위사업청 신설에 따라 연구개발 관련업무의 기술조사분석 일부기능이 국방과학연구소에서 국방기술품질원으로 이관되어, 국과연은 향후 전략무기 및 핵심개술개발에 치중하고, 일부 무기체계에 대한 공식적인 기술검토 의견제시는 제한될 것으로 예상된다. 국과연에서 기술검토를 지원하지 않으면 군은 작전운용성능분야 작성이 제한되고, 군이 업체를 직접 상대시 업체와 담합 의혹 등 문제점이 발생할 가능성이 높다.

국방기술품질원도 방위사업관리규정(제654조)에 의해 기술조사 업무를 수행하여 국내·외 국방과학기술수준, 주요 국가의 무기체계 발전추

년에는 40개국 1,200개 업체가 참가했다.

세 및 능력, 국내 방산업체 및 산학연의 연구개발능력 등이 포함된 국방과학기술조사서를 3년 주기로 작성하여 발간하고, 필요시 매년 수정본을 발간하며, 작성된 내용을 국방부, 방위사업청, 합참, 각군, 국과연 등 관련기관에 배포하여 관련기관으로 하여금 무기체계 및 핵심기술에 대한 소요제기시 활용토록 하고 있으나 인력 및 경험 등에서 일부 제한사항이 있는 것이 현실이다.

따라서 방위사업청, 국방기술품질원, 국방과학연구소 등에서는 작전운용성능 작성 및 전력업무 추진간 적시적인 기술지원 방안을 검토하여 업무분장을 명확히 할 필요가 있다.

한편, 군사기술 발전계획은 경제성, 효율성을 고려하여 국가적 차원에서 수립되고 추진되어야 한다. 이를 위해서 국가과학기술 및 산업발전과 연계하여 추진할 방안을 모색해야 한다.

앞에서도 언급한 바와 같이 오늘날 무기체계 획득환경은 국방재원의 압박으로 인하여 민수에서 개발된 첨단기술을 우선 군 장비에 접목시키는 것으로 변하고 있으며, 이후 군이 필요한 기술을 특정분야로 한정하여 개발하는 것을 목표로 하고 있다. 그러나 그러한 비용도 충분하지 않은 것이 현실이다.

그에 비해 국가 미래 핵심전략기술 분야에는 상대적으로 많은 비용이 투입되고 있다. 국가과학기술위원회 발표에 따르면 정부는 21세기 선진과학입국을 달성하고자 미래 핵심전략기술 분야인 정보기술(IT), 생명공학기술(BT), 나노기술(NT), 환경기술(ET), 우주공학기술(ST), 문화기술(CT)에 1조 6,222억 원을 집중투자하고 있다.

따라서 군사기술 발전을 정부의 여러 국가 연구개발사업과 더불어 추진하되 무엇보다도 활용 가능한 실질적인 대책을 마련해야 한다.[103)]

현재 국가연구개발사업과 국방연구개발사업이 연계되어 추진되고 있는 것은 민군겸용기술개발사업뿐으로 국방부, 과기부, 산자부, 정통부가 참여하고 있는 정도이다. 국방부는 과기부나 산자부보다도 적은 규모로 연간 100억 원 미만의 투자에 그치고 있다.

따라서 국방연구개발사업을 보다 활성화하기 위해서 국가연구개발사업과의 연계를 우선 고려하고, 국방연구개발 투자는 특정분야 군사기술 연구개발에 집중할 수 있도록 국가적 차원에서 지원될 수 있는 방안이 모색되어야 한다.

잠깐! 상용 IT기술 발전과 정보기술의 법칙

- 상용의 IT기술은 시속 100㎞의 속도로 발전하고 있는데 우리는 근시적인 안목, 조직 이기주의와 복잡한 행정 절차의 포로가 되어 시속 20㎞ 속도로 대처하고 있는 것은 아닐까 하는 두려운 생각이 들었다.

출처 : 김영룡(국방부차관), "구슬은 꿰어야 보배" 중에서(「매일경제」2007년 10월 16일, 37면)

- 정보기술의 법칙
  - 무어의 법칙 : 컴퓨터 처리능력이 18개월마다 2배로 증가
  - 황의 법칙 : 메모리 능력이 12개월마다 2배로 증가
  - Fiber 법칙 : 통신능력이 9개월마다 2배로 증가
  - Disk 법칙 : 저장능력이 12개월마다 2배로 증가

출처 : 김종하, 『획득전략 : 이론과 실제』(서울 : 북코리아, 2006)

소프트웨어에 관심을 가져야 한다

현대 무기체계에 있어 소프트웨어 및 주파수가 차지하는 비중은 점차

---

103) 최성빈 외 3명, 앞의 글, p. 51.

높아져 가고 있으며, 무기체계의 성능은 해당 소프트웨어의 성능에 좌우되고, 주파수 확보에 의해 보장된다 해도 결코 과장된 표현은 아닐 것이다. "소프트웨어 지원 없이 F-22를 가지고 할 수 있는 일이란 고작 사진을 찍는 일뿐이다."라고 말한 미군 장군의 고언(苦言)은 무기체계에 있어서 소프트웨어의 중요성을 단적으로 직시한 표현이다.[104] 〈표 3-2〉는 항공기 무기체계가 수행하는 기능 중 소프트웨어가 차지하는 범위를 나타낸다.[105]

표 3-2 무기체계 내장형 소프트웨어의 비중

무기체계	연 도	소프트웨어에 의해 작동하는 기능(%)
F-4	1960	8
A-7	1964	10
F-111	1970	20
F-15	1975	35
F-16	1982	45
B-2	1990	65
F-22	2000	80

잠시 이해를 돕기 위하여 소프트웨어의 구분 및 발전추세에 대해서 알아보자.

소프트웨어는 국방정보체계 소프트웨어와 하드웨어인 무기체계에 탑재된 소프트웨어로 구분된다.

국방정보체계 소프트웨어는 무기체계인 '전장관리정보체계'와 비무

104) 이경재, 『획득기획의 이론과 실제』, p. 157.
105) 이경재, 앞의 글, p. 157에서 재인용

기체계인 ‘자동화정보체계’ 등이 있다.[106] 예를 들어 〈표 3-3〉에서 보는 것처럼 KJCCS, 지상 · 해군 · 공군 전술C4I체계, 사무자동화 등이 여기에 속한다.

▌표 3-3▌ 소프트웨어 분류

구 분		소분류	대 상 장 비
전장관리정보체계	지휘통제체계	합동지휘 통제체계	전략제대C4I지휘소자동화체계(CPAS) 합동지휘통제체계(KJCCS) 등
		지상지휘 통제체계	지상전술C4I체계 등
		해상지휘 통제체계	해군전술C4I체계 해군전술지휘통제체계, 등
		공중지휘 통제체계	공군전술C4I체계 자동화방공통제체계 등
	군사정보지원체계	-	해양종합정보체계 군사정보통합처리체계(MIMS) 군사지리정보체계(MGIS) 등
자동화 정보체계		자원관리 정보체계	교육훈련, 보조교육체계, 국방M&S, 자원관리, 사무자동화 등
		기반체계	컴퓨터체계 정보보호체계 상호운용성 기반환경체계

한편 항공전자체계, 무기표적획득 및 관리, 항법컴퓨터 등과 같이 사용자 요구를 처리하는 하드웨어에 포함되는 소프트웨어는 무기체계 탑재 소프트웨어 범주로 분류된다.[107] 예를 들어 완전 자동화된 패트리어

106) 국방전력발전업무규정(2006) 별표 2 ‘무기체계 · 비무기체계분류’, 육군, 『전력발전업무규정』제165조 ‘정보체계의 범주 및 분류’에서 인용, 재구성

트 미사일의 물체 추적 · 식별 · 타격을 위한 소프트웨어, 비행기 · 함포 · 전차 · 자주포 · 대전차무기의 사격통제장치는 무기체계 탑재 소프트웨어이다.

무기체계 탑재 소프트웨어에는 전용 · 상용 데스크탑 컴퓨터나 노트북처럼 일반적인 컴퓨터 시스템에 프로그램이 입력된 소프트웨어와, 일반적인 컴퓨터시스템이 아닌 어떤 제품 · 장비나 정보기기 등에 탑재된 마이크로프로세서(내장형 하드웨어)[108]에 특정한 기능을 수행하도록 제작된 컴퓨터 프로그램을 내장시킨 내장형 소프트웨어(Embedded Software)가 있다.

최근에는 마이크로프로세서의 가격 저하 및 소형화, 고성능화에 따라 제품 경쟁력의 핵심이 하드웨어 생산기술에서 소프트웨어 기술로 이동하고 있으며, 최신 · 첨단 장비일수록 내장형 시스템화로 발전 중에 있다.[109]

잠깐! 내장형 소프트웨어란?

- 내장형 소프트웨어의 개념
  - 규정상의 정의 : 각종 무기 · 비무기체계에 내장되어 해당 장비의 임무에 전용으로 제공되는 소프트웨어(출처 : 국방부 무기/비무기체계 소프트웨어 개발관리 지침, 2002. 1. 1부 시행)
  - 학술적 정의 : 어떤 장비의 특정한 기능을 수행하기 위하여 마이크로프로세서에 장비를 모니터링하고, 제어하고, 운용하는 소프트웨어

---

107) 방위사업청, 『시험평가 업무관리지침서』(2006), p. 215.

108) 내장형 하드웨어에는 마이크로프로세서 외에도 최소한의 메모리, I/O, 네트워크, 주변장치(안테나 등 외부장치와 연동)가 있다. 내장형 하드웨어에는 일반적인 PC 하드웨어와 달리 보조기억장치는 거의 사용하지 않는다.

109) 변재정, "무기체계 내장형 소프트웨어 시험평가 방법" (2007년 전반기 육군 시험평가단 시험평가 발전세미나 발표자료) p.11. VDC 2002/2003에 의하면 내장형 장치의 수는 연평균 16.6%씩 증가하고 있다.

• 사용 예(활용분야)

- 정보가전 : 전기밥솥, 전자레인지, 세탁기, 게임기 등

  초기 : 전기회로만으로 구성된 전기밥솥(비내장형)

  현재 : 간단한 4비트 또는 8비트 마이크로프로세서가 내장된 전기 밥솥(마이콤 밥솥 : 내장형)

  미래 : 일반 PC와 같은 32비트급 프로세서가 내장된 전기밥솥(내장형)

- 정보단말 : 휴대폰, PDA 등
- 사무자동화 : 전화기, 프린터 등
- 산업자동화 : 공장 자동화 시스템, 엘리베이터 등
- 의료 : 심전도 측정기, CT 장치 등
- 차량 / 교통 : 차량항법시스템(GNS), 엔진제어 등
- 유비쿼터스 : 센서 네트워크, 초소형 센서기기 등

• 민간, 군사용 내장형 소프트웨어의 차이점

- 운용성 측면 : 민간은 단기, 군사용은 장기
- 적용성 측면 : 민간은 일반목적, 군사용은 특수목적

출처 : 변재정, 앞의 글, pp. 4~6에서 재구성

즉, 최근에는 'Embeded, Everywhere(내장하여, 어디든지)'를 추구하는 유비쿼터스에 대한 기대가 높은 만큼 실생활에서 디지털 TV, DMB폰, 휴대 인터넷(HSDPA)에 이르기까지 내장형 시스템이 차지하는 비중은 급속도로 확대되고 있다. 현재 내장형 시스템의 10~20%를 내장형 소프트웨어가 차지하나 시스템 결함의 80% 이상이 하드웨어가 아닌 내장형 소프트웨어로부터 야기되며, 제품내의 소프트웨어 비중이 점차 확대되는 추세로 볼 때 내장형 소프트웨어 문제는 제품 전체의 품질저하에 매우 막대한 영향을 미치며, HW/SW 동시설계(co-design)와 함께 HW/SW 시험(Testing)분야가 내장형 소프트웨어 연구개발의 핵심이슈가 되고 있다.[110]

한편, 과거에는 무기체계가 비교적 단순한 기능을 가졌던 탓에 대부

분 하드웨어 위주로 구현되고 획득절차도 하드웨어 중심으로 수행되어 왔다. 이러한 획득 관행은 무기체계가 첨단화·복잡화되어 가고, 사실상 성능의 핵심을 소프트웨어가 차지해 가고 있는 현재에는 소프트웨어를 중요시하는 방향으로 변화가 되고 있다.

표 3-4 무기체계 내장형 소프트웨어 현황

체계명	형　상	주요기능	라인수
차기소총		자동폭발 제어	약 2천 라인
차기 전차		사격통제 장치제어 피아식별 레이다 등	약 66만 라인
PKX 전투체계		지휘결심 무장통제 화면전시 레이다 등	약 200만 라인
T-50		비행통제 통신장비 레이다 임무장비 등	약 19만 라인

출처 : 방위사업청, 『무기체계 내장형 소프트웨어 획득관리 어떻게 해야 하는가?』(2007), p. 15.

110) 최병주, 서주영, "임베디드 소프트웨어 테스트 자동화," 방위사업청 분석시험평가국, 『2007년 시험평가 세미나 자료집』

육군 시험평가단에서도 소프트웨어 시험평가를 위하여 2004년 4월에 자동화체계시험과를 신설하였다. 자동화체계시험과(2008년 3월 1일부로 상호운용성시험과로 개칭)에서는 국방정보체계 하드웨어와 소프트웨어, 상호운용성, 자동화체계 전력화지원요소(전투발전지원요소, ILS)에 대한 시험평가를 담당하고 있다.

상호운용성(Interoperability)이란 '서로 다른 군, 부대 또는 체계 간 특정 서비스, 정보 또는 데이터를 막힘없이 공유, 교환 및 운용할 수 있는 능력'을 말하는데, 이러한 기능의 대부분이 소프트웨어에 의해 이루어진다.[111]

자동화체계시험과 외에 시험평가단의 다른 과들도 무기체계에 탑재된 소프트웨어에 대한 시험평가를 무기체계에 포함하여 실시하고 있다.

예를 들어 2005년 VHF 무전기 성능개선 운용시험평가를 할 때에는 운용시험평가관들이 보급된 노트북 PC 1대로 2개의 장비(신형 VHF 야전정비장비와 SPIDER 무선 야전정비장비)를 공용으로 사용하고 있으나, 2개의 상이한 운용체계(98, XP)로 탑재되어 전환시 재부팅해야 하며, 운용 S/W를 Windows 98로 설치시 장시간(7~8)이 소요되는 등 불편사항을 발견하여 운용 S/W를 Windows XP로 통일하도록 건의하여 조치하였다.

기존화포용 BTCS 성능개량 사업에서는 2005년부터 2006년까지 운용시험평가기간 중 S/W 체계 불안정으로 체계가 52회 다운되는 현상이 발생하였는데, S/W 보완 및 형상변경을 통하여 이러한 현상을 개선하였다.

한편 2006년 FO용 주야간관측장비 운용시험평가시에는 'BTCS와 연동간 전문 송신시험'이 포함되어 있었다. 시험결과 일반전문 작성시 일

111) 상호운용성에 대해서는 이 책 제Ⅲ장 6절 참조

부문자 조합 오류(예 : 이동준비중→ 잉준비중), 영상정보 용량 부족으로 인해 획득된 영상이 용량 초과시 전송되지 않고, 관측소 점령보고시 지대번호 미전송 등 일부 S/W 오류가 발생하였는데, 이를 시험평가를 통해 발견하여 보완 · 개선하였다.

2006년부터 2007년까지 차기 보병전투장갑차 운용시험평가를 할 때에는 레이저 거리측정기 제어기(내장형 소프트웨어 내장) 고장으로 사격통제장치 컴퓨터 및 포탑구동 오작동 현상이 발생하였는데, 이 또한 개선 · 보완하였다.

이러한 소프트웨어 결함사항 도출 및 보완은 결코 쉬운 일이 아니다.

소프트웨어의 특성 중 하드웨어의 그것과 다른 하나는 보이지 않는다는 것이다. 하드웨어나 소프트웨어 모두 어떠한 결함 또는 오류에 의해 제 기능을 발휘할 수 없을 때 그 결함을 제거해야 한다. 하드웨어의 경우는 대상물을 볼 수 있고, 현 상태에 대한 측정이 소프트웨어보다 비교적 용이하고 일정부분 설계와의 오차가 허용될 수 있으므로 소프트웨어보다 비교적 결함 제거가 쉽다. 그러나 소프트웨어는 수십만 줄의 소스코드 중에 점(Dot) 한 개만 잘못 입력되어도 우리가 원하지 않는 결과가 나타나며, 그 원인을 찾아내는 것조차 쉽지 않다.

소프트웨어를 연구하는 사람들은 소프트웨어의 오류를 완벽하게 없앤다는 것은 현실적으로 불가능하다고 말한다. 결국 소프트웨어 시험을 통해 오류발생 빈도가 허용할 수 있는 수치 이하로 나타나게 되면 시험을 종료하고 제품을 출시하게 된다. 그런 이유로 우리가 사용하는 모든 소프트웨어에는 발견하지 못한 오류가 포함되어 있는 것이다.[112]

---

112) "무기체계 내장형 소프트웨어 개발관리방안" (국방대학교, 2005). 이경재, 앞의 글, pp. 223~224에서 재인용

잠깐! 소프트웨어의 오류(예)

2003년 이라크전 때 미군의 패트리어트 미사일은 미군과 영국군 항공기 1대씩을 격추시켰고, 1대는 격추 직전까지 갔다. 1대가 격추를 피할 수 있었던 것도 패트리어트 시스템이 오류를 수정했기 때문이 아니라, 이 시스템을 만든 레이시온사의 기술자가 황급히 "발사하지 마라."며 작전병을 말렸기 때문이다.

당시 미국 언론들은 "레이더가 잘못된 목표물을 지정해 패트리어트 작전병을 혼란스럽게 만든 것이 사고의 원인일 가능성이 높다"고 보도했다. 즉, 레이더가 자국군 항공기를 적의 미사일로 오인한 것이 사고의 중요 원인이라는 것이다. 이와 관련해 미 육군 보고서조차도 "전장에 배치된 패트리어트 시스템은 표적 식별에 실패하기도 하고, 적이 미사일을 발사하지도 않았는데 미사일을 식별해 스크린에 보여주기도 한다"며 치명적인 결함을 인정하고 있다.

이뿐만이 아니다. 이라크 공격 5일째인 3월 25일에는 미국의 F-16전투기가 패트리어트 부대를 공격하는 사태까지 벌어졌다. 당시 이 조종사는 자신의 전투기가 적의 방공망 레이더에 포착되었다는 신호를 받고 자위 차원에서 미사일을 발사했는데, 나중에 알고 보니 미국의 패트리어트 부대였다는 것이다.

패트리어트는 완전 자동화된 시스템이다. 레이더가 물체를 추적하면 컴퓨터가 물체를 식별해 기호로 스크린에 표시한다. 작전병은 불과 몇 초만에 요격 여부를 결정해야 하는데, 이 과정에서 시스템의 오작동이나 작전병의 오인 가능성은 얼마든지 존재한다는 것이다. 미 국방부는 이 사고를 패트리어트의 소프트웨어 오류 때문이라고 발표하였다.

출처 : 국방대학교, 앞의 글(이경재, pp. 224~225에서 인용)

그러나 소프트웨어 시험평가 및 오류발견이 대단히 어렵다고 해도 그것을 당연히 여기면 안된다. 그럴수록 시험평가관들이나 사업관리자, 개발자들은 더욱 관심을 가지고 유의해서 오류를 발견하고 수정해야 한다.

이러한 무기체계에 포함된 소프트웨어의 오류를 수정하기 위해서는 앞의 성능개량 BTCS처럼 오류가 발견될 때마다 바로바로 수정하는 경우도 있고, 육군 항공기 시뮬레이터 처럼 시험이 종료된 후 한꺼번에 수정하는 경우가 있다. 그 이유는 성능개량 BTCS 소프트웨어는 하나의 오류가 타체계에 영향을 미치기 때문에 오류를 바로잡지 않으면 장비 성능발휘가 제한되어, 추가적인 시험평가가 곤란하였기 때문이며, 반면 육군 항공기 시뮬레이터의 소프트웨어 오류는 타체계에 미치는 영향이 크지 않고, 하나의 오류를 일일이 수정하다 보면 시험진행이 곤란하였기 때문이다.

앞에서 소프트웨어는 국방정보체계 소프트웨어와 하드웨어인 무기체계에 탑재된 소프트웨어로 구분된다고 하였는데 시험평가 방법도 상이하다. 즉, 국방정보체계는 일단 개발되고, 통합된 후에 하드웨어 상에서 시험이 완료되면 제품으로 생산될 준비를 한다. 그러나 무기체계에 포함된 소프트웨어는 일단 하드웨어에 통합되면, 전체 체계의 구성요소로서 지속적으로 시험이 실시되고, 전체 시스템에 대한 요구성능이 성공적으로 시연될 때까지 제품으로 생산될 수 없다.[113]

내장형 소프트웨어도 무기체계에 포함된 소프트웨어이므로 동일하다. 즉 내장형 소프트웨어는 대부분 특정목적을 위해 설계되므로 수행되는 기능이 거의 고정적이고, 반응시간에 종속적인 실시간 처리를 해야 한다. 또 내장형 시스템의 성능평가는 최종 시스템의 성능에 의해 평가되고 그 안의 소프트웨어나 하드웨어의 성능으로 평가되지 않는다. 내장형 소프트웨어는 하드웨어와 밀접한 연관관계를 가지고 있기 때문에 인터페이스에 대한 요구사항 분석 및 규격화가 매우 중요하며, 소프트웨어 자체시험 못지 않게 통합시험이 매우 중요하다.[114]

113) 방위사업청, 『시험평가 업무관리지침서』(2006), p. 215.

114) 『무기체계 소프트웨어 개발관리지침서』(육군본부, 2005. 9) 이경재, 앞의 글, pp. 167～169에서 재인용

소프트웨어 오류 발생시기는 요구사항이 잘못 명시되어 발생되는 것과 같이 개발과정의 초기에 발생될 수도 있고, 시스템 통합 구현과 같이 개발 주기의 후반부에 발생될 수도 있다. 소프트웨어 개발의 가장 큰 문제는 요구사항이 명확하게 구체화되지 못하고, 변경이 잦다는 것이다.[115] 만약 개발과정의 초기에 요구사항이 잘 정의되지 않으면 개발과정 전반에서 다양한 오류가 발생한다.

오류는 개발과정뿐 아니라 소프트웨어 유지보수 및 운용 단계에서 오류제거 및 성능향상을 위해 소프트웨어를 변경할 때도 발생할 수 있다.

미국의 소프트웨어 시험평가 자료에 의하면 소프트웨어 수명주기비용(LCCs : Life-Cycle Costs)에서 개발비용은 전체 체계 비용의 약 30% 정도를 차지하고, 나머지 70%는 시스템 개선 및 오류정정 등의 유지보수와 관계가 있다. 오류정정에 소비되는 비용은 개발과정이 시작될 때부터 시간에 대한 함수 형태로 증가된다. 이는 요구사항 단계와 설계 단계 사이에서 급격하게 증가되고, 구현단계에서는 더욱 급격하게 증가된다. 대략 운용 수명주기비용의 절반 정도가 개발과정의 적합하지 않거나 불완전한 시험으로 인해 소비되었다.[116]

불완전한 시험으로 인해 무기체계 운용시에 발생될 수 있는 소프트웨어적 오류들은 비용증가 뿐만 아니라 임무수행에 결정적인 문제를 일으켜, 임무달성이나 개인안전에도 영향을 미칠 수 있다.

따라서 소프트웨어의 시험을 효과적으로 수행하기 위해서는 최초의 설계단계에서부터 통합된 시스템의 운용시험에 이르기까지, 개발과정

---

115) 실제 산업현장의 내장형 소프트웨어 테스트 현황 및 개발자와 테스트 전문가가 겪는 문제점에는 하드웨어 중심의 프로세스와 더불어 잦은 요구사항 변경에 다른 테스트 일관성 및 제품 신뢰성 저하가 있다.(최병주, 서주영, 앞의 글에서 재인용)

116) 방위사업청, 『시험평가 업무관리지침서』(2006), p. 217.

의 모든 단계에서 체계적이고 치밀한 접근법이 적용되어야 한다. 초기단계에서부터 세부적으로 소프트웨어 시험평가 계획을 수립하는 것은 소프트웨어를 포함한 컴퓨터 체계를 성공적으로 개발하는데 결정적인 요소이다.

세부적인 시험평가계획 작성을 위해서는 소요제기 단계에서부터 무기체계의 요구기능을 구체화하고, 소요제기 단계에서 구체적으로 반영되지 않은 사항은 체계개발동의서(LOA)작성시 구체적으로 반영하여야 하며, 시험평가기관에서 작성한 시험평가계획(안)에 대해 관련기관에서 심도 깊은 검토를 하여야 한다.

이를 위해서는 시험평가관, 사업관리자, 개발자 등의 전문지식과 업무협조가 필수적이다.

잠깐! 시대별 소프트웨어 유지보수 비용

소프트웨어는 물리적인 형태를 가지지 않는 무형의 것으로 속성상 파손되거나 닳아 없어지지 않는다. 그러나 소프트웨어는 오류를 포함할 수 있기 때문에 수정, 변경 및 개선될 수 있다.

소프트웨어 유지보수란 소프트웨어가 개발되어 사용자에게 인도된 이후에 이루어지는 소프트웨어에 관한 변경과 수정을 의미한다. 1970년대 초반에는 총 소프트웨어 비용 중 유지보수 비용은 40%에 그쳤으나, 80년대 초반에는 55%, 그리고 90년 초반에는 90%를 차지하고 있으며 이와 같은 증가 현상은 점차 심화되고 있다.

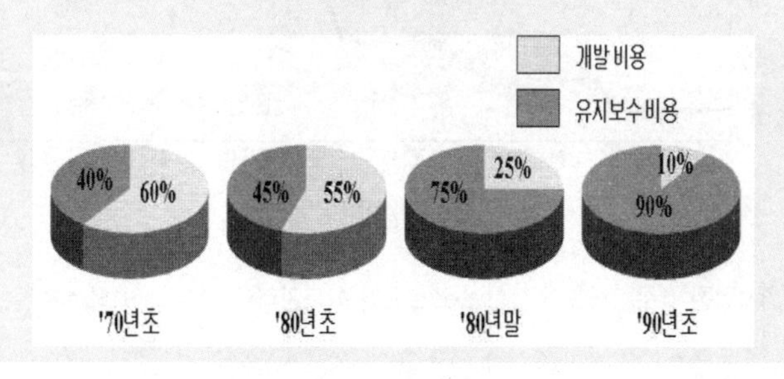

미 국방성의 경우, 총 국방예산에서 소프트웨어가 차지하는 비중은 점점 높아지고 있다. 실례로 1995년에 이미 미 국방 예산 2,640억 달러 중 소프트웨어 비중이 10%를 상회하고 있으며 해마다 그 비율이 증가하고 있다.

출처 : 방위사업청, 『무기체계 내장형 소프트웨어 획득관리 어떻게 해야 하는가?』(2007), p. 17.

잠깐! 소프트웨어 단계별 오류수정 비용

하드웨어는 양산과정 관리가 개발과정 못지않게 매우 중요하지만 소프트웨어는 개발단계에서의 분석 및 설계과정 활동이 품질을 좌우한다. 개발된 품질보다 더 좋은 품질을 소프트웨어 개발이후 달성하기는 거의 불가능하다.

소프트웨어 오류를 수정하기 위한 비용은 개발 초기단계보다 운영단계에서 수정하는 비용이 약 100배가 더 소요된다고 하므로 초기 개발단계에서 정확한 체계정의 및 요구사항을 파악하여 소프트웨어를 개발하는 것이 품질과 비용을 절감할 수 있다.

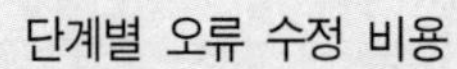

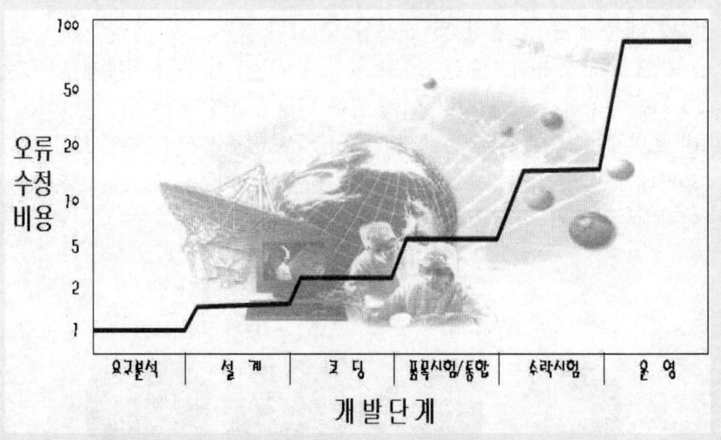

출처 : 방위사업청, 『무기체계 내장형 소프트웨어 획득관리 어떻게 해야 하는가?』(2007), p. 16.

잠깐! 이론과 실제

"FO용 주야간관측장비(TAS-1)"의 소프트웨어의 완성도를 평가하기 위해 시험평가를 수행하게 되었다. 물론 소프트웨어의 독립 단위별 성능 만족을 시험하는 개발시험평가도 중요하지만 전체적인 운용환경까지 고려한 소요군에 의한 운용시험평가는 매우 엄격하여 개발자들에게는 혹독한 시기이다. 그래서 여러가지 경우의 수를 고려하여 자체적으로 시험을 수행하며 준비를 한다. 개발시험평가를 완료하고 운용시험평가까지의 근 한달 여를 자체시험에 매진하였고 - 정말 개발자입장에서 이 소프트웨어는 완벽하다고 자부하였고 - 아주 순조롭게 향후 운용시험평가를 수행할 것이라 확신하였다.

그러나 14주간의 운용시험평가 기간 중 보기 좋게 첫날 장비가 다운(Down)되어 시험불가 상태가 되었다. '회사 관계자 및 소요군은 얼마나 당혹해 하였던지' 개발 책임자로서 태연하게 평심을 지켜야 했지만 가장 당혹스러운 사람은 소프트웨어 개발자인 나 자신이었다.

다행히 시험평가책임자는 문제를 검토할 수 있는 시간으로 1주일을 약속해 주었고 우리는 그 문제를 해결하기 위해 밤샘으로 검증작업을 수행하였다. 소스코드 상으로, 설계상으로, 다각도로 분석하였지만 오리무중이었다. 우리는 우리가 개발하던 방법으로만 시험을 하고 있었다.

문제가 보였다. 우리는 방법을 바꿔 장비가 운용되어질 환경과 가장 유사한 조건을 가지고 시험을 하였고, 그 결과는 우습게도 아주 작은 소스코드상의 오류를 발견할 수 있었다. 안도의 숨을 내쉴 수가 있었다. 그러나 그 충격파는 컸다. 그렇게 자신하던 장비가 한 순간에 정지해 버리는 상황이, 아주 작은 오류로 빚어졌다는 사실은 나에게 너무나 큰 충격을 주었다. 그리고 생각했다. 이론과 실제, 말로는 머리로는 알고 있던 말이다. 그러나 그 말에 숨겨진 진정한 의미는 우리가 갖추고 변해야 할 항구적인 그 무엇에 대해 얘기하는 것 같았다.

- 삼성탈레스 책임연구원 이주성(방위사업청, 위의 글에서 인용)

주파수를 확보하라

잠깐! 주파수란 무엇인가?

- 주파수(Frequency)란 일정한 크기의 전류나 전압 또는 전계와 자계의 진동과 같은 주기적 현상이 1초 동안에 반복되는 횟수이다.

- 주파수 구분 / 용도
  - VLF(초장파), LF(장파) : 선박용 무선통신
  - MF(중파) : AM 라디오방송, 선박/항공통신
  - HF(단파) : 단파방송, 아마추어 무선통신
  - VHF(초단파) : TV, FM 라디오 방송
  - UHF(극초단파) : TV, 위성통신, 이동통신
  - SHF(마이크로파) : 위성통신, M/W
  - EHF(밀리미터파) : 위성통신무선항행

무기체계를 개발하는 데 주파수를 확보해야 한다? 그냥 사용하면 되는 것 아닌가? 하는 의문이 많이 들 것이다.

그러나 연구개발 및 국외구매 무기체계 획득사업 추진간 전파사용이 필요할 경우에 전력업무 종사자들의 주파수에 대한 관심소홀 및 업무미숙으로 인해 주파수를 미리 확보하지 못해 전력화 일정에 지장을 초래한 사례가 다수 발생하고 있다. '죽은 공명이 산 중달을 물리치듯' 보이지 않는 주파수가 무기체계 전체의 발목을 잡은 것이다.

관련사례를 들어 보면 Spider의 RLI장비 개발시 국제 주파수 정책을 고려하지 않은 사업추진으로 장비를 전력화한 후에 소요주파수가 IMT-2000과 중복되어 주파수 조정을 위한 개조비용(000억 원)이 추가로 발생되었고, 사업도 1년이 추가로 소요되었다. 또한 같은 이유로 F-15K 훈련용 전투기의 데이터 링크 소요 주파수도 전량 확보가 제한되어 성능 개량을 위한 추가비용이 000억 원으로 예상된다.

한편 조기경보통제기 탑재 레이더와 지상방공 레이더간 주파수가 중복되어 상호 간섭으로 기능발휘가 제한되리라 우려되었으며, 국외구매사업 추진중인 ㅇㅇㅇ무기체계 기종결정 직전 주파수를 검토하지 않은 사항이 식별되어 사업일정이 조정되기도 하였다.

그럼 왜 주파수 확보가 문제가 되는가? 그것은 주파수가 무한정의 재원이 아니라 한정되어 있기 때문이다. 즉 국내외 통신망 증가로 주파수에 대한 수요는 늘어나는데 비해 공급할 수 있는 재원은 한정되어 있기 때문에 수요충족이 곤란하다. 앞으로 점점 더 많은 부대가 네트워크로 연결되어 위성을 통해 교신하고자 하기 때문에 주파수 소요가 급증할 것이지만, 현재의 기술로는 충분한 주파수를 공급하기가 쉽지 않다. 미국의 경우, 2010년경 수요에 비하여 가용한 주파수 대역은 1/10에 불과하다. 한국의 경우 1/20～1/30수준에 불과하다.117) 그리고 주파수 확보는 국내에만 국한된 문제가 아니라 주파수 선점을 위한 국가나 집단간의 영역다툼이 치열하다.

잠깐! 주파수는 어떻게 관리하나?

- 1단계(주파수 분배) : 특정 통신서비스 대상 주파수대역 분할
  - 국제분배 : 국제전기통신연합(ITU)
  - 국내분배 : 정보통신부(주파수 정책과)
    ※ 군 주파수 분배 : 합참 전파관리과
- 2단계(주파수 할당) : 특정 사용자 그룹 대상 채널그룹 분할
- 3단계(주파수 지정) : 특정 무선국 대상 특정 주파수 채널의 사용 허가

@ 군 주파수 관리 책임
- 평시 : 정보통신부 승인하 합참(전파법 준수)
- 전시 : 한미 합동군 주파수 관리위원회(JMFC, 군용전기통신법과 충무계획 적용)

---

117) 김종하, “장미 빛 자주국방 중기계획”, 『세계일보』, 2006년 7월 14일.

무기체계 획득시에도 과학기술 발달로 무기체계에 무선기술 도입이 증가하고 있고, 민 · 관 · 군 통신망간 혼신문제로 각종 민원이 증가 추세에 있다.

국방부와 합참에서도 주파수 확보의 중요성을 인식하고 국방전력발전업무규정과 방위사업관리규정에 주파수 검토절차를 명시하고 있다.

이를 요약하면 〈표 3-5〉과 같다.

표 3-5 사업단계별 주파수 검토절차

절차단계	주파수 관련 조치	비 고
소 요 요청시	• 작전운용능력의 합동성 및 상호운용성 항목에 주파수 포함 제시 ※주파수 획득가능성 검토 : 소요군→합참→정통부	주파수 확보 및 기존주파수 활용 가능여부 확인
탐색개발	• 주파수 선정(ROC확정) ※개발간 주파수 조정 (ROC 수정)	주파수 인가 및 중복여부 확인
체계개발	• 주파수 획득 : 소요군→합참→정통부	
전력화 지원요소 확 보	• 무기체계가 야전배치와 동시 운용가능토록 주파수 확보(소요군, 합참)	
연구 개발시 전력화 지원	• 초도배치 이전에 주파수 확보	
구 매 시 전력화 지원	• 사업추진단계별(RFP, 평가, 협상/시험평가, 기종결정) 신규 운용 주파수 확보가능성 및 기존주파수 활용가능성 검토	방위사업청 ↓ 소요군 ↓ 합 참

그러므로 방위력개선사업 종사자들은 무기체계 획득간 주파수 관리의 중요성을 인지하고, 관련법규와 정책을 인지하여 혼란 초래를 방지하여야 하며, 주파수 누락으로 인해 무기체계 성능 발휘에 제한사항이 발

생치 않도록 사업추진간 절차와 규정을 준수하는 노력을 기울여야 한다. 또한 주파수 관련 적극적인 확인 및 조치로 전력화 후 야전운용을 보장하여야 한다.

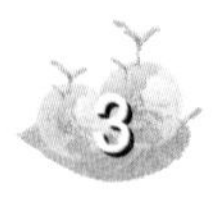

3 야전운용환경은 생명수와 같다

'고객은 왕'이다.
무기체계의 고객은 최종사용자(소요군)이다.
그러므로 개발되는 무기체계는 고객이 실제 운용하는 환경에서 시험되고 평가되어야 한다.

3계절 시험평가의 중요성

3계절 시험평가란 한국적 기후여건을 반영하여 혹한기와 혹서기에 시험평가를 통해 성능을 입증해야 한다는 것이다. 3계절 시험평가를 실시하면 시험평가기간 및 사업기간이 길어지기 때문에 사업을 관리하는 입장에서는 전력화시기에 맞추기 위하여 3계절 시험평가를 개발시험시에 환경시험(고온, 저온 챔버를 통한 시험)에서 확인하는 것으로 대체할 것을 원하는 경우가 종종 있다.

그러나 개발시험의 환경시험은 온도라는 하나의 조건만 확인하는 것으로 야지 동·하계의 복합적인 환경(습도, 바람 등)이 반영되지 않아 차이가 있을 수 있다.

▌그림 3-23▐ **온도 챔버 차량**

따라서 3계절(혹서기, 혹한기 포함) 시험평가를 실시하지 않을 경우 개발시험평가(환경시험)만으로 야전운용 환경에 부합되는 운용의 적합성, 편의성, 안정성에 대한 평가가 제한되며, 실제 문제가 야기된 사례도 있으므로 3계절 시험평가를 하도록 노력해야 한다.

먼저 혹한기시험의 예로서 2001년부터 2004년까지 전방군단의 실시간 영상정보 수집능력을 확보하기 위한 'UAV(정찰용 무인항공기) 개발사업'[118]의 경우를 예를 들어 보자.

▌그림 3-24▐ **UAV 발사장면**

118) UAV(Unmanned Aerial Vehicle)란 유인 정찰기 임무 수행이 제한되는 적 종심지역 및 특수 작전지역에서 공중 정찰용으로 운용되는 장비로서, 한국은 1999년 이스라엘 IAI사 "Searcher" 장비를 해외구매하다가 2000년부터 한국항공에서 국내개발하기 시작하였다.

UAV 개발사업시 운용시험평가는 2000년 2월부터 실시되었는데, 최초 계획시에는 혹한기를 고려하여 운용시험기간(1~6월)을 설정하였으나 개발기관의 개발시험 지연으로 2월에서 7월중 실시하는 것으로 조정되었다. 그 결과 기상조건 제한으로 야전환경에서 군요구 운용온도 범위(-32°C~+50°C) 입증시험을 실시할 수 없었고, 개발시험 결과로 대체하게 되었다. 운용시험평가 종료 후 2000년 10월 '전투용 사용 가(可)' 판정을 받고 2002년 11월 1식이 전력화 되었다.

그러나 2002년 11월 야전부대에서 초도배치 운용중 외기온도 -17℃에서 1차 비행사고(비행중 엔진정지)가 발생하고, 12월 사고원인 규명을 위해 업체자체 시험 중 외기온도 -16℃ 조건에서 2차로 비행사고가 발생되어, 양산이 중지되고 전력화 계획이 조정되게 되었다.

사고 원인을 분석해 본 결과 엔진 운용한계를 고려하지 않은 형상설계와 미흡한 시험평가가 원인이었다. 즉 엔진제작사의 기술교범 검토결과, 엔진을 저온에 노출 상태로 운용 가능한 최저 기온은 -15℃로 판단되었으나 일련의 비행사고는 외기온도 -15℃ 미만에서 각각 발생하였다. 기술검토결과 저온대기(-15℃ 미만)를 직접 흡입할 경우 기화기에서 생성되는 과냉(過冷) 혼합기가 엔진내 불완전연소를 유발하는데 반해, 공기흡입관 및 기화기가 저온대기에 노출되도록 설계되어 -15℃ 미만에서 엔진정지를 유발한 것이었다.

그러나 그런 결점이 개발시험평가 또는 운용시험평가시 확인이 되어야 함에도 불구하고 개발기관에서 실시한 개발시험평가시는 총 46회의 비행시험을 실시하였으나 최저 외기온도는 -13.7℃였고, 저온환경시험을 실시하여 챔버에서 -32℃로 보관후 예열하여 시동성만 확인하고, 엔진제작사의 제시규격(-35℃~+50℃)을 신뢰하여 판정을 내리게 되었다.

운용시험평가는 2월 이후에 실시하여 총 30회 비행시험을 실시하였으나 최저 외기온도는 -12℃로 제한되었고, 개발시험 결과로 대체되었다.

UAV 추락사고 관련 2003년 7월에 국방부 감사결과 운용시험시 개발시험결과 적용에 대한 타당성 여부를 심층 검토하지 않고 적용함으로써 개발오류에 대한 최종 검증기회를 상실하였다고 평가된 바가 있다.

다음으로 혹서기 시험평가의 예를 살펴보자.

먼저 '1¼톤 성능개량차량' 사업의 경우 2001년 품질관리소(현재의 기술품질원의 전신) 주관으로 개발시험평가 항목 중 '도섭 · 강우시험'을 창원 기동시험장의 시험시설에서 실시한 결과 이상없이 '기준 충족'되었다. 그 결과를 바탕으로 육군 시험평가단에서는 2002년 7월 혹서기에 '하천도섭시험'을 실제 하천에서 운용시험평가를 실시하였는데, 도섭간 시동전동기 방수가 잘 되지 않아 엔진에 결함이 발생되는 것을 발견하고 양산전에 보완하도록 조치하였다.

한편, 전자식 전화기는 TA-512K 전화기의 대체장비로 중대급 이상 부대에 배치 · 운용되는 전술용 전화기로서 1999년 운용시험평가를 하였다.

시험평가단은 1999년 6월 개발시험평가를 주관한 품질관리소로부터 개발시험결과 '기준에 모두 충족하며, 개선 · 보완시킬 사항은 없음'이라는 공문을 접수하였다. 개발시험시 환경온도시험(-32℃ ~ +50℃) 결과도 '기준 충족'이었다.

그러나 시험평가단이 1999년 7월 26일부터 8월 30일까지 혹서기에 중서부지역에서 운용시험평가를 실시한 결과 4시간 이상 야외에 노출된 상태에서 운용할 경우 자판덮개 고무의 탄력저하로 누글누글해져, 전화기 자판번호(0 ~ 9)를 누르면 오작동하는 현상이 발생하였다.

전자식전화기에 대하여는 혹한기(12월 ~ 2월) 운용시 자판덮개 고무의 정상적인 기능발휘 여부가 우려되어 혹한기 시험평가를 의뢰하였으나 사업관리부서에서는 1999년 말 전력화를 고려하여 승인을 해주지 않아 혹서기 시험만 제한적으로 실시하였다.

이 처럼 야전운용환경 특히 한국적 기후 조건하에서의 확인시험은 동계와 하계를 포함하는 시간소요 때문에 시험평가간 사업추진부서에서는 사업추진일정 촉박 등을 사유로 3계절 시험평가를 개발시험의 환경시험으로 대체하기를 원하지만, 개발시험환경과 운용시험환경은 차이가 있다는 것을 항상 염두에 두고, 가능한 3계절 운용시험평가를 할 수 있도록 노력하여야 한다. 개발시험의 환경시험으로 대체 후 결함이 발생하게 되면 오히려 획득기간이 장기화되고 추가비용이 발생하게 된다.

그러므로 사업관리부서나 개발기관에서 전력화 시기에만 집착하여 3계절 시험평가의 중요성을 간과하고 시험평가 기간을 일정을 지체시키는 요인으로만 생각하여 무리하게 시험평가 기간 단축을 요구해서는 안된다. 따라서 사업관리부서나 개발기관에서는 항상 시험평가기간을 고려하여 사업을 추진하도록 일정을 수립하여야 한다.

개발시험은 야전 전투환경에서 재확인하라

Ⅱ장의 '시험평가란 무엇인가'에서 언급했듯이 개발시험과 운용시험은 실시하는 환경이 차이가 있다. 즉 개발시험은 기술적으로 조성된 환경에서 실시하고, 운용시험험은 실제 전투운용환경에서 실시한다.

따라서 동일한 시험항목이라도 개발시험시 기준충족된 사항이 운용시험을 실시하면 문제점이 발견되는 경우가 다수 있다.

2002년부터 2005년까지 연구개발된 K10 탄약운반장갑차의 경우를 예를 들어 보자.

▌그림 3-25▐ **K10 탄약운반장갑차**

K10 탄약운반장갑차는 탄약집적소 바닥 또는 트럭 위에 실린 탄약을 자동으로 적재후 사격진지로 이동하여 K9 자주포에 자동으로 탄약을 재보급하는 임무를 수행한다. 분당 6발의 최대 발사속도를 자랑하는 K9 자주포에 탄약재보급시 기동성 및 생존성 취약, 급속한 전투병의 피로도 증가 등의 제한사항을 극복하기 위해 자동화된 탄약보급장치와 기동성 및 생존성이 뛰어난 탄약운반장갑차를 자주포와 패키지로 확보하기 위하여 개발하게 되었다.

K10 탄약운반장갑차에는 최대 104발의 탄약이 적재 가능하다. 또한 분당 12발 이상의 탄약을 재보급할 수 있으며, 컴퓨터를 이용하여 탄약보급 기구장치를 자동제어 함으로서 신속정확한 적재 및 보급이 가능하며, 자동재고관리가 가능할 뿐만 아니라 자체 고장진단 기능 보유로 정비성 또한 우수한 장비라 할 수 있다.

육군 시험평가단에서는 2004년 7월부터 2005년 5월까지 K10 탄약운반장갑차 운용시험평가를 담당하였다.

▌그림 3-26▐ **K10 탄약운반장갑차 야전시험**

K10 탄약운반장갑차는 국방과학연구소와 주개발업체가 이미 개발시험간 '탄약 재보급 능력(자동 적재 능력)'을 시험한 결과 특별한 문제가 없는 것으로 판단을 하고 있었다. 그러나 시험평가단에서는 운용시험평가간 야전 K9 진지에서 다시 시험해 볼 것을 사업관리부서에 요청하여, 실시한 결과 최초 개발시험 때와는 달리 감속기 및 탄 적치대가 파손되는 현상이 발생하였다.

기능고장으로 시험평가를 중단한 채 원인을 분석해 본 결과 개발시험시는 평탄하고 견고한 콘크리트 지면에서 실시한 반면 운용시험시 진지조건은 지면이 굴곡져 경사도도 있고, 지반도 약해서 알루미늄 장갑판재로 된 차체에 뒤틀림이 발생하여 그 영향이 감속기 및 적치대에 미쳐 탄약 재보급이 불가하게 된 것이었다. 당연히 장비는 동작이 되지 않았다. 결국 품질관리소 주관하에 결함 분석 및 대책을 강구하여 이상이 없음을 확인한 후 2005년 연말에 장비를 생산하게 되었다.

다음은 2006년부터 2007년까지 운용시험평가를 마친 차기 보병전투장갑차(IFV)의 예를 들어 보자.

▌그림 3-27▐ **차기 보병전투장갑차**

혹한기, 혹서기를 포함하여 33주에 걸친 차기 보병전투장갑차 운용시험평가 결과 시험평가관들은 485건의 보완요구사항과 20건의 관련기관 검토사항을 도출하였다. 그 중 중요한 사항들은 다음과 같다.

첫째, '작전지속능력(항속거리)' 시험간 시험평가관들은 야전의 전술적 운용 환경하에서 1일 약 200㎞씩 기동하는 시험을 실시하였다. 이 시험은 기동로 조건별로[119] 주행하여 주요장치별(동력/현수장치, 포 · 포탑, 사통장치, 항속거리 등) 문제점을 도출하기 위해 실시하는 시험이었다.

시험결과 약 770㎞ 기동 중 고장이 발생되었다. 고장원인을 분석한 결과 설계자나 시제 제작업체 요원들도 변속기 이상이라는 것은 확인하였지만 정확한 고장품목을 식별하지 못하였고, 불결한 조립환경하에서 고장품목이 아닌 IA(전기적 신호를 기계적 작동으로 전환하는 장치) 구성품을 조립할 때 자동변속기에 미세한 이물질이 유입되어 오일 관로가 막혀 변속클러치가 정상 변속되지 않으면서 화재까지 유발하게 되었다.[120]

119) 포장로는 해산령, 미시령, 펀치볼, 구룡령 포함 1 · 3군 작전도로, 비포장 및 야지는 진흙, 모래, 자갈, 적개로, 전차포 사격장, 과학화훈련단 훈련장 포함. 적설지는 과학화훈련단 전술도로에서 시험 실시.

엔진실 화재	변속하우징 탭 마모

▌그림 3-28▐ **차기 보병전투장갑차 화재 현장**

이에 시험평가관들은 업체, 국과연 등과 토의를 거쳐 변속기하우징 부분에 별도 완충장치를 설치함으로써 비정상적인 마모를 방지하여 2차 고장유발을 방지하도록 요구하였고 IA구성품 조립시 청결한 공간에서 작업이 되도록 요구하였다. 일련의 조치결과 변속기 교체 후 야전운용 시험간 총 9,645㎞를 완주 후 분해 검사결과 변속기 내부상태는 양호하였다.

둘째, 운용시험평가 중 진흙지역, 암석지, 자갈지역, 연약지반 모두 궤도가 빈번하게 이탈되는 현상이 발생되었다. 원인을 분석해 본 결과는 야지 기동속도가 기존 장갑차 대비 20㎞/h에서 40㎞/h로 증가되었으나, 궤도의 중앙가이드는 형상변경이 없이 설계가 되었기 때문에 유사장비 대비 중앙가이드 높이가 낮고 간격이 넓어서 회전하는 방향, 즉 내측 유동륜쪽의 궤도가 빈번하게 이탈되었던 것이다. 기동간 궤도 이탈시에는 기동이 불가할 뿐 아니라, 정비시간이 기동로 유형별로 약 30～120

---

120) 저유압 경고 센서를 교환하는 과정에서 알루미늄 재질인 변속기하우징이 마모되어 2차적인 결함으로 화재가 발생함.

분 정도가 소요됨으로써 승무원의 피로가중 및 작업간 적에게 양호한 표적으로 제공될 우려가 있었다. 또한 장비특성상 공기부양장치를 파손시켜 큰 문제점을 유발시킬 개연성이 있었다. 이것은 평지 포장도로에서 실시하는 개발시험에서는 나타나지 않았지만 야지에서는 문제점이 노출된 것이었다. 이에 시험평가관들은 궤도의 중앙가이드 높이를 높이고, 유동륜 정열, 보호가이드를 추가 설치한 후 동일조건하에서 확인시험 결과 기존궤도가 10회 이탈시 개선궤도는 1회 정도 발생되는 수준으로 성능이 향상되었다.

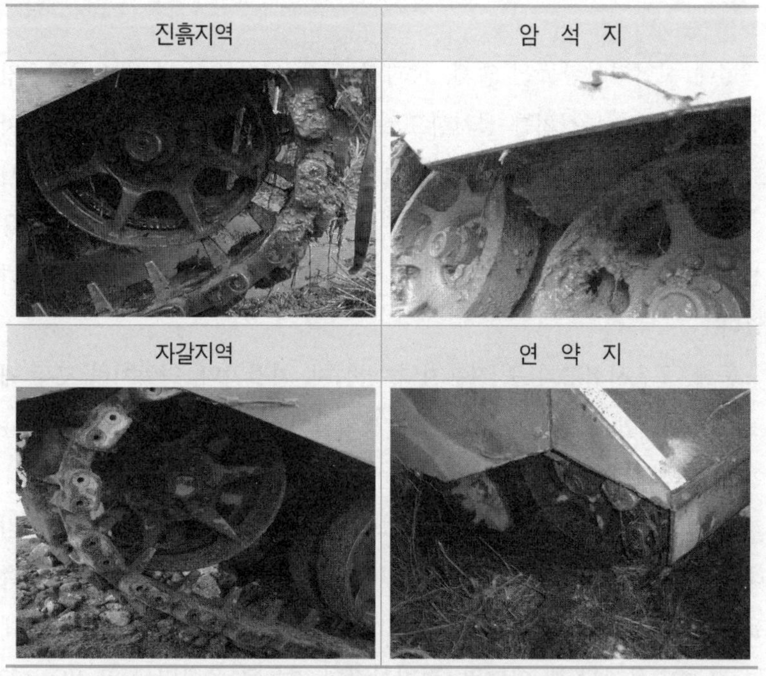

▌그림 3-29▐ **장소별 궤도 이탈 모습**

셋째, 전투사격간 하탄이 나는 현상이 발생하였다. 이 현상도 국과연 주관 개발시험간 시제 장갑차로 1,300여발 사격 하였으나 미식별된 현상이었다. 발생원인을 분석해 본 결과 장갑차의 수상기동능력을 고려하여 무리한 경량화 설계로 포열지지부 휨 현상이 나타났고, 이에 따라 사격발수 증가시(고폭탄 30발 이상 연속사격) 주포 처짐으로 하탄이 발생되었던 것이다. 만약 운용시험간 이러한 주요결함을 발견하지 못했다면 평시 야전에서 연간 인가된 교탄이 적다는 점을 고려시 문제점을 인식하지 못하고 실제 전장에 투입되어 문제가 야기되므로서 임무수행에 막대한 지장을 초래할 수 있는 일이었다.

이에 대한 해결책으로 포열지지부를 용접으로 보완하여 하탄을 방지하였고 표적에 고폭탄 68발을 연속사격(약 5초 간격)하여 확인결과 사탄분포도가 양호하였다.

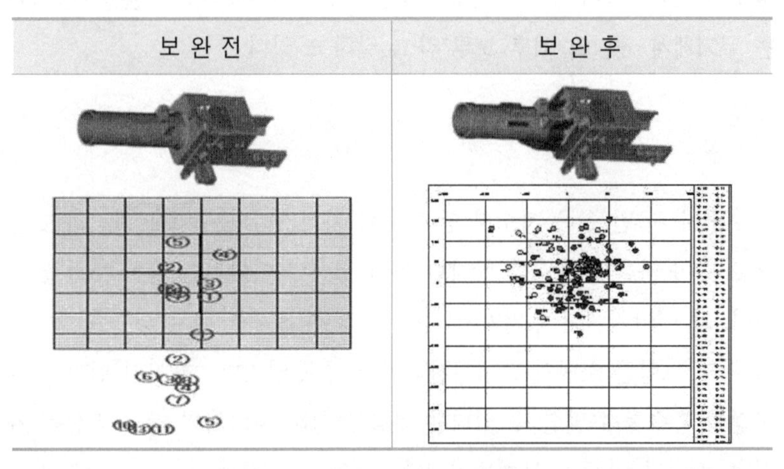

▌그림 3-30 ▌ **보완 전·후 사탄분포도 비교**

이 외에도 차기 보병전투장갑차 운용시험평가 간에는 포수 조준경과 차장조준경의 조준십자선 불일치현상, 탄피 미방출 현상 등도 해결하였다.

K10 탄약운반 장갑차 하계운용시험평가를 할 때는 우천시 포탑내부에 많은 양의 빗물이 고인 채 배수가 되지 않고, 그로 인하여 부품에

녹이 스는 현상을 발견하였다. 운용시험평가관들은 배수구를 만들도록 보완요구사항을 제시하여 반영하였다. 이것은 하계 장마기에 운용시험평가를 해보지 않았다면 발견하지 못했을 사항이다.

앞으로도 무기체계를 개발할 때 소요제기자나 개발자는 비용절감, 적 포탄으로부터 생존성 향상을 이유로 또는 이론적인 설계를 통하여 실내 공간을 줄이거나, 장비의 규모를 줄이는 경우가 있는데, 그럴 때는 반드시 운용자들을 통해 시험하여 활동에 지장이 없는지를 확인해야 한다.

이와 같이 개발시험과 운용시험 환경이 다르므로 개발시험을 할 때는 문제가 없다가 운용시험시 문제가 발생하는 경우가 다수 있고, 개발시험을 할 때는 미처 발견하지 못한 문제점을 운용시험평가시에 발견하는 경우가 많다. 그러므로 야전운용환경과 같은 야지에서의 '운용시험평가는 무기체계 개발의 최후 보루'라고 말하고 있다.

작은 구멍을 메워 홍수를 막는다(사소한 것도 그냥 지나가지 않는다)

누구나 한 번 쯤은 저수지 댐 근처를 지나가다가 구멍을 발견하고 손으로 막아 마을의 홍수를 방지한 어린 소년의 이야기를 들어 보았을 것이다. 그 이야기에서 우리가 생각해 볼 점은 목숨을 바쳐 홍수를 방지하기 위해 노력한 소년의 희생정신과 책임감도 있지만, 그 보다 먼저 작은 구멍이 홍수를 유발할 수 있다는 것을 무심히 지나치지 않고 관심을 가졌던 소년의 안목과 문제의식이다.

방위사업을 추진하거나 시험평가를 진행하는 과정에서도 작은 것을 소홀히 하지 않는 관심과 철저함이 나중의 큰 사고를 방지하고, 예산을 절감할 수 있는 바탕이 되는 경우가 많다. 그러므로 시험평가관들은 '사소한 잡티 하나라도 원인을 규명하려는 자세'로 시험평가에 임하고 있다.

문제점들이 개선되지 않고 야전에 무기체계가 배치되었다고 가정해

보자. 만약 고장이 나지 않는다면 다행이지만, 개발부서에서도 발견하지 못한 문제점들이 발생한다면 야전부대에서는 정비기술이나 운영비가 부족하므로 조치가 불가능할 것이고, 상급부대에 정비를 의뢰하여 정비되는 동안 전력공백이 발생할 것이다.

간혹 업체나 사업추진부서에서 시험평가기관을 발목 잡는 부서(장애물 : Obstacle)로 인식하는 경우가 있는데, 사소한 것을 소홀히 하지 않는 그런 철저함은 오히려 시험평가관들에게 요구되는 덕목이고, 그것이 장기적으로는 사업성공을 가능하게 하는 '원동력'(Enablers)이다.

이에 관련되는 예를 한번 들어보자. K-77 포병 사격지휘장갑차에는 보조동력장치(통상 보조엔진이라고도 함)가 장착되어 있다. 일반적으로 보조동력장치라 함은 주엔진을 가동하지 않고도 필수전원만 공급하여 임무를 수행케 하는 작은 엔진으로 소형 발전기라고 생각하면 된다. 그러나 K-77 장갑차용 보조동력장치는 야전에서는 흔히 볼 수 있는 디젤방식이 아니고 항공기에 많이 사용되는 가스터빈 방식으로 첨단기술 분야에 속한다.

▌그림 3-31▐ **K-77 포병 사격지휘 장갑차**

이 가스터빈은 미국으로부터 면허받아 생산후 K-77 장갑차에 장착되어 '95년부터 전력화 되었으며 '07년 국산화 개발완료되어 시험평가 의뢰되었다.

2007년 6월 전방지역에서 보조동력장치를 시험가동 중에 시험평가관은 배기가스 냄새가 독하고 눈이 따가운 현상과 엔진오일이 소모가 많음을 식별하였다. 계획에 없던 매연측정반을 요청하여 확인하니 유해물질인 CO(일산화탄소)와 HC(탄화수소)가 원생품보다 많아 개발기관, 업체 등의 분석을 요구하였으나 기술적인 답변뿐이었다.

이에 시험평가관은 엔진오일을 가득 채우고 봉인한 다음 20시간 이후 확인하자고 제안하였다. 봉인 후 야지를 주행하다 보니 엔진오일이 배기구 주변에 튀는 현상이 발생 하였으며, 선반에 쇠를 가공할 때 나는 듯한 이상스러운 소음이 들려 분석을 요구하였으나 이 또한 무시되었다. 그 이유는 디젤 장비는 야전에서 바로 분해 가능하나 가스터빈 엔진은 첨단기술 분야이므로 정비창에서만 분해가 가능하기 때문이었다.

▌그림 3-32▐ K-77 시험평가

결국, 시험평가관은 본인이 육안으로 자세히 들여다보고 공기흡입부에서 오일이 흘러나오는 것을 확인하여 이의를 제기하였다. 그때서야

업체에서는 그 부위는 업체에서 시험용으로 구멍을 뚫어 놓은 것이며, 그 곳에서 오일이 새는 것이 맞는 것 같다고 인정을 하였다. 시제품을 생산공장으로 옮겨 분해한 결과 구멍으로 오일이 새는 것을 확인 하였으며, 쇠를 깍아 먹는 듯한 소음은 오일이 새면서 축의 흔들림이 발생되어 쇠로 만들어진 부품간의 상호마찰로 나는 소리로 확인되어 보완요구사항에 포함하여 개선하기로 하였다.

앞에서도 언급한 바와 같이 일부에서는 시험평가관들이 사소한 문제점을 크게 부각시킨다고 생각하는 듯하나 실로 이러한 결함을 가진 장비가 전군에 배치된 후 문제점이 발견되었을 때를 생각해 보면 결코 그렇지 않다는 것을 느낄 수 있을 것이다. 즉 문제점을 해결하기 위해서는 그 비용이 수십 배, 수백 배 이상이 들어야 할 것이며, 그간의 전투력은 상당히 감소될 것이고, 또한 개발자, 운용자, 정비담당자간 혼란이나 불신으로부터 오는 손실은 이루 말 할 수 없을 것이다.

따라서 사업관리자, 개발자, 시험평가자 등 전력발전업무 종사자들은 사업관리 전 기간 동안 작은 것을 소홀히 하지 말고, 문제의식을 가지고 바라보는 태도를 견지해야 할 것이다. 또한 문제를 발견하기 위해서는 관심에 더하여 전문적인 지식, 무기체계에 대한 원리 이해가 필수적이므로 이에 대한 부단한 연구도 병행되어야 할 것이다.

때로는 위험도 무릅써야 한다

"위험합니다. 안하는 것이 좋겠습니다."

업체 관계자는 펄쩍 뛰며 반대한다. 개발기관 연구원들도 위험하다며 만류한다. 차기 보병전투장갑차 운용시험평가 주시험관은 잠시 고민에 빠졌다. 어떻게 해야 하나?

"개발시험 때 한 것으로 충분하지 않습니까?" 업체와 개발기관 사람들은 다시 만류한다. 주시험관은 눈앞에 보이는 경사진 흙길을 바라보았다. 그가 보기에도 아득히 높아만 보였다. 잠시 침묵이 흐른 뒤 마침내 그의 입이 열렸다.

"해 봅시다! 해 봐야 합니다."

▎그림 3-33 ▎ **차기 보병전투장갑차 경사로 등판 시험평가**

모두들 숨죽이고 그의 입만 바라보고 있는 가운데, 이윽고 그의 입에서 나온 대답은 모두의 바램과는 반대의 것이었다. 차기 보병전투장갑차(IFV), 완성품도 아닌 시제품으로 비포장 60%(31°)의 경사진 흙길을 80m나 등판을 해야 한다. 물론 개발시험시 콘크리트길에서 시험을 하기는 했지만 흙길이어서 그런지 더 높고 경사져 보였다. 몇 주 전에 야지에서 30% 경사로를 등판할 때만 하더라도 이렇게 반대도 없었고, 긴장감도 높지 않았다.[121] 물론 주시험관도 걱정이 되지 않는 것은 아니었다. 만약 모두가 반대하는 가운데 그가 우겨 사고라도 난다면 책임은 모두 그의

121) 도로조건(국도 10% 이하, 고속도로 7% 이하 구배)을 고려하면 60% 경사의 정도를 생각해 볼 수 있을 것이다.

몫이 될 것이다. 더구나 지금은 어제 많은 비가 내리고 난 후 지반이 약화된 상태가 아닌가?

그러나 주시험관은 오랜 군대 경험상 한국 지형에서 전시 기습공격을 위해 개척된 통로를 따라 장갑차가 기동하려면 그 정도 능력은 반드시 갖추어야 한다고 생각했다. 또한 내심 자신도 있었다. 왜냐하면 M48A3K 전차가 50톤 무게에 750마력인데 비해 차기 보병전투장갑차는 25톤인데도 750마력으로 무게는 가볍고 힘은 동일하다는데서 가능성이 충분하다고 생각하였기 때문이었다. '그래 해보자!'

모두들 걱정스러운 가운데 등판을 준비했다. 개발시험시 국과연 창원 시험장에서 60%등판 시험을 할 때는 걱정스러워 안전조치로 윈치를 묶어 시험을 했지만, 야전에서는 윈치로 묶을 장소가 없어 불가능 했다. 오르막 경사가 워낙 급해 조종수가 탑승한 채 전방을 보면 하늘만 보이고 길(경사로 바닥)은 보이지 않는다. 어쩔 수 없이 경험 많은 간부 한 명으로 하여금 조종수가 보이는 방향에서 유도를 하게 하였다. 조종수는 길을 보는 것이 아니라 유도자만 보고 조종을 하게 된다. 만약 오르막을 오르다가 못 오를 것 같으면 제자리에 멈춰 유도자의 유도에 의해 다시 밑으로 내려오도록 안전교육을 하였다.

"출발!"

모두가 긴장한 가운데 장갑차는 굉음을 울리며 앞으로, 아니 위로 이동을 시작하였다. 그 이후는 모두의 예상을 뛰어 넘는 것이었다. 생각보다 너무나 쉽게 차기 보병전투장갑차는 60%의 80m 경사길을 올라갔다. "와~아!" 바라보던 모두의 입에서 절로 함성이 터지고, 기쁨의 박수가 나왔다. 그래도 긴장을 유지한 가운데 장갑차는 올라갔던 길을 유도에 의해 다시 내려왔다. 시험은 대성공이었다.

'우리가 이것을 만들었다!'

보고 있던 모든 사람들의 가슴은 세계 어디에 내 놓아도 자랑할 수 있다는 자부심과 자신감으로 충만하였다. 앞의 차기 보병전투장갑차의 등판시험의 예에서 보는 것처럼 운용시험평가관은 시험무기체계가 실전환경에서 어떻게 작동될 것인가를 염두에 두고, 최악의 경우까지 가정하여 시험평가 조건과 방법을 강구하여 시험평가를 실시하고 있다. 그러다 보니 물론 안전대책을 강구하기는 하지만 사고의 위험성을 안고서도 시험평가를 진행하는 경우가 많다.

▌그림 3-34▐ **차기 보병전투장갑차 야전 기동 시험평가**

차기 보병전투장갑차 운용시험에는 등판시험 뿐 아니라 까마득하게 보이는 향로봉 전술기동로, 암반경사로, 암석지대, 하계와 동계 수목지역, 잡목지역, 습지, 연약지반, 모래지역, 하천, 둑, 수중보, 수직장애물, 호, 유실도로 통과 등 전시에 기동이 예상되는 모든 기동로를 따라 시험을 진행하였다. 차기 보병전투장갑차 장거리 지속능력 시험 전에 시험평가관들은 장갑차 기동로(도로, 교량 등) 정찰을 사전에 실시하였으나, 지형정찰 후 내린 폭우로 인해 마을의 작은 교량 하나가 하천 바닥이 깎여 교각 유실의 우려가 있는 것을 미처 파악하지 못한 상태에서 시험을 실시하였다.

그러나 문제의 교량에 도착하여 다리를 건너려고 보니 교량상태가 아무래도 위험해 보였다. 시험평가관들이나 시험지원요원, 업체요원들 모두 모여 교량을 살폈는데 선뜻 자신있게 통과해도 무방하다고 입을 여는 사람이 없었다.

▌그림 3-35▐ **차기 보병전투장갑차 야전 기동 시험평가**

그러나 교량을 통과하는 방법이 아니고는 다른 대안도 없었다. 왜냐하면 그 당시는 장거리 지속능력 시험 중이라서 출발지에서 이미 지나치게 멀리 와 버렸고, 우회할 도로도 없었으며, 또한 하천도 물이 너무 불고 유속이 급해서 통과가 제한되었다. 그렇다고 돌아가자니 거리가 너무 멀고, 또 시험이 지연될 가능성이 컸다. 그냥 현장에서 물이 빠지기를 마냥 기다릴 수도 없고, 어쩔 수 없이 교량을 통과해야만 하는 상황이었다.

시험평가관들이 다시 한 번 교량을 정밀히 살펴보고 야전 시험지원요원들과 상의해 본 결과 교량 위 좌측 방향은 조심해서 기동한다면 안전할 것 같았다. 또한 다행히 교량도 그다지 높지 않았다.

그래도 불안하여 기동 경험이 많은 시험지원부대요원이 유도하도록 하고, 조종수에게 교량통과중 만약 교량이 무너지면 장갑차가 균형을 잡도록 조향할 방향을 교육한 후 교량을 통과하도록 하였다. 유도자가 유도하는 가운데 장갑차는 천천히, 천천히, 아주 조심스럽게 다리를 통과할 수 있었다.[122)]

차기 보병전투장갑차 시험평가시에는 수상조종 시험도 위험을 무릅쓰고 진행하여 성공적으로 마치기도 하였다. 단순하게 수상기동을 하였을 뿐 아니라 전술적 운용개념을 고려해 수상기동간 공기부양장치를 일부러 파손시켜(1, 2, 4개소) 시험을 실시하였으나, 파손시킨 구멍으로 물이 유입되어 위험한 상황을 초래하였다. 1개소와 2개소를 파손하고 수상기동을 할 때까지는 이상이 없었지만, 4개소를 파손하고 기동할 때에는 물이 유입된 것이다.

또한 수상기동을 하면서 전투사격도 하였다. 위험한 상황은 오히려 수상에서 전투사격을 할 때보다 입・출수(入・出水)할 때 발생하였다. 즉 저수지의 입・출수 각도를 초과하는 가혹한 시험조건 하에서 시험을 실시하였는데, 장갑차 차체가 급격히 기울어 동력장치실 및 조종실로 물이 유입되는 현상이 발생하였다. 다행히 시험은 무사히 마칠 수 있었으며, 차기 보병전투장갑차의 뛰어난 성능을 입증할 수 있었지만 위험한 순간의 연속이었다.

차기 보병전투장갑차와 같은 기동시험은 전차, 장갑차, 자주포 등 궤도 장비 운용시험평가시에는 대부분 실시하고 있다. 예를 들어 K10 탄약운반 장갑차를 시험할 때도 눈 덮히고 얼어붙은 향로봉 전술도로를

---

122) 홍근호(육군시험평가단 차기 보병전투장갑차 주시험관), 2007년 10월 10일 구두진술, '장갑차가 완전히 다리를 넘는 순간까지 지켜보는 이들은 모두 오금이 저리고, 손에 땀이 맺히는 것을 느꼈다.'

기동하였다.

▌그림 3-36▌ **차기 보병전투장갑차 수상도하 시험평가**

또한 K10 탄약운반 장갑차로 화생방 상황에서 작전 가능성을 확인하기 위하여 햇볕이 쨍쨍 내리 쬐는 한여름, 그냥 서있기만 하여도 비오듯 땀이 나는 날씨에 장갑차의 햇치를 모두 닫고 수십 분을 기동하기도 하였다. 내부에 탑승한 시험요원의 몸은 땀으로 범벅이 되었음은 물론이다. 여름에 합참, 업체, 기술품질원 등 외부 손님들이 왔을 때 경험삼아 장갑차에 태우고 햇치를 닫은 채 수 분만 있으면, 숨이 차서 다시는 장갑차 탑승을 않으려 한다. 그만큼 고생스러운 일이지만 전시를 대비해 반드시 확인이 필요한 사항이기도 하므로 시험을 실시하고 있다.

또 다른 장면을 보자.

155밀리 대전차 지뢰살포탄 시험시 운용시험평가 주시험관은 사격후 사탄 분포를 확인하기 위해 야전부대 시험지원요원들의 만류에도 불구하고 표적지역을 일일이 도보로 답습하였다.[123] 비록 대전차 지뢰살포

123) 시험평가단에는 현역뿐 아니라 현역에서 군무원으로 전환한 군무원들이 다수

탄의 자탄이 언제 터질지 모르는 위험이 있지만, 시험평가관 마저 눈으로 확인하지 않으면 실제의 데이터를 속이는 결과가 되기 때문이기도 하고, 오랜 탄약분야 현역근무와 군무원으로서도 장기간 탄약분야 시험평가관으로서의 경험으로 안전하게 확인이 가능하다는 확신이 있었기 때문이었다.

15인승 고무보트의 경우 전·평시 해상침투 및 해상훈련 장비로 운용되는 장비의 특성상 서해상에 위치한 특수부대 훈련장에서 2005년 7월부터 8월까지 운용시험평가를 실시하였다. 비가 부슬부슬 내리고 파고(波高)가 1.5～2m인 악천후에 시험평가관들은 장비성능을 확인하기 위하여 고무보트를 바다에 띄워야 한다고 하고, 시험지원부대에서는 위험하니 안된다고 하여, 실랑이가 벌어지기도 하였다.

따라서 시험평가관들은 해상침투는 날씨가 좋을 때가 아니라 악천후에 해야 하고, 시험조건에도 파고 1～2m에서 운항이 가능해야 한다고 되어 있기 때문에 안전대책을 강구후 반드시 시험을 해야 한다고 시험지원부대를 설득하여 시험을 진행하게 되었다.[124)]

즉 고무보트 1대에는 시험지원요원과 주시험관 등 15명이 구명조끼를 착용한 채 탑승하고, 만약의 전복사태에 대비하여 고무보트 1대에 스쿠버 요원 3명을 탑승시켜 구조용으로 운항하였다.

시험평가관으로 근무하고 있다. 그것은 시험평가가 현역으로서 풍부한 야전경험도 필요하지만 시험평가관으로서도 장기간 충분한 경험을 통한 Know-How가 필요하기 때문이다.

124) 해군에는 황천기준이라는 것이 있다. 파고와 풍속에 따른 피함대상 기준인데 파고가 1.6～2m 일 경우는 PKLCV급 함정 이하는 피함하여야 한다. 육군 향토사단 해안대대에도 해상경비정이 있는데, 통상 파고 1m 이상일 경우는 운항을 중지한다.

악천후시 서해상 운항

▌그림 3-37▐ **고무보트 해상 적응 시험평가**

다행히 시험평가는 안전하게 종료하였고, 시험평가중 의외의 성과도 달성할 수 있었다. 하늘이 도와서 인지 시험평가 지역에서 익사직전인 민간인 2명을 구조한 것이다.

민간인 3명이 섬에 놀러 왔다가 고무튜브를 타고 수영중 높은 파고에 휩쓸려 온 것으로, 만약 시험평가를 진행하지 않았다면 발견하지 못했을 것이고, 용감하고 바다에 숙달된 특전사 요원들이 아니었다면 구조하지 못하고 그 지역에서 모두 익사했을 것이다. 특전사 요원들이 목숨을 걸고 바다 속으로 뛰어 들어가 다행히 2명은 구조할 수 있었다. 그러나 1명이 더 있다는 말을 듣고 1시간여 동안 주변을 수색하였지만 발견하지 못한 채 어둠과 기후관계로 복귀할 수밖에 없었다. 1명은 안타깝게도 며칠 뒤 훈련지역 인근의 다른 지역에서 사망한 채로 발견되었다.

한편, 1999년 운용시험평가를 실시한 화생방 '신형 개인제독 처리킽'[125) 시험평가에는 '제독제 양의 적절성' 항목이 포함되어 있었는데, 그 시험은 제독제를 몸에 바르고 시간 경과 후 인체 반응을 점검하는

125) 기존 KM258A1(피부) 및 KM13A1(개인장비) 제독킽의 기능을 통합한 대체물자이다.

것이었다.

운용시험평가관이 시험지원요원들에게 신형 개인제독 처리킽은 구형과 달라 발암물질이 없고 인체에 안전하며, 서울대학병원 임상시험센터의 임상시험결과도 인체에 영향은 없었다고 설명하고, 몸에 제독제를 바를 지원자를 모집하였으나 시제품이라는 선입견 때문인지 모두가 꺼려하고 나서지 않았다.

운용시험평가관은 자신이 먼저 솔선수범하여 분위기를 바꾸어야겠다고 생각하고, 시험지원요원들이 보는 가운데 제독제를 개봉하여 몸에 바르고 상태를 관찰했다. 잠시의 시간이 흐른 후 신체에 이상이 없다는 것을 확인한 시험지원부대 인원 11명이 추가로 지원하여 제독제를 몸에 발랐다.

7시간이 경과후 2명의 시험지원요원이 접촉성 피부염 증세 및 두드러기가 났다. 시험평가관은 2명의 환자로 하여금 사단의무대에서 진료를 한 결과 가벼운 피부증세 외에는 특이사항이 없다는 것을 확인하고, 원인을 분석하기 위하여 시험평가를 중단하고 제품을 보완한 후 국방과학연구소가 주관이 되어 국방과학연구소 연구원 및 업체인 삼양화학 직원 43명을 대상으로 피부제독 시험을 다시 실시한 결과 인체에 안전하다는 것을 입증해 주어 국방부에서도 인체 안전성을 피부전공 군의관 입회하 확인결과 인체에 위해하지 않으나 수분이 부족하여 그렇다는 사실을 확인하고 조치를 취한 후 2000년 4월 운용시험평가를 재개하였다.

재시험평가시에는 원주병원 피부과장의 협조지원을 받았으며, 시험지원인원 100명을 대상으로 피부제독시험을 실시한 결과 피부환자가 발생하지 않았다.

이처럼 시험평가시에는 전시 야전에서 사용가능성을 확인하기 위하여 혹한기와 혹서기 최악의 기상조건과 열악한 지형조건에서 때로는 위험을 무릅쓰고 시험평가를 진행한다. 그리고 탄약분야나 화생방 시험처럼 계절과 지형조건을 불문하고 그 자체가 위험 덩어리인 경우도 있다.

야전에서 다루는 무기체계가 위험이 없을 수 있으랴 만은 그래도 안전성이 현 수준으로 확보되는 것은 이처럼 보이지 않는 가운데 자신의 위험을 감수하고 시험평가를 진행하여 장비성능을 확인한 시험평가관들의 진한 땀과 가슴 졸이는 노고가 있었기 때문임을 기억해야 할 것이다.

"병사여 기억하라! 저 무기에는 우리의 땀이, 그리고 혼이 스며있다." 는 사실을 말이다.

4 관련기관간 유기적으로 협조해야 한다

혼자 모든 것을 하려는 기업들은 21세기에 공룡처럼 멸종될 위기에 있다.

- 로넨조 네치-

사업관리기관과 시험평가단의 사업관리 협조

잠깐! 사업관리기관이란?

• 사업관리기관

사업내용과 예산사용내역을 구체화하고 사업계획의 승인 준비로부터 종결시까지의 사업추진과 관련된 제반업무를 관리하는 기관(국방부, 합참, 각군, 기관 등)

- 사업관리부서

  사업내용과 예산사용계획을 구체화하고, 사업의 종결까지 사업추진과 관련된 제반업무를 주관하는 부서(사업추진을 조정 · 통제 · 지원)

  ※ 방위사업청 사업관리본부내 각 부서, 육본 전력부 등

조직의 진정한 성과창출은 각 부서와 구성원들간 경쟁과 협력의 적절한 균형과 조화에서 찾을 수 있다. 이런 개념을 표현하는 용어로 오늘날 경제학 쪽에서 사용되고 있는 것이 경쟁(Competition)과 협력(Cooperation)의 합성어인 코피티션(Co-Petition)이 있다.[126)]

한편, 조직 장벽과 부서이기주의를 의미하는 경영학 용어로 '사일로 효과(Organizational Silos Effect)'라는 말이 있다. 사일로는 원래 곡식을 저장해 두는 창고를 이르는 말인데, 부서들이 외부와 담을 쌓고 다른 부서와 협력과 교류 없이 내부적 이익만을 추구하는 모습이 마치 사일로와 닮아 있다는 데서 유래한 말이다.[127)]

조직 내에서 사일로 현상이 발생하는 원인은 첫째, 조직의 거대화나 근무지의 지리적 분산, 둘째, 과거와 비교할 수 없을 정도로 고도화 · 전문화 되는 업무 내용, 셋째, 성과주의로 인한 경쟁심리 등을 들고 있다.

조직 내에서 발생하는 부서간 장벽은 어쩌면 개인 간의 갈등과 마찬가지로 조직의 필연적인 현상일 수도 있다. 그러나 진정한 성과 창출을 위해 기업이나 집단은 평소에 부서간 장벽을 없애고, 경쟁과 협력을 균형 있게 이끌어 가는 코피티션(Co-Petition) 역량의 강화에 신경 쓸 필요가 있다.

---

126) 이는 예일대 배리 J. 넬버프 교수와 하버드대 애덤 M. 브랜든버거 교수에 의해 처음 사용된 용어로 하나의 기업이 타 기업과 경쟁과 협력을 동시에 수행할 때 보다 많은 승리의 기회를 가질 수 있다는 것이다.

127) 강진구, "조직 장벽을 극복하는 비결", 『LG주간경제』, (2007년 5월 9일), p. 3.

사업관리기관과 시험평가단은 사실 기업내 조직이 아니기 때문에 이런 경제이론이 전적으로 적용되지는 않을 것이다. 그리고 사업관리기관은 방위력개선사업에 있어 원칙적으로 시험평가단을 조정 · 통제하는 입장에 있다.

그러나 실질적으로는 직접적인 지휘관계가 아니므로 지시로 부서간 협력을 유도하는 것은 한계가 있는 것이 현실이며, 대부분의 업무는 상호 협조에 의해서 수행되고 있다. 이런 점에서 상호 추구하는 목표나 가치가 공통점도 있지만 차이도 있으므로 방위력개선사업 수행과정에서 때때로 갈등을 유발하기도 하고, 그것이 방위력개선사업을 지연시키는 요인이 되기도 한다.

만약 사업관리기관과 시험평가단이 서로의 차이점을 알고 해소하며, 공통점을 극대화 하여 상호 이해의 바탕위에서 업무를 수행한다면 방위력개선사업은 지금보다 훨씬 더 원활하게 수행될 수 있을 것이다.

그럼 방위력개선사업에 있어서 사업관리기관과 시험평가단의 공통점은 무엇이고, 차이점은 무엇일까?

우선 공통점은 사업관리기관과 시험평가단은 우수한 무기체계를 전력화해야 한다는 공동의 목표가 있다. 일반적으로 볼 때, 협력의 판단기준은 다른 사람의 목표가 나의 목표와 공통점이 있는지 여부이다. 그런 면에서 사업관리기관과 시험평가단은 협력을 위한 필요조건을 갖춘 셈이다. '공동목표를 공유하고 있는 조직은 공동목표 관리를 통해서 부서간 장벽을 허물 수 있다.'[128)]

다음으로 사업관리기관과 시험평가단의 차이점은 무엇일까?

그것은 첫째, 시험평가 준비 및 실시기간 설정, 둘째, 평가기준, 조건,

---

128) 프로젝트 관리 소프트웨어 업계의 글로벌 선도회사로 알려진 HMS Software사의 CEO 크리스 반데쉴러스의 말이다. 강진구, 앞의 글, p. 4에서 인용

방법에 대한 해석, 셋째, 예산(시제품 수량, 시험평가 예산조치 등), 넷째, 상호 업무영역과 수준에 대한 인정 정도에 관한 것이다. 이에 대해 자세히 살펴보면 다음과 같다.

첫째, 시험평가 준비 및 실시기간에 관한 입장 차이이다.

사업관리기관과 시험평가단은 사업 추진간 여러 가지 고려요소 중 시간(時間) 사용면에서 추구하는 우선순위가 다르다. 즉 사업관리기관에서는 사업관리를 하면서 전체를 봐야 하는 입장이므로 전력화 일정이 가장 중요하다. 전력화 일정을 충족하지 못하면 예산이 추가 소요될 뿐 아니라 심지어 연(年)도가 이월되면 사업예산까지 삭감될 수도 있다. 그러므로 사업관리기관은 전력화일정에 맞추어 때로는 사업을 조속히 추진하고자 하고, 시험평가도 전력화 일정에 맞추어 단축하여 추진하기를 시험평가단에 요구하게 된다.

그러나 시험평가단의 입장에서는 전력화 일정도 물론 중요하지만 무기체계의 성능충족이 중요하고, 성능충족 여부를 검증하고 평가하기 위한 준비 및 실시기간을 충분히 갖기를 원한다. 이러한 시험평가 기간문제는 시험평가에 대한 책임이 주로 시험평가단(관)에게 있기 때문에 책임문제와도 연관된다.

먼저 시험평가 준비기간은 관련자료 수집, 무기체계 기초연구, 시험지원부대와 협조, 시험계획 작성, 시험평가단 자체의 세미나 및 관련기관을 포함한 검토회의(계획검토회의, 준비검토회의), 계획보고 등의 업무가 이루어진다.

시험평가관들이 호소하는 큰 애로사항 중 하나가 시험평가에 관한 지침이 늦게 하달되기 때문에 자료수집 및 기초연구 시간이 부족하다는 것이다. 물론 시험평가관들이 오로지 하나의 사업만을 담당하여 소요제기시부터 시험평가 종료시까지 사업을 추진한다면 문제점이 없겠지만,

실제는 시험평가단에 부여된 사업에 비하여 인원이 부족하기 때문에 한 개 사업에 대한 운용시험평가를 진행하면서, 다른 사업에 대한 준비를 해야 하는 경우가 많다.

그나마 시험평가관이 해당분야에 지식과 경험이 많아 숙달이 되어 있다면 준비시간이 다소 짧게 소요되겠지만, 새로 전입 온 시험평가관도 있고, 사정에 따라서는 주(主)전담 분야가 아닌 사업에 대해서 시험평가를 해야 하는 경우도 있기 때문에 충분한 준비시간이 필요한 것이다.

더구나 오늘날의 무기체계는 차기 전차, 차기 보병전투장갑차처럼 대부분이 복합기능(지휘통제・통신, 감시・정찰, 기동, 화력, 방호)을 구비하고, 기술적으로도 발전하였기 때문에 개발장비의 원리, 구조, 성능확인 등 시험평가를 위한 기초연구에는 상당한 시간이 소요된다. 예를 들어 차기 보병전투장갑차는 궤도가 장착된 기동(지상・수상도하) 장비로 분류되나 통신・전자장비로 지상전술 C4I체계와 연동이 가능하고, 적의 위협을 자동 탐지・경보해주는 최첨단 적외선 센서, 피아식별기를 장착하였다. 또한 주무장인 40밀리 자동포외에도 부무장인 7.62밀리 기관총을 부착하였으며, 3세대 대전차 유도무기를 탑재할 예정이고, 화생방 양압장치, 연막탄 발사기를 탑재하고 있다. 주시험관은 부시험관의 도움을 받지만 이 모든 기능에 대하여 연구하여 내용을 이해하여야 한다.

실제 2001년 운용시험평가를 실시한 '전차포술 모의훈련장비'의 경우 주시험관이 2000년 10월 시험평가 계획을 작성하여 육군본부에 보고하기 3개월 전에 주시험관 임무를 부여 받아 확보된 자료를 가지고 연구하였으나, 시뮬레이터의 체계 특성상 영상, 구동, 음향, 운용 컴퓨터 시스템의 상호 연동작용 설계내용과 전문용어를 완전히 이해하는데 많은 어려움을 겪기도 하였다.

또한 시험평가계획 작성시에는 평가기준, 조건, 방법, 기간 등에 관해

관련기관간 의견이 달라 논의가 야기되면 합일점을 찾는데 많은 시간이 소요된다.[129)]

한편 시험평가 실시기간에 대한 논의 중 가장 대표적인 것이 전력화 시기와 관련하여 3계절 시험평가 실시여부와, 개발시험과 운용시험의 통합 여부이다.[130)] 시험평가 실시기간이 부족하게 되는 원인은 시험평가단에서 시험평가 준비기간을 충분히 길게 요구하고, 3계절 시험평가와 개발시험평가 후 운용시험평가를 요구하는 요인도 있지만, 시험평가 전(前)단계 즉 선행연구, 탐색개발이나 개발시험평가 실시 및 판정에 최초 사업관리자가 판단했던 것보다 훨씬 더 많은 시간이 소요되었기 때문에 전력화 일정에 맞추려다 보니 시험평가 기간을 단축할 수밖에 없는 경우가 오히려 많다. 시험평가 실시는 무기체계 성능입증을 위하여 최소한 일정기간의 시간과 노력이 필요하다. 특히 복합무기체계의 경우 시간이 더 소요된다. 단순히 예산 및 전력화시기에 맞추어 시험평가 실시기간을 단축하려고만 하면 시험평가가 부실화 될 수도 있다. 따라서 시험평가단에서도 과도하지 않게 시험평가 실시기간을 판단해야겠지만, 사업관리기관에서도 적정 시험평가 실시기간이 얼마 정도인가를 판단하여 확보해주어야 한다.

둘째, 사업관리기관과 시험평가단은 때때로 작전운용성능 등 시험평가기준, 조건, 방법에 관한 의견차이가 있다.

---

129) 평가기준, 조건, 방법 등의 이견에 대한 내용과 사례들은 이 책 제Ⅲ장 및 197쪽 참조

130) 오늘날 시험평가 발전방향은 무기체계 개발기간 단축을 통한 개발비용 절감을 위하여 운용시험평가관이 소요결정단계부터 조기에 사업에 참여하고, 개발시험과 운용시험을 시험평가 기획에 의거 통합하도록 요구하고 있다. 그러나 이때의 통합은 무기체계의 임무완수 가능여부(성능충족여부)를 판단하기 위하여 사용환경, 즉 야전환경에서의 통합이 되어야 한다. 3계절 시험평가에 관해서는 이 책 제Ⅲ장 167쪽 참조

시험평가단에서는 가능한 논란이 예상되는 사안에 관해서는 사업관리기관에서 시험평가기준, 조건, 방법에 대해 구체화 하여 지침을 통보해 주기를 원한다. 그러나 사업관리기관은 현실적으로 타 업무수행 등의 이유로 시간이 부족하여 작전운용성능만 설정해 줄뿐이지 기타 시험평가기준, 조건, 방법을 구체화 해주기 어려운 실정이다. 따라서 시험평가단에서는 통상 사업관리기관으로부터 지침없이 시험평가계획을 수립하게 되며, 시험평가계획 수립 후, 심지어는 시험평가 도중이나 시험평가 후에 지침이 통보되는 경우도 있고, 지침이 변경되는 경우도 있다. 사업관리기관의 지침이 없거나, 지침이 통보되더라도 의사결정 지연으로 적시성이 없는 경우는 시험평가 지연 및 예산낭비의 원인이 된다. 사업관리기관의 지침이 없는 경우 시험평가관은 과거 시험평가자료나 교범, 미국이나 나토의 시험평가 기준・절차 등을 참고하여 시험평가계획을 만들게 된다. 그런데 기존에 유사한 무기체계가 있다면 문제가 없겠지만, 유사한 무기체계가 없다면, 즉 새로운 개념의 무기체계라면 시험평가 기준・조건・방법을 수립하기가 쉽지 않고, 수립한 후에도 개발기관(국과연, 개발업체) 등과 견해차이로 많은 논란이 야기되어 시험평가가 제한되거나 지연된다. 예를 들어 2007년 10월 현재 시험평가중인 '차기 복합형소총'은 배율이 있는 조준경・열상장비, 레이저 거리측정기가 부착되고, 총열길이가 기존 K-2나 M16A1에 비해 현저히 차이 나므로 기존 소총과는 개념이 다른 소총이다.[131)] 만약 K-2 소총을 시험평가 한다면 기존 사용하던 M16A1 소총과 비교시험하면 되지만, '차기 복합형소총'을 시험평가 한다면 K-2 소총이나 M16A1 소총과 단순 비교하는 것은 곤란하다. 이 경우 사용군의 입장을 대변하는 시험평가단에서

131) 차기 복합형소총 형상은 이 책 제Ⅲ장 〈그림 3-19〉를 참조

는 차기 복합형소총이 야전환경에서 기존 소총 성능보다 훨씬 우수해야 하며, 평가기준도 그렇게 정해야 하고, 야전사격장에서 야전에서 사격하는 방법대로 사격하여 실제 시험평가시 성능이 입증되어야 한다고 주장하지만, 개발기관에서는 평가기준과, 평가방법에 대해서 이견이 있다. 이 경우 양개 기관이 납득할 만한 '기존 성능보다 우수하다'는 기준을 설정하기도 쉽지 않고, 평가방법을 찾기도 쉽지 않다. 그래서 그 기준을 합격기준으로 할 것인가, 단순한 참고치로 적용할 것인가를 두고 설전이 벌어지기도 한다.

한편, 때로는 평가기준의 가장 기초적인 근거가 되는 작전운용성능 자체도 시험평가를 위해서는 구체화가 미흡하여 구체화가 필요하거나, 수정이 필요한 경우도 있다. 그 경우 시험평가단에서는 작전운용성능의 수정이나 보완, 추가지침을 사업관리기관에 요구하지만, 현 규정상 수정 절차가 너무 까다로워 사업관리기관에서는 수정을 꺼리는 실정이다.[132)]

셋째, 사업관리기관과 시험평가단은 예산에 관련된 입장 차이가 있다. 즉 사업관리기관은 비용, 성능의 위험성, 생산계획을 포함한 전력화 목표시기 등을 모두 고려하여 사업을 진행시키지만, 시험평가단은 최종 사용자인 사용군의 입장에서 체계의 성능 수준과 야전배치 후 임무완수 가능성에 많은 관심을 두고, 체계의 가격이나 생산계획에 대해서는 관심을 덜 가진다. 비용 측면에서 사업관리기관에서는 예산을 절약하기 위해서 무기체계 시제품(試製品 : 장비, 탄약 등)의 수를 줄이려하는 반면, 시험평가단에서는 성능 입증을 위해 충분한 수량의 시제품을 원한다.[133)] 표

132) 작전운용성능에 관하여는 이 책 제Ⅲ장 95쪽 참조

133) 통상 시제품의 가격은 전력화 된 이후 양산된 제품보다 무척 비싸다. 예를 들어 개발 중인 어떤 무기체계의 시제탄약은 전력화 이후는 단가를 약 7~8만 원으로 예상하는데, 시제탄약은 열배인 80만 원이고, 화기는 전력화 이후 1,300만 원 정도로 예상하지만 시제품은 1억 2,000만 원을 호가한다.

본조사에서도 그렇지만 시험대상의 수가 많아지면 그만큼 신뢰도가 증가될 수 있으나 시제품이 제한된다면 평가의 근거자료로 제시하기 곤란하기 때문이다.

1998년과 1999 운용시험평가를 실시한 '전차장 열상조준경'의 경우 최초 '주포사격시 명중률' 항목이 작전운용성능에 누락되어 체계개발동의서에도 포함되지 않았으므로, 이후 시험평가단에서 군 운용의 적합성에 포함하여 시험평가를 실시하였다. 운용시험평가관들이 사업관리기관, 국과연 등과 협조하여 시험탄약을 확보하려고 노력하였지만 탄약의 가격, 추가 생산의 제한 등 여러 가지 사유로 30발로 제한되었다. 명중률을 측정하기 위하여 기동간 사격 주간 5발, 야간 10발, 정지간 사격 주간 5발, 야간 5발을 사격하였으나 그 수량으로 성능을 입증하기 위한 근거자료치로 제시하기에는 부족하여 단순 참고치로 제시하게 되었다.

2007년 10월 현재 시험평가중인 '차기 복합형 소총'의 경우 20㎜ 시험용 탄약이 최초 체계개발동의서에 100발로 되어 있어 계획된 시험평가 항목들을 수행하기에는 부족하므로 운용시험평가관들이 수량을 증가시켜 줄 것을 요구하였으나, 부족하지만 140발로 40발 늘리는 것도 방위사업청, 육본 사업관리기관, 국방과학연구소와 수차례의 힘든 논의 과정을 거쳐 해결할 수 있었다.

2001년 운용시험평가를 한 '전차포술 모의훈련장비'의 경우 시험장비 1대를 가지고 기술·운용시험과 전력화지원요소 시험을 동시에 실시하다 보니 시험진행상 상호 영향을 미치는 요소도 발생하고, 분해·조립에 따른 장비 가동제한 현상이 많이 발생하여 시험평가 시간이 부족하였다.

'체계개발동의서' 등 장비나 탄약의 시제수량을 결정하는 문서는 통상 시험평가 실시 3년 전 정도에 작성이 된다. 따라서 시험평가 당시의 환경과는 실무자도 다를 수 있고, 평가환경이 변화될 수도 있다. 또 시험평가단에서도 체계개발동의서를 검토를 한다고는 하지만, 실제는 방위사업청 주관으로 소요군의 사업관리기관과 연구개발 주관기관(국과연 주관 연구개발일 경우 국과연, 업체주관 연구개발일 경우 주계약업체)이 작성하고, 확인 서명하므로 시험평가에 필요한 내용이 누락되거나 잘못 작성되는 경우도 있을 수 있다. 따라서 시험평가 관련문서 작성시에는 시험평가기관에서 충분히 검토할 시간을 부여해주고, 검토한 의견을 반영해 주도록 하여야 한다.

한편 시험평가 예산과 관련하여 사업관리기관과 시험평가단 사이의 의견 차이는 앞에서도 언급하였지만 시험평가 기간에 관계된 것이다. 사업관리기간에서는 시험평가 결과판정이 지연되거나 시험평가 후속조치가 지연되면 전력화가 늦어지므로 사업관리를 위해 추가로 더 많은 예산이 필요해진다. 따라서 사업관리기관에서는 보완요구사항을 최소화 하여 결과판정 및 후속조치를 하려는 입장이 된다. 그러나 시험평가관 입장에서는 발견된 모든 결함(보완요구사항)이 조치된 후 전력화되기를 원한다.

마지막으로, 사업관리기관과 시험평가단간의 차이점은 상호 업무영역과 업무수준에 대한 인정 정도에 관한 것이다. 사업관리기관에서는 암암리에 '시험평가단은 사업관리기관의 조정 · 통제를 받는 하위기관인데, 그리고 사업 전체를 보는 눈은 우리가 훨씬 나은데 왜 우리말을 듣지 않는 거야?' 하는 인식을 가지는 경우가 있다. 반면 시험평가단은 '우리는 시험평가에 전문지식을 가지고 있는데, 사업관리기관은 전반적인 사업관리를 하며 수박 겉핥기를 할 뿐, 세부적인 것은 모르지 않는가? 또, 엄밀히는 상위기관도 아니지 않는가?' 하는 인식을 가진다. 그리고 통상은 서로가 책임문제와 연계하여 자신들의 업무영역이 더 중요하다고 생각하는 경향이 있다. 이러한 의식들 때문에 서로를 인정하지 못하고, 사업관리과정에서 작은 마찰로 나쁜 감정이 쌓이면, 그것이 증폭되어 전체 사업에까지 영향을 미치는 경우가 있다.

이러한 경우 사업이 정상적으로 집행되고, 성공적으로 종료된다면 궁극적으로는 묻혀 질 수 있지만, 사업이 지연되거나, 문제가 야기될 경우에는 양개 기관간 책임소재의 문제로 갈등을 야기하기도 한다.

지금까지 사업관리기관과 시험평가단의 차이점에 대해 하는 이야기로 판단하여, 혹여 일부 사업관리자나 관련자들이 '시험평가단은 말 그대로 전력업무의 발목을 잡는 존재, 사사건건 사업관리기관과 대립하는 존재'로 비쳐질까 우려된다. 그러나 시험평가단은 협력(協力)의 주체이지, 결코 대결(對決)의 주체가 아니다. 시험평가단도 사업을 빨리 진행하여 국방예산을 절감하고, 우수한 무기체계가 조기에 전력화되기를 원한다. 그러나 철저한 검증이 시험평가의 목적이므로 임무에 최선을 다하고자 할 뿐이다.

지금까지 사업관리기관과 시험평가단 간의 공통점과 차이점(입장 차이)를 알아보았다. 우리는 원인을 알면 해결책도 모색할 수 있다. 사업관리기관과 시험평가단은 서로의 공통점을 극대화 하며, 서로의 차이점을 알고 해소하여 전력업무를 성공적으로 수행할 수 있도록 노력하여야 한다. 우선, 사업관리기관과 시험평가단은 우수한 무기체계를 전력화해야 한다는 공동의 목표가 있다. 사업관리기관(특히 방위사업청 사업관리본부 또는 분석시험평가국)과 시험평가단은 서로 물리적으로 이격되어 있으나, 상호 전화나 방문(회의, 세미나 참석 등), 시험평가 현장에서 자주 만나 대화의 물꼬를 터야 한다. 그런 공동목표 하에서 서로의 입장을 서로 이해하는 노력을 기울여야 한다. 역지사지(易地思之)하여 서로 상대방의 입장이 되어 보면 알 것이다. 사업관리자의 입장에서는 시험평가를 하려면 어느 정도의 준비기간이 필요한지, 실제 수행하기 위해서는 어느 정도 기간이 필요한지, 시험평가단과 개발기관(국과연, 업체 등)과 협조를 위해 사업관리자가 도와주어야 할 일들은 없는 지 등을 고민하여 조치해주어야 한다. 그리고 시간적인 여유를 가지고 시험평가 준비, 계획수립을 위한 기준 · 조건 · 방법 및 예산, 시험평가 실시 등에 대한 지침을 하달해주어야 한다.

반면 시험평가관의 입장에서는 사업관리자로서의 지금 현재 입장이 어떤지를 살펴야 한다. 시험평가 기간 단축을 요구한다면 기술적으로 검토하여 가능한 범위 내 단축할 여력이 없는지, 설정해 놓은 시험평가 항목들이 모두 꼭 필요한 것인지 확인하여 조치가 가능하다면 조치하여야 한다. 또한 시험평가 기준 · 조건 · 방법 · 예산 등에 관해 지침이 없거나 다소 지연되더라도 지침 하달만 기다리지 말고 시험평가단에서 자체 대책을 강구한 후 사업관리자와 서로 대화를 통해 문제를 해결하도록 노력해야 한다. 인간의 마음속에는 경쟁심과 자존심이 있다. 그리고 그러한 경쟁심과 자존심이 보다나은 성과를 낳는 원동력으로 인류사회를 발전시켜 온 한 요인으로 작용해 왔다. 그러한 의미에서 개인과 개인, 조직과 조직간 "약간의 긴장감을 유지한다"는 것은 좋은 일이다.

방위력개선사업에서도 종사자들 사이에서의 적절한 긴장감은 오히려 서로를 견제하고 보완하여, 공정하고 성공적인 사업관리를 가능하게 하는 원동력이 될 수 있다. 그러나 이러한 긴장감이 지나치게 강조되면 조직에 해악(害惡)이 된다. 사업관리기관과 시험평가단은 공동목표 의식 아래 상호 따뜻한 배려를 가지고 협조하여, 유종지미 (有終之美)를 꿈꾸는 지기지우(知己之友)가 되어야 한다. "친구여! 서로 뜻과 힘 모아, 전력화 성공의 그 날 우리 함께 격려와 축하의 축배를 들자!"

시험평가단과 개발기관 및 기술지원기관의 협조[134)]

시험평가단과 개발기관은 평가를 하는 평가자와 피평가자의 관계이다. 예를 들어 개발기관에서 전차를 개발했다면 자체 개발시험을 거쳐 합격한 후, 사용자인 소요군(所要軍)의 시험평가단에서 실제 운용환경에서 사용하기에 적합한지 여부를 평가하게 된다. 그리고 기술지원기관은 시험평가시 기술지원을 하는 입장이다.

그러나 시험평가단과 개발기관(특히 국방과학연구소)은 대립의 관계가 아니라, 성능면에서도 우수하고 비용면에서도 만족할 만한 무기체계를 획득한다는 공동목표를 가진 방위력개선사업의 동반자적 관계이다. 어쩌면 사업관리기관이라는 마부가 이끄는 쌍두마차의 두 마리 말 또는 양 바퀴에 비유할 수 있을 것이다. 방위력개선사업의 동반자적 관계는 기술지원기관도 마찬가지이다. 그러므로 각 기관간에는 때로는 적절한 견제가 필요하기도 하지만, 많은 면에서 상호 긴밀한 협조를 해야만 성공적으로 공동목표를 달성할 수 있다. 이러한 협조에는 첫째, 적정(適正) 무기체계를 개발하기 위한 관련 지식과 자료의 공유, 둘째, 적기(適期) 전력화를 위한 사업일정 협조, 셋째, 기타 인력, 지원장비 및 시설 협조 등을 해야 한다. 이를 좀 더 구체적으로 살펴보면 다음과 같다.

첫째, 적정(適正)한 무기체계를 개발하기 위해 상호 필요한 지식과 자료를 공유하여야 한다.

개발기관이나 기술지원기관에서는 기술적인 능력을 보유하고 있지만, 사용군의 요구사항과 실제 야전환경에 관한 경험, 지식이나 감(感)이

---

134) 무기체계 개발기관은 무기체계 연구개발을 수행하는 주관기관에 따라 국과연(국관연주관 연구개발) 또는 업체(업체 주관 연구개발)로 구분할 수 있고, 기술지원기관은 기술품질원, 국과연(비무기체계, 업체투자연구개발 사업), 국방연(국방정보화 관련사업) 등이 있다.

부족할 수 있다. 반면에 시험평가단은 개발무기체계의 기술적 원리나 한계, 기술적으로 구현이 가능하더라도 비용이 가용 예산을 초과하는 경우에 대한 지식이 부족하다. 상호 의견교환이 부족할 경우 개발기관은 야전운용환경과 동떨어진 무기체계를 개발할 수도 있고, 시험평가단은 기술적으로 제한되는 과도한 평가기준과 방법을 적용할 수도 있다.

따라서 각 기관은 개발시험평가 및 운용시험평가 과정뿐 아니라 무기체계 획득 전(全) 과정에서 서로 필요한 내용에 대한 충분한 의견과 자료를 교환을 하여 상호 이해의 바탕 위에서 시험평가를 진행하여야 한다.

둘째, 적기(適期) 전력화를 위해 사업(시험평가 포함) 일정을 협조하여야 한다.

이를 위해서는 우선 상대방에서 필요한 사항에 대한 요구시 적기에 지원을 할 수 있도록 최대한 노력하여야 한다. 시험평가단과 개발기관은 전력화 과정에서 상호 시험평가계획이나 자료 지원 요구, 계획 · 결과 검토를 포함한 검토의견 요구, 시험장비 · 시험지원장비 및 기술지원, 시험장 지원 등 상호 필요한 사항에 대한 요구를 할 수 있다. 이에 대한 반응이 지연되면 사업이 지연되는 요인도 되지만 상호 업무를 부실화시키는 요인도 된다. 예를 들어 개발시험평가계획이 운용시험평가를 주관하는 시험평가단에 늦게 접수되어 운용시험평가계획 수립이 지연되거나, 내용이 부실해지는 경우가 발생하고,[135] 반대로 운용시험평가계획이 개발시험평가 주관기관인 국방과학연구소에 늦게 접수되어 입회계획 작성이 지연되고 내용에 대한 타당성 검증이 미흡해지는 경우도 발생하고 있다.

---

135) 2001년 시험평가를 실시한 '전차포술모의훈련장비'의 경우 개발시험평가계획이 운용시험평가계획 작성 후에 접수됨에 따라 시험평가단에서 통합시험 일정계획 수립이 곤란하였다.

또한 개발시험과 운용시험이 통합되어 실시될 경우 주관부서의 계획이 입회부서에 통보되어 입회계획이 수립되어야 한다. 그러나 1998년 개발시험과 운용시험평가가 통합되어 국방품질연구소 주관으로 실시된 '전자전장비 탑재 다목적 전술차량 기술시험'의 경우는 주관부서에서 시험평가단에 시험평가계획이 통보되지 않아 입회계획 판단 및 예산판단에 애로를 겪기도 하였다.

한편 시험장비 지원이 늦어져 시험이 지연되는 사례도 종종 발생한다. 예를 들어 2000년 운용시험평가를 실시한 '다중채널 무선장비'의 경우 운용시험 착수 전에 시험대상 장비 전량을 시험지원부대에 인계하여야 하지만 업체에서 시제장비 자체 성능시험 지연으로 일부장비를 시험착수 2주 후에 인계하여 시험진행이 지연되고, 혼란을 초래 하였다.

또한, 2000년 8월부터 12월까지 개발시험과 운용시험평가를 병행 실시한 '개인화기 주 · 야간조준경'의 경우 시험장비 중 열상장비가 계획된 일정에 시제가 준비되지 않아 8월달에 약 4주간 개발시험을 별도로 수행하여, 사전계획된 '하계 강우시 탐지거리 비교시험'이 지연되었다.

따라서 시험평가단과 개발기관은 상대방에서 무엇을 요구할 때 자신의 일에 우선하여 지원을 하여야 하고, 지원을 요구하는 측에서도 어떤 지체시간을 고려하여 충분한 여유를 가지고 요구를 하여야 한다. 요구사항에 대한 지원 지연 외에도 시험평가단과 개발기관간 상호 업무수행 중에는 적기 전력화를 저해하는 요인들이 있다. 그것은 자기 의견만 주장하여 시험평가 기간을 설정하거나 시험평가 내용(항목, 평가기준, 절차, 방법 및 결과)에 대한 의견교환 과정에서 양보를 하지 않고 고집만 부리는 경우이다. 시험평가 기간은 사업관리기관에서도 관심을 가지고 판단하겠지만 시험평가단과 개발기관 상호간에도 가능한 기간을 단축할 수 있도록 우선 통합시험평가를 고려하고, 통합시험평가가 불가할 경우는 최대한 개발시험과 중복되는 항목은 개발시험으로 대치하거나 개발시험 시 입회하여 확인하도록 정보를 교환하고, 사업관리기관에게도 알려주어야 한다.

다음으로 시험평가단과 개발기관간 의견이 상이할 경우는 무엇이 타당한지 또는 적절한 해결방안은 무엇인지를 찾기 위해 많은 시간이 소요될 수 있다. 따라서 불가피한 경우를 제외하고는 최대한 양보하여 절충점을 찾도록 노력하여야 한다. 위의 두 가지 협조과정(適正 · 適期)에서 상호 의견이 다를 경우 때로는 사업관리기관(방위사업청 등)의 적절한 조정 · 통제가 필요할 수도 있다.

셋째, 시험평가단과 개발기관, 기술지원기관은 인력, 지원장비 및 시설 등에 대한 협조를 하여야 한다.

시험평가단은 시험장비, 실험장 등 기반시설뿐 아니라 기술적인 전문지식을 갖춘 연구진을 자체 보유하고 있지 않으므로 운용시험평가를 하기 위해서는 국과연, 기품원, 국방연 등의 기술지원을 받아야 하는 경우가 많다.

국방전력발전업무규정 제2절 '업무분장'에는 이들 기관들의 기술지원을 명시하고 있다.[136] 그러나 시험평가단과 이들 기술지원기관은 상호 조정 · 통제의 권한을 보유하고 있지 않으므로 협조에 의해 업무를 추진할 수밖에 없는 실정이다.

국과연이나 기품원 등이 개발시험평가기관으로 사업에 공동참여 하는 경우는 상호 원활한 협조가 이루어지지만 무기체계중 업체투자 연구개발 사업이나 비무기체계 사업의 경우 시험평가단이 기술지원기관의

136) 방위사업청의 방위사업관리규정(2007)에는 업무분장 조항이 포함되어 있지 않으며, 육군 전력발전업무규정에는 '업무분장' 조항이 포함되어 있으나 실질적인 조정 · 통제 관계가 아니므로 기술지원기관을 구속할 수는 없다.

지원을 받기는 현실적으로 쉽지 않다. 그것은 이들 기술지원기관들도 타 사업 수행으로 연구진들이 가용시간을 염출하기가 쉽지 않고, 시험장비나 시험장도 충분히 확보되어 있지 않아 일정에 맞추어 활용되고 있다는 현실적인 이유 외에도, 시험수행 후 책임이나 예산문제 등도 잠재적으로 지원을 제한하는 요소로 작용하고 있다. 이들 기관의 시험장비가 비록 여유가 있더라도, 장비의 고가성(高價性), 시험평가단 인원들의 전문적 운용능력 부족으로 인해 대여도 쉽지 않다. 또한 무기체계에 대한 연구개발기관인 국과연의 입장에서는 각 군에 위임된 사업인 비무기체계인 경우 관심이 덜 가는 것이 어쩌면 당연하다.

따라서 시험평가단은 때때로 업체에 요구하여 필요한 시험장비를 지원받고 있으며, 업체요원 또는 업체가 선정한 요원(대학이나 관련기관)들에 의해 시험을 진행하고 있다. 이 경우 시험평가단의 시험평가관들 나름대로는 사전 철저한 연구를 하여 시험과정과 결과를 검증하고 있지만, 애로가 있는 것이 현실이다. 예를 들어 2006년 운용시험평가를 한 비무기체계 사업(교보재)인 '폭발효과 묘사탄'과 '소화기 소음기'의 경우 시험항목에 '폭발(총기)소음' 측정이 포함되어 있었다.

최초 사업관리부서인 육군본부 정보작전지원참모부에서는 야전시험지원부대에 소음측정 인원 · 장비를 지자체와 협조할 것을 주문하였으나 지자체도 소음측정장비 지원만 할뿐 인원지원은 하지 않아 전문지식 부족으로 시험장비를 운용하기 제한되었고, 그나마 일부 지자체에서 지원한 장비는 고장이 나서 사용할 수가 없었다. 시험평가단에서 소음시험 전 기술품질원, 국방과학연구소와 한국기계연구원등에 지원을 요청하였으나 기술품질원은 장비 미보유 및 측정능력 부족, 국방과학연구소는 인원 · 장비는 보유하였으나 타 시험일정 관계로 인원 · 장비지원이 제한된다고 응답이 왔다. 한국기계연구원은 시험가능 일정도 시험평가단이 원하는 시기와 차이가 있었고, 추가적인 비용을 요구하여 사업관리부서인 정작부와 협조하였으나 비용염출이 제한되었다. 결국 시험지원기관의 지원을 받지 못하고 시험은 업체에서 보유한 소음측정기를 사용하거나, 업체에서 대학 또는 소음측정 전문업체에 협조하여 소음측정을 하였다.

시험평가를 해야 하는 시험평가단의 입장에서는 소음측정기, 측정요원 등 전문시험장비와 요원들을 자체 보유하는 것이 가장 바람직하다. 그러나 현실적으로 단기간 내 그것은 실현되기 어려우므로 시험지원기관에서도 나름대로의 제한사항은 있겠지만 최대한 시험평가단의 지원요청에 응해주어야 한다.

참고적으로 미국 육군 시험평가사령부(ATEC)는 운용시험 사령부(OTC) 외에도 개발시험 사령부(DTC)가 조직 내에 자체 편성되어 있어 개발시험을 실시할 수 있는 기술적인 능력까지 갖추고 있다. 미국 육군시험평가사령부(ATEC)는 운용시험사령부(OTC)와 개발시험사령부(DTC) 외에도 육군평가센터(AEC)까지 보유하고 있으므로 하나의 지휘체계 내에서 지휘통일, 일관성, 신속성을 가지고 개발시험평가와 운용시험평가의 통합도 가능하고, 그에 따라 시험평가기간 및 획득기간 단축도 가능한 조직으로 편성되어 경제성, 효과성도 달성할 수 있으며, 독립성도 유지할 수 있다.[137] ATEC 자체의 자랑대로 명실공히 육군의 미래전투체계 발전을 선도하는 조직이다. ATEC은 업체에 시험평가를 의뢰하는 경우는 없고, '시험평가 간에는 절대 사업자를 만나지 않는다.'는 원칙이 있다. 이것은

---

137) ATEC 편성에 대해서는 이 책 pp. 63～68 참조. ATEC 편성은 1999년에 육군 시험평가업무의 발전방향으로 최종 확정되었다. ATEC은 육군의 시험평가업무를 하나로 통합함으로서 시험평가에 대한 모든 것을 계획하고 시행하는 유일무이한 조직이 되었다.

ATEC 자체 충분한 능력을 보유하였기 때문에 가능한 일이다. 사업자를 만나지 않을수록 중립성, 독립성을 유지할 수 있다. 물론 ATEC 자체에서 100% 기술충족이 가능한 것은 아니다. 그 경우, 즉 기술부족이 예상되면 민간기술자를 계약 고용하여 운용한다.[138]

한국도 장기적으로는 개발시험평가와 운용시험평가의 실질적인 통합, M & S의 실질적인 적용을 통한 획득기간 단축 및 개발 무기체계 성능보장을 위해서 ATEC 조직편성을 검토하여 시험평가단 조직을 개편할 필요가 있다.

한편, 단기적으로는 신뢰성 있고, 효율적인 시험평가 업무수행을 위하여 시험평가단에 필요한 시험평가 인력, 장비, 시설 등을 보강할 필요가 있다고 본다.

잠깐! 미국 육군 개발시험사령부(DTC)는?

• 역사

1998년 11월 18일 미 육군참모차장은 개발 및 운용시험의 합병을 승인했다. 그 결정으로 1999년 10월 1일 기존의 운용시험평가사령부(OPTEC)가 육군시험평가사령부(ATEC) 로 명명되게 되었고, 물자사령부(AMC)에 소속되어 있던 시험평가사령부(TECOM)는 메릴랜드 Aberdeen 실험장에 위치한 개발시험본부와 함께 육군 개발시험사령부(DTC)로 명명되어 ATEC의 주요 예하사령부가 되었다.

• 편성 및 능력

미 육군 개발시험사령부는 시험을 위한 모든 실험장을 제공할 수 있는 능력을 자체 구비하고 있다. 즉 개발시험사령부는 열대/한대지역시험센터, 항공기술시험센터, 전자시험센터 등 9개 시험장 및 시험센터로 구성되어 있고, 각 시험장별로 야전운용환경과 유사한 넓이 · 형태와 시설의

138) ATEC에서도 업체와의 기술개발을 위한 협조는 계속하고 있다.

실(實)시험장, 첨단기술의 장비 외에도 M&S(모델링 & 시뮬레이션)을 확대 적용하기 위하여 가상실험장(Virtual Proving Ground)을 설치 운용하고 있다.

이러한 시험장(센터)들의 능력은 국방성을 포함한 미 정부조직, 대학 공학부, 자동차 등 공업생산자들을 선도하는 수준이다.

시험평가단과 시험지원부대 협조

시험평가 실시단계에서 아주 중요한 분야가 시험지원부대의 역할이다. 이는 시험지원부대가 사용자의 입장에서 꼼꼼히 살펴보고 문제점을 파악해줌으로써, 개발기관에서 전력화 이전에 이를 개선하여 성능이 우수하고 운용시 문제점이 없는 무기체계를 개발할 수 있기 때문이다. 시험지원부대는 야전부대나 학교기관 등을 말하며, 이들 기관에서 숙달된 요원들을 사전에 교육시키고 지원 받아야만 원활한 시험평가를 진행할 수 있다.[139] 그러므로 비록 시험평가 업무는 야전부대나 학교기관의 고유수행임무가 아니고, 시험평가 수행기관(시험평가단, 국방과학연구소, 기술품질원 등)과 시험지원부대는 지휘체계가 상이하지만 야전부대나 학교기관이 시험평가부대로 선발되면 최대한 지원을 아끼지 말아야 한다. 그런데 시험평가는 안전성이 입증되지 않은 무기체계(무기, 장비, 물자, 탄약 등)를 가지고 업무를 수행하므로 안전사고의 위험성도 크고, 시험평가 대상이 차기에 군에서 운용될 무기체계라 할지라도 현재 부대가 수행해야 할 고유임무에 지장을 초래할 수 있어 지휘부담을 많이 느낄 수 있다. 그리고 전력업무에 종사해 보지 않은 대부분의 야전부대 근무자들은 시

139) 공군에는 시험평가 전대(戰隊)라는 별도의 시험평가부대가 있어 시험평가업무를 전담하여 수행하지만, 육군은 시험평가단에 시험평가관만 있을 뿐 시험지원부대가 별도로 편성되어 있지 않다.

험평가 절차가 생소하기 때문에 선뜻 시험평가지원을 위하여 나서기가 어려운 실정이다.

이처럼 시험평가 수행부대와 지원부대는 시험평가라는 동일한 사안을 두고 상이한 입장이 될 수 있기 때문에 상호간의 긴밀한 협조가 더욱 철저히 요구된다.

시험지원부대의 비협조로 문제점이 야기되었던 몇 가지 사례들을 살펴보자.

2000년 운용시험평가를 실시한 '정찰용 무인항공기(UAV)'의 경우 시험평가관들이 시험평가 실시전 육본에서 지시된 인원, 장비에 대하여 현지 부대를 방문하여 사전 협조를 요청했음에도 불구하고 지원이 되지 않아 어쩔 수 없이 업체요원으로 대체하여 임무를 수행하는 사례가 발생하였다. 따라서 시험평가관들은 보완해야할 사항을 많이 도출해야 할 입장이었지만 시험지원부대 인원들의 경험요소를 활용하지 못하게 되었으며, 업체에서는 장비체계의 취약성과 제한사항에 대해 노출을 꺼리는 입장이므로 시험평가관들은 보완사항을 찾기 위해 더 많은 신경을 써야 했고, 업체와도 치열한 신경전을 펼쳐야만 했다. 또한 설치 및 운용절차 등 기술교범의 적합성은 사전 교육받은 군 운용요원에 의하여 검증되어야 하나 조종사 요원이 사전 선발되지 않아 업체요원이 조종하였으므로 실질적인 검토가 이루어지지 못하였다. 이런 무기체계의 경우 전력화 된 후 잦은 보완사항이 노출되는 것은 어쩌면 실사용자인 시험지원부대에서 사전에 세밀히 검토하지 못한 결과가 아닌가 생각된다.

한편, 2001년 운용시험평가를 실시한 '전차포술 모의훈련장비'와 '전차조정 모의훈련장비'의 경우에는 시험평가관들이 계획수립을 위한 관련자료 사전 검토결과 포술훈련 시나리오의 종류가 500개나 되어 너무 많고, 내용도 타당성이 있는지 의문이 가는 사항들이 많았다. 그에 대해 시험평가 전에 시험지원부대(실제 장비를 운용할 부대)에 검토의뢰 하였으나, 해당부대 실무자는 미온적인 태도를 보였고, 형식적인 검토를 하여 시험평가단에 답신을 보내왔다. 그 이유는 해당부대 실무자의 입장에서는 현행 업무가 중요하고, 시험평가단의 검토의뢰는 부가적인 업무일 뿐이며, 시험평가의 중요성에 대한 인식도 부족하였기 때문일 것으로 추정된다. 시험평가관들은 어쩔 수 없이 모든 시나리오에 대해서 시험평가를 진행하였고, 시험평가 기간도 늘어 날 수밖에 없었다. 시험평가결과도 최초 계획수립시 예측한 대로 많은 피교육생을 대상으로 한정된 시간에 교육을 진행하다 보면, 모든 시나리오를 활용하기는 제한된다고 판단되었다. 따라서 훈련시나리오 숫자를 줄여 단시간 내 다양한 표적제압훈련과 조정훈련이 가능하도록 일련의 상황을 연속되게 구성하고, 내용을 보다 세부적으로 작성할 것을 사업관리부서와 시험지원부대에 제안하였다. 시험지원부대에서 소요제기를 할 때는 훈련시나리오가 숫자상으로 많고, 다양하게 구성된다면 훈련효과가 높게 나타날 것으로 기대했을 것이다. 그러나 시험평가관들이 시험평가를 실시하기전 검토의뢰한 내용들을 충분히 검토하였다면 생각을 바꾸어 훈련시나리오를 재작성하여 시험평가를 하였을 것이며, 그에 따라 보완기간도 단축되었을 것이고, 시험평가시 불필요한 시간 낭비도 없었을 것이다.

2006년부터 2007년까지 시험평가를 실시한 "군 위성통신체계 차량용 SHF[140)]단말"은 육 · 해 · 공군 차량에 고정 설치하여 고속 데이터통신 및 대전자전 기능을 보유한 지휘통신망을 제공하는 장비로 기존 통신체계(SPIDER, ATICS, KJCCS 등)와 연동 운용이 가능한 장비이다.

140) 군용 주파수 대역

▎그림 3-38▎ **군 위성통신체계 차량용 SHF 단말**

"군 위성통신체계 차량용 SHF단말" 운용시험평가시에는 시험평가단에서 시험지원부대에 시험평가 협조공문을 발송하였으나 공문을 확인하지 않아 시험이 지연되었고, 시험지원 요원이 당직근무, 타 임무수행 등으로 자주 열외하여 시험이 제한되었다. 또한 민간개발업자들의 시험지원부대 출입절차가 까다롭고, 사전에 정식 공문으로 협조하지 않으면 출입이 불가능하여 시험평가간 많은 애로가 있었다.

또한, 1998년 운용시험평가를 실시한 '차기 전술통신체계(SPIDER) 초도양산 배치전 확인시험'에서는 시험평가요원이 지원부대의 훈련계획 등 부대운영 계획을 확인하지 않아 운용병 교육을 비롯하여 시험실시에 다소 매끄럽지 못한 업무수행이 되고 말았다. 이번에는 경우를 바꾸어 시험평가부대와 지원부대의 업무관계를 사전에 잘 조율하여 성공적으로 시험평가를 수행했던 사례에 대해 살펴보자. 2001년부터 2003년까지 추진된 FLIR(적외선 전방관측장비)[141] 사업은 육・해・공군 UH-60 헬기

141) FLIR(Forward Look InfraRed) : 야간 및 악시정 하에서 항법보조, 적위협・장애

에 FLIR을 장착하기 위해 정부주도(국방과학연구소)로 연구개발하는 사업으로, 시험평가는 합참 조정 · 통제하에 육군이 주관하고 해 · 공군이 공동참여 하여 진행되었고, 개발업체는 주장비는 삼성탈레스, 장착기술개발은 KAI였다.

운용시험평가는 2003년 2월부터 4월까지 실시되었다. 시험평가 전 합참에서는 임무형태가 상이한 육 · 해 · 공군 헬기를 육군 주관하에 시험평가를 수행하는 상황에서 육군이 각군의 임무형태를 고려해야 하고, 비행시험이 야간위주로 진행된다는 측면에서 시험간 안전과 각군 의견을 반영하기 위하여 2003년 1월에 실무검토회의를 개최하였다. 실무검토회의에서 시험비행 조종사가 제안한 내용은 "시험비행 조종사로서 제○○○항공대대장의 운항통제를 받으면서, 시험평가 임무는 시험평가단의 통제를 받아야 하는데 통제내용이 상충될 때는 어떻게 하여야 하는가?"라는 것이었다. 비행시험을 위한 항공기 정비 및 준비, 조종사 편성, 운항통제를 항공부대장이 수행하는 반면, 시험평가임무는 시험평가단장의 통제하에 이루어져 이원화된 지휘체계에서 임무를 수행할 수밖에 없는 여건에 대한 시험비행 조종사로서의 당연한 의문 제기였다.

항공기 외부에 새로운 장비를 장착하여 수행하는 비행시험 평가는 그 목적상 고의적으로 어려운 조건하에서 비행을 할 수 있도록 시험을 유도해야 하므로 안전운항 측면에서는 불리할 수 있다. 문제가 발생되었을 때, 어떠한 경우에도 항공기의 안전에 관한 1차적인 책임은 항공기를 조종하는 조종사와 운항통제를 하는 항공지휘관에게 있겠지만 "시험평가" 목적의 임무를 수행한다는 특수한 상황에서 시험평가를 통제하는 시험평가단과 책임소재에 대한 논란의 여지가 있었다.

물 탐지 및 정밀탐색용으로 운용된다.

합참에서는 위와 같이 이원화된 지휘체계에서 시험평가라는 동일한 과업을 수행해야 하는 경우에는 사전 철저한 협조가 필수적이라는 점을 착안하여 시험평가계획 승인시 항공안전통제를 위하여 시평단과 항공작전사령부(항공부대)에 상호간 협조를 하여야만 세부계획을 발전시킬 수 있도록 구체적인 임무를 부여하였다. 즉 시험평가단은 항공작전사령부 협조하에 세부시험계획을 수립하고 시행하며, 항공작전사령부(항공부대)는 교육사령부 협조하에 항공통제계획을 수립하고 시행토록 하였고 양개 부대는 시험평가전 충분한 협조를 하였다. 그 결과 현지에서 시험평가를 할 때는 순조롭게 시험이 진행될 수 있었다. 시험평가단과 시험지원부대의 협조문제는 앞에서도 언급 했듯이 시험평가단 자체에 시험지원부대가 별도로 편성되어 있지 않기 때문에 시험평가 진행과정에서 필연적으로 발생하는 사안이다. 그렇다고 협조문제를 해결하고자 시험평가단에 시험지원부대를 편성하는 것은 감군추세를 감안할 때 제한된다. 따라서 시험평가단과 시험지원부대의 협조문제는 말 그대로 상호이해와 협조를 통해 해결할 수밖에 없다. 그리고 앞으로 있을 국방 최대 사업인 한국형 헬기 개발사업에도 이러한 문제들을 알고 잘 헤쳐 나가야 할 것이다. 이에 따라서 시험평가단에서 시험지원부대를 위해 고려해야 할 사항들은 첫째, 시험지원부대 선정시 여건 고려, 둘째, 시험지원부대에 사업내용 설명을 통한 자발적 동참유도, 셋째, 시험평가계획 수립 및 실시간 협조, 넷째, 안전사고 대책강구이다. 구체적으로 알아보면 다음과 같다.

첫째, 시험지원부대를 선정할 때 시험평가단에서는 부대의 여건을 고려하여야 한다.

즉 시험지원부대가 고유임무수행에 가급적 제한을 받지 않도록, 시험지원부대를 선정할 때 시험지원부대의 전문성도 고려해야 하지만, 체계의 특성에 부합되는 시험장에 인접한 부대, 무기체계를 시험평가 후 우선적으로 운용할 부대, 부대운용 일정 등을 고려하여 선정하는 것이 좋다. 그리고 선정된 시험지원부대에 왜 선정이 되었는가를 알려주어야 한다. 부대운용 일정과 관련해서는 중요한 훈련 등을 앞두고 있는 부대는 선정을 지양하되, 선정된 부대에 대해서는 부담을 덜어주기 위하여 중요훈련단계에는 사전에 시험계획을 조정하여 방해되지 않도록 조치를 취해주어야 한다. 만약 중요훈련일정 중에라도 시험평가가 꼭 필요한 경우에는 필수적인 항목에 한하여 훈련을 방해하지 않는 범위내에서 시험평가를 실시하여야 한다.

둘째, 시험지원부대에 보안에 저촉되지 않는 범위 내에서 해당사업 내용과 중요성에 대해 충분한 설명을 하여 자발적이고 적극적인 동참을 유도하여야 한다. 일방적인 지시와 강요는 서로의 불신만 키울 뿐이다.

셋째, 시험평가계획 수립 및 실시간 협조할 사항이다.

시험평가관들은 시험지원부대 지형정찰시 시험평가간 협조할 사항을 시험장소, 인원, 장비, 물자, 숙식대책 등으로 구분하여 사전에 철저하게 준비하여 확인함으로써 지원 가능 여부를 판단하고, 실제 환경에 맞게 계획을 수립하여야 한다. 또한 선정된 시험지원부대에는 시험전 협조공문을 발송하고, 시험계획 검토회의, 시험준비검토회의(TRR : Test Readiness Review) 등을 통해 지원가능 여부를 재확인하여 제한사항이 있다면 적극적으로 해소해 주어야 한다.

아울러 시험평가 실시간에도 시험지원부대와 긴밀한 협조체제를 유지하여야 한다. 기상이나 기타 여건에 따라 시험지원부대의 부대운용 일정이 변동될 가능성도 있고, 시험평가관 입장에서도 시험평가일정과 내용이 변동될 가능성이 있기 때문이다. 한편 사업관리부서에서는 시험평가계획을 검토할 때 필요시 시험평가단과 지원부대의 임무를 구체적으로 부여하여 사전 충분한 협조가 이루어지도록 조정 · 통제를 할 필요도 있다.

▌그림 3-39▐ **시험지원부대와 협조**

넷째, 시험지원부대가 느끼는 큰 부담중의 하나인 안전사고에 대한 대책을 충분히 강구하여야 한다. 안전사고 예방에 대한 시험평가관과 지원요원간의 책임한계를 분명히 설정하고, 시험지원부대와 상의하여 안전사고 가능사항을 사전에 식별하여 조치를 강구하여야 한다.[142)]

다음으로 시험지원부대가 시험평가단을 위해 조치해 주어야 할 사항들은 첫째, 시험지원요원 지원, 둘째, 시험장소 지원, 셋째, 시험지원 장비 · 물자 제공, 넷째, 무기체계 관련 의견제시, 다섯째, 기타(시험평가 관련인원 출입 및 보안대책 강구, 숙식여건 · 사무실 협조 등 편의 제공) 등이다.

첫째, 시험지원요원들은 자격을 구비한 인원으로 사전 선발하여 필요한 교육을 실시하고, 가능한 시험평가에 전념토록 여건을 보장해 주어야

142) 안전사고 책임한계는 시험평가계획에 포함하여 구체화, 문서화 하는 것이 바람직하다.

한다. 시험지원요원들에게는 시험평가 기간이 군사전문지식을 넓히는 기회로 작용하기도 하므로 부대를 위해서도 득이 될 수 있다.

둘째, 시험장소는 부대훈련과 중복되지 않도록 하여 최대한 시험평가에 지장을 초래하지 않아야 한다. 부대훈련이 필요시에는 사전 충분한 기간을 가지고 협조하여 시험평가 일정을 조정하여야 한다.

셋째, 시험에 필요한 차량, 무전기, 기타 장비 · 물자를 요구시 부대운용에 무리가 없는 한 지원을 해주어야 한다.

넷째, 시험평가기간 중이나 시험평가 종료시 시험지원요원 및 지휘관들은 무기체계에 대한 개선요구사항을 포함한 의견을 적극적으로, 가능한 세밀한 부분까지, 가급적 많이 제시해주어야 한다. 시험지원부대의 의견은 무기체계 개발에 절대적으로 반영된다. 시험지원부대의 경험에서 우러나오는 말 한마디가 장차 전력화될 무기체계의 성능을 좌우하고, 운영유지비용을 줄이는 계기가 된다.

다섯째, 시험평가 관련인원 특히 업체요원들의 출입 및 보안대책을 강구해주어야 한다. 그리고 여건 범위내 시험평가관들의 숙식 등 편의를 제공해주어야 한다. 시험평가는 국가와 군의 미래를 위한 준비이다. 시험지원부대에서는 시험평가의 이러한 중요성을 인식하고, 현행업무에 다소 지장을 초래하더라도, 상기사항을 포함하여 최대한 시험평가 업무를 지원해주어야 한다. 시험평가라는 전선(戰線)을 우리는 함께 넘어야 한다. 간담상조(肝膽相照)라는 고사성어가 있다. 서로 속마음을 터놓고 진심으로 사귄다는 뜻인데, 사업관리기관, 시험평가부대와 시험지원부대간에도 장차 우리 군이 사용할 무기체계를 보다 성능 좋게 개발한다는 공동의 사명감과 자부심을 가지고 서로의 입장을 이해하고 배려하여 마음을 터놓고 협력한다면 시험평가를 비롯한 무기체계 개발업무는 반드시 성공할 수 있을 것이다. 크게, 대승적(大乘的)으로 보아야 한다.

누군가 그러지 않았던가?
"우리는 한 식구 아닌가?"

업체의 밥 한끼는 사약(死藥)이다

육군 시험평가단에는 '대민접촉 행동강령'이라는 것이 있다. 그 내용을 요약하면 다음과 같다.

첫째, 시험평가관은 업무상 이권관련 인원과 사적인 접촉을 해서는 안되며 일체의 향응과 금품수수를 해서도 안된다.(타인의 위반행위 발견시는 즉각 보고하여야 한다.)

둘째, 접촉을 해야 할 경우는 승인 하에 시행하되 비공개된 장소에서 개별적인 접촉은 일체금지하며, 제3자 입회하에 공개된 장소에서 실시한다.

셋째, 위반하였을 시는 관련법규에 따라 처벌을 감수한다.

이 외에도 육군 교육사령부가 발간한 「시험평가 실무참고서」에는 시험평가관이 대민업무를 수행시 상황에 따른 올바른 대민접촉 요령을 1개 절(節)로 제시하고 있다. 그 내용 중에는 식사 · 금품 · 선물 대접을 받는 행위뿐 아니라 심지어 개발기관의 숙박시설을 활용하거나 이동수단을 제공 받는 행위, 같이 식사하거나 동일 숙식장소를 이용하는 행위, 그리고 경조사시 연락하는 행위도 금지하고 있다.

이런 행동강령, 대민접촉 요령이 존재한다는 사실은 시험평가 업무가 얼마나 이권과 밀접하게 연관이 되어 있는지를 간접적으로 말해준다.

실제 1996년 '동부지역 전자전 장비 해외 시험평가'를 할 때 일부요원들이 시험기간중 금품수수는 물론 향응을 접대받은 사실이 밝혀져 관련자 5명이 처벌을 받은 바가 있다.

동부지역 전자전 장비 해외 시험평가시 3개국 대상장비의 국내 오퍼상(프랑스의 코메론, 독일의 명진, 이스라엘의 PTT)들은 시험평가가 무기체계 채택의 결정적 요소라는 인식하에 해외평가 이전부터 시험평가 요원 개별포섭 시도는 물론, 수단과 방법을 총동원하여 과다한 경쟁을 벌였다. 해외평가 중에도 개인별 또는 집단별로 집요하게 로비활동을 전개하여 소위 시험평가 요원들의 발목잡기식 행동을 연출함에 따라 시험평가에 전념해야 할 요원들이 오퍼상들을 경계해야 하는 2중 부담을 안고 시험평가에 임하였다.

귀국 후 평가결과 검토회의시 일부 오퍼관계자들은 시험평가 요원들이 정상적으로 평가한 사실에 대해서도 평가를 잘못했다고 주장함과 동시에, 지속적으로 상대방 장비의 취약점 부각에 주력하였으며, 시험평가 결과보고 이후 일부 오퍼상은 시험평가 요원들이 해외 현지 평가시 금품수수 등 부정이 있었다는 민원을 제기하여 시험평가 요원 전원이 조사를 받고 관련자들이 처벌을 받은 것이다.

한편, '동부지역 전자전 장비 해외시험평가' 결과 3개국 대상장비 공히 작전운용성능 미충족으로 전투용 사용이 불가능 하다는 결론에 따라 사업을 재추진하여 앞의 3개국 중 성능이 다소 저조한 이스라엘 장비는 제외시키고 일부 작전운용성능을 수정한 후 프랑스와 독일 장비를 대상으로 1997년 '동부지역 전자전 장비 자료평가'를 실시하였다. 이때에도 시험평가 이전부터 일부 오퍼 관계자들이 육본, 합참, 기무부대 관계자들을 접촉하며 상대방 장비의 취약점을 부각시키고, 시험관계자들이 경쟁국 오퍼와 수시로 접촉한다는 무고사실을 유포하는 등 시험평가 기간 중 10여회에 걸친 민원제기 및 투서행위로 물의를 야기하였다.

그러나 1997년 시험평가시에는 1996년의 경우를 거울삼아 시험평가 요원들이 규정과 원칙을 준수하면서 한 점의 의혹도 없이 업무를 수행하여 물의를 차단할 수 있었다.

이러한 준수사항은 시험평가 업무에만 국한되는 것이 아니라 방위력 개선사업을 수행하는 모든 공직자에게 해당된다.143)

방위력개선사업을 수행하는 공직자라면 누구나 '린다 김' 사건을 기억할 것이다. 방위력개선사업, 특히 2개 업체 이상이 경쟁일 경우는 커다란 이권이 개입되고, 업체의 사활이 걸릴 때도 있으므로 업체로서는 부정한 방법을 포함한 가능한 모든 수단과 방법을 동원한다.

그러므로 방위력개선사업 종사자들은 업체의 달콤한 유혹에는 반드시 대가가 있다는 것을 명심하고, 자신의 본분을 다하지 못할 경우 결국 처벌이 뒤따른다는 무한책임의식을 견지하여, 작은 이익을 좇아 공직자로서의 명예를 잃지 않도록 조심해야 한다. 또한, '참외밭에서는 신발 끈을 고쳐 매지 말고, 자두나무 밑에서는 갓 끈을 고쳐 매지 말라'는 옛 선비의 정신을 기억하여, 한치라도 의심받을 행동을 하지 않도록 주의해야 하는 것이다.

업체간의 경쟁은 이렇게 해결하라

앞에서 예를 든 '동부지역 전자전 장비 해외 시험평가'외에도 방위력 개선사업 추진과정 중 2개 이상업체가 사활을 걸고 경쟁하는 사업일 경우 문제가 야기된 사례가 다수 있다.

먼저 양개 업체에 동일한 작전운용성능과 시험평가 기준, 조건, 방법

143) 국방부에는 '공무원 행동강령'이 있다. 그 내용은 공정한 직무수행, 알선 · 청탁행위 금지, 부당이득 및 금품수수 금지 등이며, 위반시는 징계토록 되어 있다. 한편, 국방부훈령 제793호 『국방전력발전업무규정』(2006)의 '전력발전업무 윤리강령'에는 '어떠한 청탁이나 비리도 철저히 배격한다.'라고 명시되어 있다.

을 적용할 경우는 사업을 관리하기가 그나마 다소 수월하다. 그 방법은 다음과 같다.

첫째, 1997년의 '동부지역 전자전 장비 자료평가'에서 보여준 대로 업체관계자는 물론 일체의 대외인사 접촉을 금지하고 항상 물의를 예상하면서, 공평무사한 태도와 발생된 모든 문제해결 및 결과에 대한 책임을 진다는 각오로 업무를 수행한다.

둘째, 공인된 자료만을 근거로 평가하되 자료요청 및 접수, 통보창구를 일원화 하여야 한다. 필요사항은 공문서에 의해서만 처리한다.

셋째, 업무보안 대책을 강구하여 시행한다. 관련자료를 관리하는 인원을 지정하여 책임을 부여하여 관리하고, 공식적인 발표나 의견전달 외에는 일체의 업무추진사항을 개별적으로 알려주지 않도록 해야 한다. 특히 다수의 인원들이 공통으로 업무를 수행할 경우는 일일결산을 철저히 하여, 주관적인 사견에 의해 사실과 다른 의견이 업체에 전달되지 않도록 직무보안에 유의해야 한다.

넷째, 사업기관중 관련부서간 긴밀한 협조체제를 강구하여야 하고 물의 야기시는 즉각 사실을 파악할 수 있도록 체제와 대책을 강구하며, 야기된 물의사항에 대해 반박 또는 소명자료는 시기를 늦추지 말고 보고하는 등 능동적으로 대처한다.

그러나 2개 이상 업체가 경쟁하는 경우에도 작전운용성능을 업체마다 달리 적용하는 경우는 문제가 더 복잡하다. 예를 들어 K-55 자주포 탄약운반 장갑차의 경우 2개 업체가 경쟁을 하였는데 A회사는 'K-55 자주포 차체형'으로, B회사는 '비호 · 천마 차체형'으로 업체자체 연구개발로 개발하여 1995년말부터 1996년까지 운용시험평가를 실시하였다.[144)]

144) K-55 자주포 차체형인 경우 K-55 자주포와 동일한 차체로 후속군수지원이 용이한 반면, 비호 · 천마 차체형은 자주포 차체형에 비해 엔진출력이 높고, 적재

K-55 자주포 탄약운반장갑차의 경우 대기업끼리의 자존심을 건, 그리고 워낙 사업규모가 큰 경쟁이어서 그런지 몰라도 사업초기부터 두 업체의 경쟁이 도를 넘어 상호 비방의 지경에 이르고, 군 내부에서도 양개업체를 선호하는 그룹들이 서로 나뉘어져 경쟁을 하는 형상이 되었다. 사업관리자도 2개업체 관리를 위해 곤혹스럽긴 했지만 시험평가관들도 곤란하긴 마찬가지였다. 그것은 통상적인 양개업체 시험평가와 달리 K-55 자주포 탄약운반 장갑차의 경우 2개업체의 시제품이 서로 달랐고 차이가 컸기 때문이었다. 동일한 기준을 적용해야 하는 시험평가에서, 작전운용성능이나, 시험평가 절차, 방법을 달리 적용해야 했으므로 시험진행간 끊임없이 업체들과 국방과학연구소, 그리고 운용시험평가관 사이에 논란이 야기되었고, 그 때마다 사업기간은 지연되었다.

시험평가단에서는 가까스로 시험평가를 마치고 양개업체에 대한 운용시험평가 결과를 보고하였지만, 합참에서 시험평가 결과 판정시에도 양개업체의 무분별하고 무차별적인 경쟁과 상호비방, 로비가 전개되어 잡음이 끊이지 않았다. 결국 합참에서는 대상장비를 선정하는 것이 무리라는 판단하에 사업을 중단하기로 결정하였다.

10년이 지난 현재까지도 K-55 자주포 탄약운반 장갑차 사업은 진행이 되지 않고 있고, K-55 자주포의 탄약은 아직도 2½톤 트럭에 탑재되어 운용되고 있다.

다른 예를 하나 들어보자. 중대급 마일즈 장비의 경우 양개업체 장비의 가장 큰 차이점은 K-201과 크레모아 묘사시 1개 업체는 '전파(電波, RF : radio frequence)방식', 1개 업체는 '레이저 방식'을 사용하여 양개업체가 제시한 내용이 상이하였으므로 곡사효과, 살상범위 통제 등 實성능

공간이 넓어 탄 적재발수가 많다는 장점이 있었다.

구현 가능 여부는 시험평가시 확인이 필요하였다.[145)]

그러나 양개업체는 사업관리부서에 자신의 방식이 옳다고 주장하는 동시에, 언론매체에 상대방 방식이 문제 있고, 사업관리마저 상대방을 봐주기 위한 것이라는 악의적인 제보와 민원을 제기하였다.

사업관리부서에서 양개업체의 타협점을 찾기 위해 많은 노력을 하였지만 시간이 흐를수록 해결될 기미는 보이지 않고 상호 비방과 잡음은 더 커져만 갔다. 그러나 양개업체가 개발한 시제품은 국방기술품질원에서 업체자체 시험성적서를 확인한 결과 군사요구도를 충족하지 못하는 것이었다. 사업관리부서에서는 양개업체가 동의하면 보완기간을 부여하고 사업을 계속 진행하려 했지만 업체는 동의하지 않았고, 결국 사업관리부서도 더 이상 사업을 진행하지 못하고 양개업체 사업승인을 취소하였다.

이처럼 2개 업체 이상이 사활을 걸고 경쟁에 참여했을 때는 경쟁이 생각보다 더 치열하고, 비상식적이라 여겨질 정도로 진행되는 경우가 많다는 것을 방위력개선사업 종사자는 항상 염두에 두어야 한다.

그러면 2개 이상 업체가 작전운용성능을 업체마다 달리 적용하여 경쟁하는 경우 사업관리는 어떻게 해야 할까?

첫째, 2개 이상 업체가 작전운용성능을 달리하여 경쟁하는 경우도 본질은 2개 이상업체의 경쟁이므로 앞에서 언급한 동일한 작전운용성능과 시험평가 기준, 조건, 방법을 적용할 경우의 사업관리 방법이 그대로 적용된다. 즉, 업체관계자는 물론 일체의 대외인사 접촉을 금지하고, 공평무사한 태도로 시험평가에 임하며, 공인된 자료만을 근거로 평가하되 필요사항은 공문서에 의해서만 처리한다. 또한 직무보안 대책을 강구하

---

145) 중대급 마일즈 장비 사업은 1997년 8월 시제품 성능미달로 장비개발승인이 취소되어 시험평가를 실시하지 않았다.

고, 물의 야기시는 즉각 사실을 파악할 수 있도록 체제와 대책을 강구하며, 야기된 물의사항에 대해서는 능동적으로 대처한다.

둘째, 가능한 범위내에서 양개업체의 작전운용성능 기준이나 조건들의 공통점을 찾고, 공통분모에 대해서는 동일한 기준, 조건, 방법을 적용하여 평가한다. 이를 위하여 사업승인 시점에서 작전운용성능을 설정할 때부터 최대한 차이를 내지 않도록 유의하여야 한다.

셋째, 모든 평가는 비밀사항이 아닌 한 공개하여 한 점의 의혹도 없도록 한다. 사업관련자 회의를 통해 해당업체들이 모두 참가한 가운데 시험평가 항목, 기준, 절차, 방법을 도출하여 적용하며, 논의된 사항에 대해서는 반드시 근거를 유지한다. 또한 시험을 할 때도 같은 장소, 조건을 적용하고 필요시에는 다른 업체의 입회인원을 사전 한정하여 입회토록 한다. 일일단위로 시험평가 결과를 결산하여 각 업체의 확인을 받아둔다.

넷째, 때로는 경쟁이 지나쳐 물의가 야기될 경우 사업이 취소될 수도 있다는 사실을 업체에 주지시켜야 한다.

그러나 시험평가를 통한 이러한 사후대책보다는 소요제기시나, 제안요청서 작성시부터 사업관리부서에서는 양개업체의 작전운용성능 기준, 조건들을 맞추기 위한 방안을 사전 강구하여 사업진행후 잡음이 발생할 소지를 사전에 제거하도록 관심을 가져야 한다.

한편 한국의 방위사업 제도상 경쟁을 통한 국방비 절약 때문에 업체간의 경쟁을 유도하고 있다. 따라서 선정된 업체는 모든 것을 가지지만 탈락된 업체는 연구개발에 투자한 자금도 회수하기 어려운 실정이므로 로비가 치열해지고, 부정적인 방법이 동원될 수 있다. 그러므로 방위력 개선사업 종사자들은 항상 이권에 연루될 가능성이 있다는 것을 명심하고, 스스로의 행동을 조심해야 함은 물론, 업체로부터의 부당한 문제제기에 휘말리지 않도록 관련부서와 긴밀한 협조체제를 강구하여야 한다. 업체 또한 과도하고, 공정하지 못한 경쟁인 경우 사업이 취소되거나, 사업이 진행되더라도 사업기간이 장기화할 경우 오히려 업체의 피해만 커질 수 있다는 것을 명심하여 공정한 경쟁이 되도록 노력해야한다.

한편, 방위력개선사업 종사자는 향후 법과 제도를 정비할 때 2개 업체 이상이 경쟁할 경우 탈락된 업체에 대한 실질적인 보상대책 강구 방안을 모색할 필요가 있다. 물론 업체 경쟁을 유도하는 이유는 국방비 절감이고 현 규정상에도 비무기체계일 경우 나름대로 비선 업체에 대한 배려방안을 강구하고는 있지만 적용이 미미한 실태이며, 무기체계인 경우는 대책이 없다.[146)]

따라서 사업추진부서는 외국의 사례 등을 연구하여 업체경쟁을 통한 국방비 절감과 비선업체의 연구개발비 보상에 대한 절충점을 찾는 선에서 해결방법을 찾는 노력이 필요하다고 본다. 예를 들어 2개업체 연구개발일 경우 1개업체는 주계약업체로 60%, 나머지 1개업체는 40% 비율로 분담하여 개발토록 하는 방안도 가능할 것이다.

필요시 외국 시험평가기관과도 협조해야 한다

'외국의 시험평가기관과도 협조해야 한다?'

일견 의문이 들 것이다. 그러나 시험평가의 국제적 협력은 세계적으로 확대되고 있는 추세이다. 이 책 제2장의 선진국 시험평가 발전 동향

---

146) 육군전력발전업무규정 제122조 '군사용 적합 판정 및 기종 결정' 2항 (4) 다수 업체에 업체투자개발 승인후 "군사용 적합" 판정을 받았으나, 최종기종 결정에서 비선된 시제품은 필요시 최종 선정업체에서 인수하여 활용하거나, 교보재로 구매 또는 기타 활용 가능한 방안으로 인수할 수 있다. 이 경우 최초 소요결정심의회 또는 제안요청서 심의시 비선된 시제품 활용 필요성이 결정된 품목에 한정한다.

에서도 언급한 바와 같이 미국 등 선진국들은 국가간 시험평가 공동수행, 시험인프라 활용, 정례회의 및 국제 세미나 등 협력을 강화하고 있다.

그럼 우리나라는 시험평가와 관련하여 외국과 무엇을 협력하여야 하는가?

첫째, 국가간 시험평가 공동수행 또는 선진국의 시험평가장 등 시험인프라 활용이다. 예를 들어 우리가 확보하지 못한 유도무기, MLRS 등을 개발 또는 구매한다면 시험평가를 어디서, 어떻게 할 것인가? 한국은 약 30년 동안 나름대로의 시험장을 갖추기 위해 노력하였으나 장거리 실사격이 제한된다. 물론 국방과학연구소의 종합시험단은 유도무기, 총포·탄약 개발시험을 실시하고 이를 위한 시험기법과 계측기법을 연구하는 기구로서 예하에는 안흥시험장과 다락대시험장 등 2개소의 시험장과 계측시설·장비를 보유하고 있다. 그리고 안흥시험장은 유도무기·로켓시험(비행, 지상연소, 탄두시험), 총포·탄약시험, 환경시험을 실시하기 위한 시험장으로 수십㎞ 사거리 사격이 가능하다. 그러나 안흥시험장조차도 수백㎞ 이상 사거리 유도무기의 실사격 시험평가는 제한되고, 수십㎞ 이내 사격시험도 소음피해, 생업활동 지장 등을 이유로 지역주민의 시험장 철수 의견이 대두되고 있는 실정이다.

이 경우 대안으로 검토해 볼 수 있는 것이 미국, 이스라엘, 북유럽 등의 시험장을 활용하는 것이다.

다음의 국외 시험장 활용사례에서도 볼 수 있듯이 국외시험장 이용은 충분히 가능한 대안이라고 본다. 물론 유도무기의 경우 국가적인 고도의 군사기밀사항이 포함되었으므로 공개하기가 어렵지만 군사외교를 통해 비밀사항 준수는 가능하리라 판단된다.

잠깐! 국외 시험장 활용 사례

한국은 2004년 MLRS 실사격 시험시 최초로 미국의 WSMR 시험장을 사용하였다.

MLRS 로켓사업에서 한국은 장비, 유도탄 등은 직도입하고 로켓은 2002년부터 2004년까지 기술협력생산을 추진하였다. 한국은 미국과 시험평가 용역 FMS 계약을 체결하고, 한미 공동시험평가위원회(JTC : Joint Test Committee)를 구성하여 JTC의 계획 및 통제하에 최초생산품을 국내에서 독자적 시험평가 후 미국으로 수송하여 미국식과 비교시험평가를 실시하는 계획을 수립하였다. 2004년 6월부터 8월까지 총 60발을 육상시험 및 미국산과 비교시험평가 결과 미국 측으로부터 양호하다는 결과를 받았다.

※ WSMR(White Sand 미사일 시험장) : 미 육군 시험평가사령부(ATEC) 소속으로 미국을 원자폭탄과 우주시대의 양시대로 돌입시켰던 곳이다. 남부 중앙 뉴멕시코의 Tularosa Basin에 위치하고 있다. 3,200평방마일의 실험장은 미국 내에서 가장 큰 군사시설이며, 필요시 2,400 평방마일을 시험을 위해 추가로 사용할 수 있다. 넓기만 한 것이 아니라 많은 형태의 광학 및 전자기기 그리고 실험장 시험실과 함께 1,500개 이상의 측량기기 실험장, 대형진공챔버, 우주선 착륙장 등을 가지고 있다. 미 국방기관, NASA, 업체, 외국에 서비스를 제공하며, 약 1만명이 상주한다. 1945년 7월 9일에 설립되었으며, 세계최초의 원자폭탄이 성공적으로 시험되었다.

출처 : 박준복, "무기체계 시험평가에서의 국제화 전략"(2007년 시험평가 세미나 자료집) 및 육군 시험평가단 ATEC 출장자료에서 인용.

시험평가는 고급 기술과 고비용, 광대한 인프라를 소요로 한다. 국내에서는 좁은 국토환경으로 인하여 민원, 환경오염, 안전문제 등이 대폭 증가하여 시험장 활용이 점점 어려워지고 있다. 국제화는 그에 따른 전략적 대안의 하나로 검토해 볼 수 있다.

국외 시험장과 관련한 시험평가 국제화의 유형은 첫째, 국외시험장 및 시험시설의 용역활용, 둘째, 국외시험장 및 시험시설에 일괄 시험평가 용역의뢰, 셋째, 국내외 시험장의 분담시험 및 공동·합동 시험평가가 있을 수 있고, 이와 반대로 국내시험장을 국외 고객에게 대여하여 시험평가 서비스를 제공해 줄 수도 있을 것이다.[147]

한편, 한국도 시험장 확보문제는 국가이익과 관련하여 정부 및 국가 차원에서 관리되어야 한다. 기존 시험장의 유지뿐 아니라, 장기적으로는 필요시 추가 시험장을 확보할 수 있도록 검토하여 추진할 필요도 있을 것이다. 이와 관련하여 한국도 선진국처럼 시험평가 인프라에 대한 종합계획(Master Plan)과 관리조직을 지정할 필요도 있다.

둘째, 시험평가 관련 정례회의, 국제 세미나 등에 적극 참여하거나, 필요시 한국이 주관이 되는 회의를 개최하여 선진국의 시험평가 기법을 배워야 한다.

미국은 국방부 주관으로 EU 등과 협력을 강화하고 있고, EU 회원국(18개국) 간에는 시험평가 분야 정례회의가 개최되고 있으며, 스웨덴의 FMV와 프랑스의 DGA 간에는 매분기별 시험평가 분야회의가 개최되고 있다.

한국도 방위력개선사업 선진국들처럼 시험평가 발전을 국방과 방산수출 등 국가이익 차원에서 보고, 세계적으로 공인받을 수 있는 능력을 확보하기 위해 노력할 필요가 있다. 우리는 방위력개선사업의 선진국들과 교류를 확대 할수록 배우는 바가 많아지고, 국제적인 공인을 획득할 기회나 방법에 대한 모색도 가능해지므로 국익에도 큰 도움이 될 것이다.

그러나 한국은 2007년 현재까지 외국과의 시험평가 정례회의는 없고,

---

147) 박준복, 앞의 글, pp. 7~8.

시험평가 국제 세미나, 회의 등에 참여한 실적도 없으며, 참여를 추진하고 있는 단계이다. 방위사업청과 육군 시험평가단 등에서 자체적으로 선진국 시험평가 기관들을 연수 목적으로 방문하고는 있지만 그 횟수는 많지 않다. 그러므로 앞으로는 미국 등 선진국들과 국가간 시험평가 정례회의, 국제 세미나 참석 등을 정례화 하고, 한국 내에서 개최되는 시험평가 관련 세미나에도 선진국 시험평가 업무종사자를 초빙하여 선진화된 기법을 배울 수 있도록 하여야 한다.

셋째, 시험평가관의 전문성을 향상시키기 위하여 자체 실무교육에 더하여 선진국 시험평가 교육이나 연수를 강화하여야 한다. 예를 들어 미 ATEC에서는 공식적인 교육과정은 없으나 OJT 교육을 위해 전입간부 교육프로그램을 만들어 시행하고 있다. 교육방법은 전입 1주차에는 CD를 개인에게 배포하여 자습토록 한 후 평가를 실시하여 합격한 인원에 한하여 1주간 소집교육을 실시한다. 소집교육은 1개팀에 운용시험관, 개발시험관, 평가관을 서너명씩 통합편성하여 계획수립부터 시험평가, 결과보고서 작성에 이르기까지 실습 및 토의식으로 진행하고 있다. 이러한 교육과정에 장기적으로 활용이 가능한 인원을 선발하여 배우고, 관련지식을 한국에 전파하여 활용토록 하면 좋을 것이다.

한편, 현재 시험평가 관련 국가간 회의, 세미나, 국외교육 · 연수는 방위사업청이나 각군 시험평가 기관에서 별도로 추진하고 있다. 그러한 노력은 국방부 또는 방위사업청을 중심으로 하나로 통합될 필요가 있고, 그 결과 또한 공유되어 가능한 많은 인원들이 활용할 수 있도록 공개되어야 한다. 빠르게, 값싸게 성능 좋은 국제적 수준의 무기체계를 개발한다는 공동목표 아래서 국내 시험평가 관련기관 간의 자료공유는 필수적이다.

이를 위해서는 방위사업청, 각군 본부 사업관리부서(육본 전력부 등), 관련기관(국과연, 기품원, KIDA), 각군 시험평가 조직간 정보교류를 위한 통합 D/B체계도 구축하여, 근거 있고 정확한 업무를 수행함과 아울러 시간과 노력을 절감할 수 있도록 할 필요도 있다.

5 국방비는 국민의 혈세, 한 푼이라도 아껴라

이 장비가 그대의 또는 부모형제의 피땀 같은 쌈짓돈을 모아 만들어지는 것이라면, 그래도 낭비할 것인가?

같은 성격의 수리부속은 최대한 호환하라[148)]

시험평가를 하다가 보면 신규 개발 · 획득될 무기체계와 배치 운용중인 무기체계 및 무기체계 내 장비별로 같은 성격의 수리부속임에도 불구하고 규격이 다른 경우가 있다. 이 경우 종합군수지원의 '표준화 및 호환성' 항목에서 검증하여 최대한 표준화 및 호환성이 달성되도록 하고 있다.[149)]

또한 개발목표에도 기존 장비와의 호환성을 규정하고 있다. 예를 들

148) 수리부속에는 부분품(part), 결합체(assembly), 구성품(component)이 있다. 부분품은 볼트, 넛트 등이고 결합체는 엔진의 발전기, 구성품은 엔진자체로 예를 들어 볼 수 있다.

149) "표준화 및 호환성"은 무기체계 개발 및 획득시 소요되는 재료, 구성품, 소모품 등을 최대한 공통성을 유지시켜 장비간의 군수지원이 용이하도록 군수지원 요소를 단순화하는 과정이다.

어 차기 복합형 소총의 경우 주장비 및 부수장비의 호환율은 30% 수준이다.

왜 이처럼 표준화 및 호환성이 중요시 되는가?

그 이유는 첫째, 경제성 때문이다.

다량을 한꺼번에 구입하는 것이 소량을 여러 품목 구입하는 것 보다 당연히 비용이 싸다. 작은 볼트, 넛트 등 부분품이라도 연간 사용되는 갯수가 많다면 비용이 많이 소요될 것이고, 엔진 등 구성품은 사용 갯수가 적더라도 그 자체 비용이 크다.

둘째, 전·평시 군수지원의 용이성 때문이다.

수리부속이 같다면 운송, 보관·관리, 정비 등 모든 면에서 비용과 노력의 절감을 가져올 수 있다. 예를 들어 부품이 같다면 재고번호가 동일하게 부여되고, 포장이 용이하며, 차량에 적재도 용이할 것이다. 또한 야전부대 입장에서도 청구도 용이하고, 여러 품목을 보유하지 않아도 되므로 관리와 색출이 용이하다. 정비부서에서도 정비시 동일한 방법을 적용하면 되므로 숙달이 용이하다. 군수지원이 용이해지면 당연히 운용유지비용도 절감된다. 이러한 표준화 및 호환성이 간과되어 발생했던 대표적인 문제 사례가 '불곰사업'이다. 불곰사업은 정부가 러시아에 제공한 경협차관에 대한 상환금액 일부(총 7억 달러)를 방산물자 등으로 상환하도록 합의함에 따라 T-80U 전차, BMP-3 장갑차, METIS-M 및 ILS요소에 대한 도입을 추진한 사업으로 1995년부터 2003년까지 1, 2차로 나누어 진행되었다. 먼저 1차 불곰사업은 1995년부터 1998년 9월까지 실시되었는데, 도입목적이 최초 '적성국가의 무기정보 확보와 적전술 연구'에서 '1군지역의 부족한 기계화 전력보강'으로 변경되면서 러시아 장비 전력화를 위한 필수적인 정비기술 습득, 수리부속 확보를 위한 조치가 미흡하여 예산도 충분히 반영되지 못하였고, 조달체계도 구축하지 못했다.

또한 러시아 장비는 국산차량 부품과 호환성이 결여되고, 저옥탄가 가솔린 엔진으로 수리부속 및 연료획득이 제한되어 엔진과 후렘 개조가 필요하였으며, 근접정비지원을 위한 기동화된 정비장비 및 시험기가 필요하였다. 이를 위해 약 2억 원이 추가소요 되었다.

▌그림 3-40▐ **불곰사업 러시아 장비**

2차 불곰사업은 1995년 11월부터 2003년 9월까지 진행되었다. 2차 불곰사업 때는 1차 사업시 도입된 장비에 대한 적정가격의 수리부속 지원 보장 등 순수지원 관련 합의가 있었다. 그러나 전투긴요품목은 5년분을 확보하였으나 궤도는 1년분만 보유하여 추가 도입을 위하여 매년 47억 원의 예산이 소요되었다. 또한 러시아 측의 핵심기술 이전기피로 야전정비 수준의 T-80U 정비가 제한되었고, 창정비 능력 확보를 위한 기술자료 획득이 제한되었다. 이처럼 한·러 간의 경협차관 환수라는 경제적 목적에 의해 시작된 불곰사업은 후속군수지원에 대한 확신이 없는 상태에서 출발한 관계로 많은 문제점이 발생하였다. 즉 아무리 우수한 무기체계라 할지라고 종합군수지원에 대한 세심한 배려와 후속군수지원의 보장이야말로 중요한 선결조건이라고 할 것이다.

한편, 1996년과 1997년간 시험평가를 거쳐 1999년부터 전력화된 K1A1 전차의 경우 최초 K1 성능개량(PIP : Performance Improvement Program)으로 개발 검토 되었으나 기존 K1 전차와의 호환성, 경제성, 조기전력화 등을 고려 최소의 설계변경으로 군 요구성능을 만족시킬 수 있도록 주포 성능을 120㎜ 활강포로 탑재하도록 결정되었다. 즉 기 개발된 K1 전차 시스템 및 부품을 최대한 활용함으로써 개발 및 운용유지비용을 최소화 하도록 개발되었다.

그러나 이러한 K1A1 전력화시에도 기존 K1 전차와 공통 호환품목에 대한 검토가 미흡하여 엔진시험장비 등 15종이 중복투자 되었다. 경우는 다소 다르지만 시험평가를 하면서 느낀 점은 '보조동력장치(APU : Auxiliary Power Unit) 종류가 왜 이리 많지?' 하는 것이다.

▌표 3-6▐ **장비별 보조동력장치 엔진방식 및 출력**

구 분	엔진방식	출 력	비 고
차기 IFV	디 젤	8㎾	
차기 전차		8㎾	
K-277 장갑차		5㎾	외장형
천 마	가스터빈	5㎾, 25㎾	
비 호		7.5㎾, 25㎾	
K-77 장갑차		5.6㎾	
K-1구난전차		10㎾	디젤방식으로 전환

보조동력장치 종류는 도표에서 보는 것처럼 크게 디젤과 가스터빈 방식으로 구분된다. 장비마다 요구되는 출력이 다르므로 엔진 방식이나

크기가 다를 수는 있다.

잠깐! 가스터빈 엔진과 디젤 엔진의 차이는?

작게 더 세게! 그리하여 태어난 것이 가스터빈이다. 즉 가스터빈 방식은 디젤 방식에 비하여 작지만 출력은 훨씬 높다. 디젤엔진은 열가스 팽창에 의한 피스톤 직선왕복운동을 회전 운동으로 바꾸어 동력을 발생하나, 가스터빈엔진은 터빈 회전력이 직접 동력축에 연결되기 때문이다.

디젤엔진은 출력당 엔진이 크고 무거우며, 동계시동성이 좋지 않아 겨울에 시동이 잘 걸리지 않는 단점이 있으나 인화성이 낮은 경유사용으로 피탄시 화재발생률이 적고 연료소모율이 낮아 상대적으로 항속거리가 길다.

가스터빈엔진은 진동이 적고, 경량이면서 구조가 간단하며, 저온시동성이 좋아 겨울에 시동이 잘 걸린다. 그러나 생산비 및 연료소모율이 높고 소음이 크며, 여름철에 대기온도의 영향을 받아 공기 밀도가 낮아짐에 따라 출력이 감소하는 현상을 보이는 단점이 있다.

연료소모율을 비교해보면 가스터빈방식이 디젤방식에 비해 훨씬 많다.(K-77 장갑차를 비교하면 디젤인 주엔진은 시간당 30리터, 가스터빈인 보조동력장치는 시간당 42리터, 가스터빈엔진인 M-1전차가 100㎞당 920리터이나 디젤엔진인 레오파드전차는 500리터이다) 또한 디젤엔진은 정비기술이 보편화 되어 있으나 가스터빈엔진은 정비가 어렵고 단가도 3배다.

그래서 가스터빈은 갑자기 많은 힘이 소요되는 항공기와 지상장비 중 비호나 천마에 장착되고, 순간적인 힘이 덜 필요한 기타 지상장비에는 디젤이 많이 장착 된다. 현재 전차는 대부분 디젤엔진을 사용하고 있으나 미국 M1과 러시아의 T-80전차는 가스터빈엔진을 사용하고 있다.

그러나 가스터빈엔진도 세라믹 등 신재료의 도입과 열교환기술의 진보로 연비문제의 해결이 기대되고 있다.

출처 : 육군본부, 『지상무기체계 원리(Ⅰ)』 pp. 3~7 등에서 재구성

그러나 '꼭 달라야만 하는가?'에 대한 대답은 '아니요'이다. 당연히 표준화가 언급되어야 하며, 운영유지 측면에서 본다면 표준화 및 호환성은 대단히 중요하다. 예를 들어 K-77 장갑차 보조동력장치는 전원공급, 냉방 및 화생방 장치를 구동하는데, 디젤 방식이 아닌 가스터빈 방식이다. 그러나 'K-77 장갑차 보조동력장치(APU)는 반드시 가스터빈 방식이어야 하는가?' 하는 의문이 든다.

APU(Auxiliary Power Unit)는 말 그대로 보조동력장치(보조엔진이라고도 함)이다, 주엔진을 사용하지 않고 작은 규모의 엔진을 구동하여 임무수행에 필수적인 장비(장치)만을 구동하게 만든 것이다. 그러나 전원공급, 냉방 및 화생방장치가 필수장비인가도 의문이다. 전원공급장치 가동실적을 보면 연 3~14시간으로 상당히 적은 시간이다. 또한 포병 특성상 빈번히 진지를 전환하는데, 기동하는 동안 축전되어 보조동력장치 가동이 크게 요구되지 않는다는 것이다.

K-77 보조동력장치는 주엔진 보다 연료가 더 소모되고 소음도 훨씬 더 심하여 탑승자들이 가동을 기피하고 있다. 단가(1억 원)도 비싸고 정비에도 상당한 기술이 요구되며 야전에서 정비하기에는 제한이 있다.

대체로 동력장치는 K-1 구난전차처럼 가스터빈에서 디젤로 대체되는 추세이다. 즉 항공기와 같이 순간적인 큰 출력이 필요하다면 가스터빈을 채택해야 하지만 굳이 그렇지 않다면 디젤이 더 바람직하다는 것이다. 그것은 앞에서 언급한대로 디젤이 단가와 정비가 용이하기 때문이다.

물론 앞으로 가스터빈방식의 엔진이 세라믹 등 신재료의 도입과 열교환기술의 진보로 열효율이 개선되고, 연비문제가 해결이 된다면 선택은 달라질 수 있으나 현재의 기술수준으로는 시기상조라는 생각이 들고 그때도 단가, 소음, 야전정비기술 등의 요소를 종합적으로 고려하여 선택하여야 할 것이다. 특히 주엔진이 아닌 보조동력장치의 경우는 더욱 그러하다.

그러므로 사업추진부서에서는 종합적인 안목을 가지고 K-77 보조동력장치를 비롯한 기존 무기체계의 보조동력장치와 앞으로 개발될 보조동력장치의 방식에 대해 검토해 볼 필요가 있다. 다행히 방위사업청에서 표준화를 추진 중이라고 하니 심층 깊은 검토를 통해 바람직한 방향으로 사업이 추진되기를 희망한다.

불필요한 품목 포함여부, 대체가능성을 확인하라

"저거 어때요? 너무 번쩍거리지 않나요?"

운용시험평가 주시험관은 부시험관과 야전부대 시험지원요원들에게 시제품 노트북을 보며 물었다. 육군은 2005년 가을부터 2006년 봄까지 ○○부대 작전지역(거점, 관측소, 훈련장 등)에서 '기존 화포용 BTCS 성능개량' 사업의 운용시험평가를 실시 중이었다.[150] 주시험관의 눈에는 BTCS 전시기(展示器)로 개발된 견고화(堅固化) 노트북이 직사광선에 의해 번들거리는 현상이 영 마땅치 않아 보였다.

"예. 빛 때문에 번쩍 거려 보기가 좋지 않습니다."

"화면식별이 잘 안됩니다."

부시험관과 야전 시험지원요원들도 주시험관의 말에 동의했다.

"일반 상용 노트북은 번쩍거리지 않던데."

옆의 시험지원요원 중 누군가가 흘러가는 소리로 중얼 거렸다. 순간 주시험관은 귀가 번쩍 뜨였다. '그래. 바로 그거야! 야전에서 그냥 보기만 하는 건데 굳이 최첨단인 터치스크린(Touch Screen) 방식에 견고성을 높인 견고화 전시기를 새로 개발할 필요가 뭐 있어? 상용 노트북으로

150) BTCS에 대해서는 이 책 pp. 156~159 참조

충분하지 않는가? 작전운용성능에도 견고화와 터치스크린 조건은 없지 않은가? 또 견고화 노트북은 비싸기도 하고…' 사실 견고화 노트북은 견고성에 터치스크린 방식을 도입했고, 군(軍)사용만을 위한 소량생산이라는 이유로 상용에 비해 훨씬 고가(약 1,100만 원)였다.

주시험관은 업체 연구진을 둘러보았다. "터치스크린 전시기 대신에 상용 노트북은 어때요? 기술적으로 문제가 있나요?" 업체 연구진들은 서로 얼굴을 쳐다보았다. 잠시 침묵이 흐른 뒤 업체 연구진 중의 한 명이 입을 열었다.

"최첨단 방식을 도입하고 견고성을 높인 건데… 기술적으로는 상용을 써도 문제는 없을 것 같습니다." 야전 시험지원요원도 의견을 제시했다. "포병대대 C4I용으로 보급된 상용노트북의 경우 야전운용간 아무런 문제가 없습니다." "그럼 당장 상용 노트북으로 대체해서 시험을 해 봅시다. 둘을 상호 비교해 보면 알겠지요." 주시험관은 야전부대 시험지원요원들에게 지시하여 시험관들이 가지고 있던 상용 노트북을 BTCS 주장비와 연결하도록 하였다.

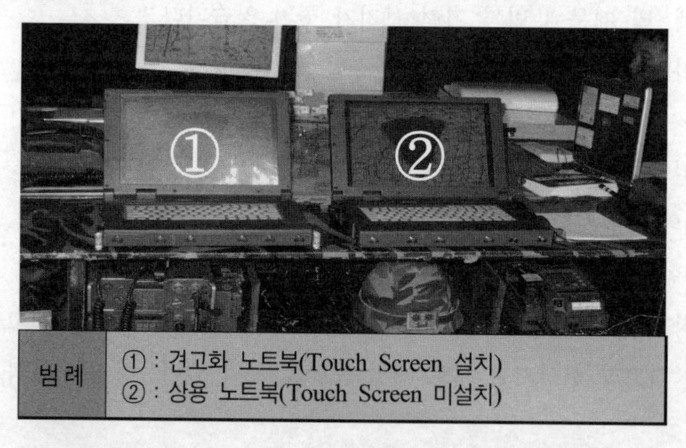

▌그림 3-41▐ **견고화 노트북 및 상용 노트북**

시험결과 상용 노트북은 내용 전시에 아무런 문제가 없었다. 아니 오히려 번들거림이 사라져 보기에 더 좋았다.

"훨씬 낫네요."

야전부대 시험지원요원들도 주시험관의 편을 들었다. 이후 야전에서 운용시험간 계속 시험을 하였지만 상용 노트북은 아무런 문제가 없었다. 업체 연구진들도 상용 노트북이 더 좋겠다고 동의했다. 견고화 노트북을 상용 노트북으로 대체함에 따라 화면 번들거림만 없앤 것이 아니라 엄청난 국방비 절감 효과도 달성될 수 있었다. 즉 전시기로 운용상 문제없는 상용노트북으로 대체 보급함으로써 전력화 기간 동안 총 13억 원이라는 예산을 절감할 수 있었다.

차기 보병전투장갑차 운용시험평가시에도 내장형 훈련장치로 견고화 노트북을 사용하였으나 운용시험평가 주시험관은 상용 노트북을 외장형으로 사용할 것을 건의 하였는데 BTCS 성능개량 사업과 마찬가지로 약 13억 원의 예산절감 효과가 있었다. 그 외에도 측방에서 불어오는 바람의 세기를 측정하는 측풍감지기가 대당 450만 원이나 하지만 실제 필요가 없고, 간이 도자 삽날도 대당 600만 원이지만 장비마다 달지 않고 소대당 1대를 장착토록 건의하여 총 70여억 원의 예산을 절감토록 하였다. 이처럼 운용시험평가간 문제점을 개선하면서 국방비를 절감하는 사례들이 종종 발생한다. 물론 그러한 것들은 미리 작전운용성능이나 체계개발동의서를 작성하는 단계에서 확인되어 국방비를 절감하는 방향으로 사업이 진행된다면 더 좋을 것이다.

작전운용성능이나 체계개발동의서를 작성할 때 미리 사용목적에 비추어 불필요한 품목이 포함되어 있지는 않은지, 또한 꼭 필요한 품목이라도 요구조건이 과도하지는 않은지 꼭 살펴보아야 한다. 예를 들어 운용온도 조건을 조금만 낮추어도 개발비는 많이 절감될 수 있다. 모든 무기체계가 반드시 한국지형에서 가장 춥다는 중강진 지역의 동계 혹한기 온도 조건을 견디어야 하는 것은 아니다.

사업관리자나 개발자, 시험평가자들이 불필요 품목, 과도요구조건 포함 여부를 작전운용성능이나 체계개발동의서를 작성할 때 판단은 하지만 실제 개발장비가 야전운용 환경에서 구현되는 모습은 다를 수 있다. 또한 다량의 업무와 무기체계의 복잡성 때문에 그런 점을 간과하고 지나쳐 버리기도 한다.

이 때문에 최종 검증과정인 시험평가 단계가 중요한 것이다. 시험평가 과정에서 국방비를 절감할 수 있는 요인이 발견된다면 관련기관 검토를 거쳐 과감히 조정하여야 한다. 그것이 비록 작전운용성능이라도 마찬가지이다. 작전운용성능은 절대 신성불가침이 되어서는 안 되는 것이다.

또한 개발자와 사용자(소요군)의 시각이 다를 수도 있다. 즉 때로는 개발자가 사용목적에 비해 비용이 많이 드는 최첨단 기술을 선호하기도 하고, 때로는 사용자가 이것저것 그럴듯한 요구조건들을 모두 첨부해 주기를 원할 경우도 있다. 그러므로 개발자와 사용자는 작전운용성능이나 체계개발동의서를 작성할 때 충분한 시간을 가지고 내용을 심층 깊게 검토하고 상호 의견을 교환하여야 한다. 그리고 사용자는 운용성확인, 개발시험평가 입회 등을 통해 조기에 무기체계를 확인하고, 개발자와 조정가능성에 대해 의견을 나누어야 한다.

군은 과거부터 군사규격(Mil-Spec)을 적용해왔다. 군사규격은 지금도 필요하고 중요하다. 그러나 현대 무기체계 획득환경의 변화, 즉 수명주기(Life Cycle)가 짧아지고, 국방재원은 감축되고 있으며, 민수기술이 급속히 발달함에 따라 군사규격을 과감히 탈피할 필요도 있다.

미국의 엘 고어 전 부통령은 방위산업에서 개발이 지연되는 것은 절차가 복잡하기 때문이라며, 군사규격을 탈피하되 꼭 필요한 경우에만 적용할 것을 주문했다. 즉 과감한 의식의 전환을 통해 무기체계 획득주기를 단축시킬 것을 요구한 것이다.

우리군도 굳이 군용품이 아니어도 될 환경이라면 과감하게 상용품을 사용하는 것이 좋은 방안이라고 본다. 앞에서 예를 든 것처럼 외부에 노출된 환경이 아닌 보호된 실내 환경이라면 굳이 견고화 노트북이 필요 없다. 그리고 첨단장비를 운용하는 곳은 대부분 야전환경이 아니라 보호된 환경이다. C4I용으로 지휘장갑차 안에서 사용하기 위해서는 상용 노트북으로도 충분하다. 프린터도 마찬가지이다. 군용으로 특별히 개발된 프린터는 가격이 상용에 비해 수십 배나 비싸므로 실내 환경이라면 굳이 군용 프린터를 고집할 필요가 없다. 오히려 무게만 더 나가고 부피가 크므로 내부공간만 부족해질 뿐이다.

이처럼 군용품을 상용품으로 대체할 수 있는 부분은 차량 노트북, 프린트 등 실내용 전자제품, 통신기기부품, 밧데리 등 이외에도 연구해보면 의외로 많이 발견될 것이다. 상용품을 사용함으로써 얻어지는 혜택은 비용절감, 획득기간 단축, 신형장비 사용 가능성 증대 등이다.

첫째, 비용 면에서 앞에서도 언급하였지만 상용장비는 군용장비에 비해 월등하게 저렴하다.

둘째, 획득기간 면에서 군용장비는 개발을 위해 오랜 기간이 소요되지만 상용은 바로 구매해 사용할 수 있는 장점이 있다. 군용장비로 특별히 개발할 경우 소요제기시에는 첨단장비가 개발완료시에는 진부화 될 수도 있고, 개발 이후에도 사용기간이 과거에 비해서는 단축되므로 개발비용은 더 소요될 것이다.

셋째, 신형장비 사용 가능성 면에서 정보・전자 등 일부 분야는 이미 민간기술이 군보다 많이 발전해 있으므로 오히려 성능이 더 좋은 최첨단 장비를 활용할 수도 있다.

무기체계 상용화와 관련해서 도입이 필요한 사안이 군사용으로 사용 가능함을 증명하는 정부공인기관에 의한 인증제도이다. 전문기관에서 인증된 장비라면 시험평가 기간을 단축할 수 있으며, 그에 따라 획득기간과 비용을 줄일 수 있을 것이다. 검증할 기관이 없다면 국방과학연구소라도 그 임무를 수행할 필요가 있다고 본다.

국방비는 국민의 혈세(血稅)이다. 따라서 사업관리부서와 국방과학연구소, 군의 시험평가 인원들은 무기체계개발 전 단계, 즉 작전운용성능 작성, 체계개발동의서 작성, 개발시험평가, 운용시험평가 단계를 거쳐 양산이전까지 무기체계의 성능을 보장하는 범위 내에서 상용화를 포함하여 최대한 예산을 절감할 수 있는 방안을 강구하여 시행하여야 한다.

이왕이면 국산품을 애용하자

무기체계 획득업무에 있어서 부품, 국방과학기술분야를 포함한 국산화의 의미는 단순히 경제적인 비용절감만을 목표로 하는 것은 아니다. 장기적으로는 사업별로 투입 비용 대 효과를 분석해 보아야 하겠지만, 오히려 획득초기단계에서는 해외 제품과 기술의 단순구매 보다 연구개발을 통한 국산화가 비용과 획득기간, 성능 면에서 불리하다.

그럼에도 불구하고 우리나라는 부품국산화 및 국방과학기술진흥 정책을 채택하고 있으며, 방위사업법 · 시행령 · 시행규칙 및 국방전력발전업무규정, 방위사업관리규정 등에 근거를 명시하고 있다.

우리나라가 무기체계 획득업무에 있어서 부품, 국방과학기술분야를 포함한 국산화 정책을 추진하는 이유는 군사적인 필요성 외에도 경제적인 필요성과 한국의 과학기술 능력에 대한 자신감 등도 있으며 다음과 같다.

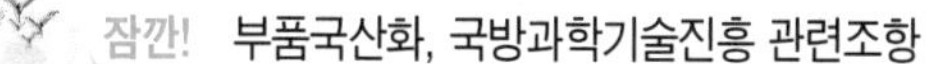
잠깐! 부품국산화, 국방과학기술진흥 관련조항

- 부품국산화 관련조항
  - 방위사업법 시행규칙 제10조(연구개발의 절차 등)
    방위사업청장은 무기체계의 연구개발단계를 수행함에 있어서는 당해 무기체계의 부품국산화가 최대한 확보될 수 있도록 하여야 한다.
  - 국방전력발전업무규정 제5장 국방군수관리 제3절
    부품국산화개발(기본방침, 개발절차, 개발정보관리 등)
  - 방위사업관리규정 제668~701조

- 국방과학기술진흥 관련조항
  - 방위사업법 제30~32조
  - 방위사업법 시행령 제34~37조
  - 방위사업법 시행규칙 제26조
  - 국방전력발전업무규정 제4, 33, 40, 56, 367조
  - 방위사업관리규정 제645~680조

첫째, 군사적으로 자주국방역량 강화를 위해서이다.

오늘날은 정보통신기술의 발전과 더불어 정치·경제분야 국제협력의 강화, 국방비 절감 필요성 등 다양한 이유로 인해 완전한 의미의 독자적인 자주국방을 실현하고 있는 나라는 없다. 그것은 세계 유일의 초강대국이라는 미국조차도 예외는 아니다. 즉 강대국이나 약소국이나 정도의 차이만 있을 뿐이지 타국과의 동맹 등 군사협력을 통해 국가방위를 실현해 가고 있다.

그러나 자국의 방위를 타국에 전적으로 또는 크게 의존하는 것은 정치적인 자주성을 약화시키고 종속을 심화시킬 수 있다. 또한 국제관계는 영원한 우방도, 적국도 없으며, 국가이익에 따라 변할 수 있다는 냉엄한 국제정치의 현실을 감안할 때 유사시 위험성이 너무 크다.[151)]

한미동맹 관계를 포함한 한반도 안보환경은 중·장기적으로 커다란

변화가 예상된다. 주한미군 재조정과 지휘관계 조정에 따라 위협에 대한 우리의 대비태세도 변화가 예상되고 있으며, 한국군의 역할분담과 확대가 요구되고 있다. 이는 한국군의 대비태세 취약분야를 해소하여 한국방위에 있어 주도적 역할을 확대해 나가야 한다는 것을 의미한다. 미래지향적인 한·미 동맹관계 발전과 더불어 스스로 대북 전쟁억제능력을 확보하는데 철저한 대비가 필요한 것이다.[152]

과거 방위력 개선사업에 대한 전력증강 실태를 살펴보면 우리 군의 전력은 한·미 연합방위체제 하에서 전략적 차원보다는 전술적 차원 위주로 발전시켜 왔다. 과거 30여년간 군은 고성능 활성 무기체계 위주의 조기 전력화를 요구하여 국외도입이 불가피 하였고, 이는 결국 국내 연구개발 및 기술축적의 소홀과 국내 방산기반 약화를 초래하여 국내 개발 및 생산 방식은 활성화 되지 못하는 결과를 초래하였다.

물론 지난 30여년 동안 자주국방의 기치 아래 시작된 군사력 건설은 국내 무기개발 생산을 위한 정부, 연구기관, 그리고 방위산업체의 결집된 노력과 투자의 결과로 인하여 대부분의 재래식 무기체계의 국산화와 상당한 수준의 군사기술 및 방위산업 기반을 구축하였다.[153] 그러나 이러한 괄목할 만한 성과에도 불구하고 무기개발·생산에 필수적인 핵심

---

151) 무기공급국에서는 종종 무기 공급을 정치적 압력수단으로 사용하고 있다. 또한 무기공급국가가 자국의 이익을 보호하기 위해서 금수조치를 취할 경우 전쟁 발생시 대처 방안이 없다. 최성빈 외 3명, 『군사기술 선진화 전략』(한국국방연구원, 2004년 3월), p. 37.

152) 육군본부, 『육군정책보고서』(2006), p. 10.

153) 이제까지는 주로 전술적 차원의 중·저급 단순무기를 획득·전력화 하였기 때문에 선진국(특히, 미국)으로부터 비교적 용이하게 기술을 도입하여 필요한 무기를 생산할 수 있었다. 그러나 전략적 차원의 첨단 무기체계 기술이전은 제한될 것으로 예상되므로 앞으로는 첨단핵심기술의 독자적인 개발방책이 필요하다. 송영일, "국방획득정책의 현주소와 정책방향," 국방기술품질원, 『국방품질경영』(2007년 3월호), p. 28.

기술과 부품 및 구성품들은 여전히 해외에 의존함으로써 명실상부한 질(質)적인 군사기술 능력 확보에는 크게 부족한 것으로 지적되고 있다.

향후의 전쟁양상은 미사일, 정밀탄약, 전자광학, 스텔스 등 최첨단 무기체계와 고도의 정보기술에 의한 4차원의 정보전쟁이 될 것이기 때문에, 첨단 군사기술 위협에 대한 대비와 국가간의 기술경쟁에 대처하기 위한 능력 확보가 더욱 절실하다고 판단된다. 특히 21세기 한반도의 불확실한 안보환경과 우리민족의 생존을 위해서는 군사기술의 자주화를 위한 획기적인 대책 마련이 있어야 한다고 본다.[154)]

참고적으로 일본은 '아무리 비싸도 자체개발 무기만 쓴다'는 정부 정책에 따라 민간기업으로 하여금 기술개발에 막대한 예산을 투자하고 있으며, 이스라엘은 핵심기술・부품 연구개발을 통해 해외도입 무기체계 성능개량에 초점을 두어 완전한 자주적 무기화에 노력하고 있다.[155)]

둘째, 경제적으로 투자소요 대비 재원확보의 어려움을 극복하고, 국가경제 및 방산수출을 활성화하기 위해서이다.

먼저 재정확보 측면에서 우리나라의 최근 10년간 평균 국방비 증가율(5.85%)은 정부재정 증가율(9.97%)의 절반을 약간 상회하고 있으며 연도별 국방예산 증가율은 〈표 3-7〉과 같다.

국방개혁 2020에 따른 군사력의 과학・정예화가 요구되는 상황에서 선진 정예강군 건설을 위한 투자소요는 증대되고 있으나, 제한된 국방재원 하에 획득사업을 위한 투자예산의 확보는 더욱 어려운 실정으로 최대한 경제적이고 효율적인 획득사업 추진이 요구되고 있다.

---

154) 송영일, 앞의 글, pp. 26～27.

155) 육춘택, "기술선진입국을 위한 국방연구개발 발전방안 연구"『월간 국방과 기술』제330호, p. 42.

▌표 3-7▐ **연도별 국방예산 증가율**

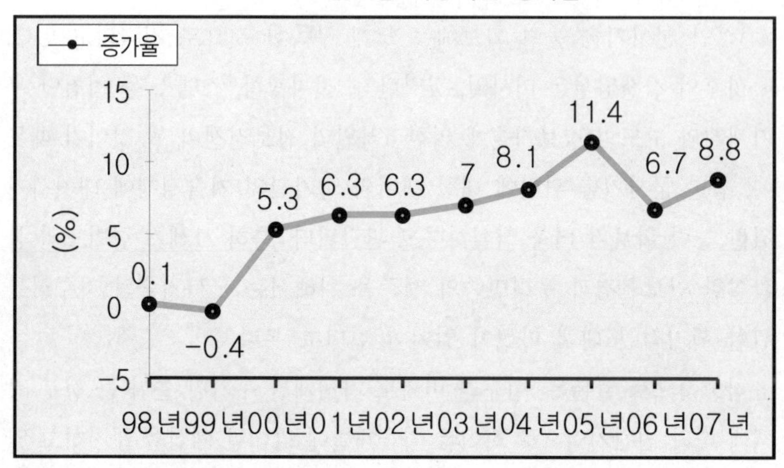

이를 위하여 국방과학연구소를 전략무기 및 핵심기술 연구개발을 전담하게 하고, 일반무기 및 일반기술은 방위산업체 개발로 과감하게 전환하며, 공정경쟁체계를 유지해야 한다. 나아가 군(軍)과 산(産)・학(學)・연(硏) 역할 분담 및 유기적인 협력체제를 구축하여 국내개발 및 생산 우선정책을 정착시키고 경쟁력 강화를 추진해야 한다.[156)]

다음으로 부품, 국방과학기술분야를 포함한 국산화 정책은 국가경제 활성화 및 향후 운영유지비 절감에 기여한다.

우리나라의 경우 군사기술의 개발 및 생산이 국가산업발전에 개척자적인 역할과 더불어 신규기술개발의 원천이 되고 있다. 우선 그 동안 수입에 전적으로 의존하던 것을 국내생산을 통해 무역수지를 상당히 개선하였으며, 고도의 정밀기술인 군사기술이 민간분야로 기술, 인력, 설비 등이 전파됨으로써 그 파급효과가 지대했다.

---

156) 송영일, 앞의 글, pp. 26～29.

그리고 국내에서 생산한 장비는 배치 후 운영유지비용 절감에 기여할 뿐 아니라 차세대 장비를 개발하는 기반이 되고 있으며, 해외로부터 장비 구매시 가격협상에서도 매우 유리한 입장을 취할 수 있다. 왜냐하면 언제든지 국내에서 만들 수 있다는 것은 해외무기를 저렴한 가격에 획득할 수 있도록 구매 협상력을 제고시키기 때문이다.[157)]

경제적인 면에서 마지막으로 부품, 국방과학기술분야를 포함한 국산화 정책의 효과는 방산수출의 활성화에 기여할 수 있다는 것이다. 국내 방산업체의 기반을 유지하기 위해서는 방산수출의 확대가 필수적이다.

우리 정부가 방위산업 기반을 공고히 해온 결과, 2005년 말 현재 1,405개의 업체가 등록되어 방산물자를 생산・공급하는 한편, 세계에서 12번째로 초음속 고등훈련기(T-50)를 생산하고 수출하는 등 괄목할 만한 성장을 이룩하였다.[158)] 연도별 수출대상국 수도 1998년 27개국, 2004년 31개국, 2006년 44개국 등으로 증가 하였다.

그러나 지난 2005년을 기준으로 우리나라 방위산업체의 평균 가동률은 57.8%에 불과하였다. 방위산업체들의 평균 가동률은 지난 10년간 48~57%였으며 이는 제조업의 평균 가동률 71~80%에 크게 미치지 못하는 수준이다. 방산 수출액은 6,300만~2억 6천만 달러 사이를 벗어나지 못하고 있다.[159)]

157) 최성빈 외 3명, 앞의 책, pp. 38~39.

158) 국방부, 『국방백서』(2006), pp. 82~83.

159) 매출액 중 수출액이 차지하는 비중은 8% 미만으로 방산 선진국들이 20% 수준인데 비해 매우 낮은 수준이다. 이경재, 『획득기획의 이론과 실제』(서울 : 대한출판사, 2007), pp. 265~266.

잠깐! 국산무기 수출 현황 및 전망

- 기본훈련기(KT-1)
  - 2001년초 인도네시아 수출
  - 2007. 8월 터키 수출(55대, 총 5억 달러)
- K9 자주포 : 2000년 터키 수출, 타국과 수출협상 진행
- 차기 전차(XK2) : 2007. 10 터키와 수출계약 체결예정
- 초음속 고등훈련기(T-50) : 아랍에미레이트와 협상 중
  (50~60대, 대당 230여억 원)
- 209급(1,300t) 잠수함 : 인도네시아와 상담 진행 중
  (척당 가격 3,250억~3,720억 원)

※ 미 군사전문지인 〈디펜스뉴스〉가 2007. 7. 16일 발표한 '세계 100대 군수기업'에 따르면 미국기업이 41개, 일본이 9개사가 포함되었으며, 한국은 KAI(79위), 로템(93위) 등 2개사가 포함되었다. 〈디펜스뉴스〉는 한국의 방위산업이 세계정상급 제품을 생산하는 글로벌 파워로 부상하고 있다고 판단했다. 〈디펜스뉴스〉가 특히 주목하는 것은 초음속 고속 훈련기인 T-50 골든이글이며, 이밖에도 차기 보병전투장갑차, K9, 각종 군함 및 잠수함, 크루즈 미사일인 해성과 휴대용 미사일인 신궁 등도 경쟁력을 지닌 한국의 방산 제품으로 꼽았다.

출처 : 「한국일보」2007년 7월 18일
『국방백서』(2006) 및 「세계일보」2007년 8월 28일

앞으로 국제사회는 방산수출 경쟁이 심화될 것이다. 그 이유는 냉전 종식 후 최근 선진국들이 국내 무기소요의 제한 및 축소로 방산구조를 조정하고, 내수목적으로는 소량 생산하면서 해외 판로를 적극 개척하고 있기 때문이다. 특히 선진국들이 첨단무기의 기술이전은 엄격하게 통제하면서 구형무기는 경쟁적으로 염가판매하는 방산정책을 추구하고 있으므로 다분히 우리나라와 중복되는 분야가 발생할 수 있다.

이러한 경쟁을 극복하고 방산업체가 생존하기 위해서는 독자적인 무

기체계 개발 · 생산 기반 및 능력을 확보해야 한다. 방산업체 기반의 약화는 국방력 약화를 의미하므로 정부차원의 방위산업 활성화를 위한 국방연구개발 투자 확대가 필요하다.

셋째, 위에서 살펴 본 바와 같이 우리나라가 무기체계 획득업무에 있어서 국산화 정책을 추진하는 이유는 군사적 · 경제적인 필요성 외에도 한국의 과학기술 능력에 대한 자신감이 배경으로 작용하고 있다.

우리나라의 1960～1970년대는 과학기술의 예산, 인력 및 시설이 매우 낙후된 실정이었다. 그러나 1980～1990년대에는 과학기술 능력을 꾸준히 육성하여 현재 선진국 대비 70% 수준으로 향상시켰고, 2025년경에는 과학기술 경쟁력 세계 7위, 정보화 지수 세계 5위에 진입할 수 있을 것으로 예상된다. 이와 연계하여 국방과학기술 수준도 현재 선진국 대비 70% 수준에서 2015년경에는 90% 수준에 도달하고, 2025년경에는 선진국 수준에 진입할 수 있을 것으로 예측된다.[160]

2006년 국방백서에서 국방부는 2010년까지는 첨단무기체계 연구개발에 필요한 핵심기술을 선진국 수준으로 확보하고, 2020년까지는 미래 첨단무기체계를 독자적으로 개발할 수 있는 능력을 갖춤으로써 자위적 방위역량을 구축하기 위해 노력을 기울이고 있다고 명시하고 있다.

지금까지 부품, 국방과학기술분야 국산화의 필요성과 기반능력에 대해 살펴보았다. 그러나 앞에서도 언급 했듯이 국산화는 연구개발 장비의 개발기간 장기화로 인해 사용시점에서 장비 진부화, 선진국 장비에 비한 성능저하 및 가격상승 등이 문제로 지적되어 군사기술 자체에 대한 회의론이 일부 제기되고 있기도 하다.[161] 그리고 야전에서도 일부 국산화 부품보다 외국 부품에 대한 선호도가 높은 경향이 있다.

---

160) 송영일, 앞의 글 pp. 28～29.

161) 최성빈 외 3명, 앞의 책, p. 35.

그럼에도 불구하고 부품국산화 및 국방과학기술 진흥정책은 추구되어야 한다. 1970년대부터 지속되었던 그런 회의론들을 극복하지 못했다면 우리가 지금 외국에까지 자랑하고 수출하고 있는 우수한 무기체계들을 개발하지 못하였을 것이고, 무기 수출국 · 자주국방은 커녕 선진국에 더욱 의존적인 상태가 되었을 것이다.

물론 시험평가 현장에서도 일부 국산화 품목의 성능문제가 대두되고, 무기체계 기술수준이 문제가 되는 경우가 간혹 있다. 그러나 이러한 문제점들은 개발기관과 시험평가관, 사업관리자들의 노력으로 모두 개선할 수 있으며, 실제로 개선하여 전력화가 이루어지고 있다.

예를 들어 2007년 1월 운용시험평가를 종료한 차기 보병전투장갑차의 경우 주엔진 발전기의 회전동심축 불일치, 엔진 냉각수 온도가 저온상태임에도 냉각팬 조절기가 비정상 작동, 레이저 거리측정기 제어기 고장으로 사통컴퓨터 및 포탑구동 오작동, 레이저 경고센서 비정상 작동 등 문제점이 발생하였다.

원인을 분석한 결과 개발시험시에는 해외 도입품을 사용하고, 단기간 실험환경에서 구동하여 문제점이 없었으나, 운용시험시에는 국산화 부품을 사용하고, 계절별로 지속적이고 반복적인 시험으로 인해 검증이 되지 않은 국산화 부품의 고장이 발생하였던 것이다. 그러나 이러한 문제점들은 모두 극복되어 2007년 6월 29일 개발완료 보고회가 개최되었다.

따라서 부품국산화 및 국방과학기술진흥 정책은 장기적이며, 군사(정치) · 경제 등을 모두 포함하는 안목으로 추진해야 한다. 단, 운용시험평가 과정의 지장을 방지하기 위해서는 국산화 품목은 개발시험시 장착하여 품질에 대한 신뢰성을 검증 후 운용시험 장비에 부착하여 중점적으로 확인이 될 수 있도록 하여야 할 필요가 있다.

잠깐! 북한의 군사과학기술공업

● 총체적 규모

북한은 현재 100여개의 무기장비 생산기업과 연구기관을 보유하고 있으며, 그 중 약 40여개는 경무기 생산창, 10여개는 미사일 연구기관, 장갑차량 생산창 10개, 함정 제조창 10개, 그리고 약 50여개의 탄약창과 6개의 핵 연구센터를 가지고 있으며 대부분이 자강도에 위치해 있다.

군사과학 기술공업의 주요한 과학연구기구는 현재 국방과학연구원과 내각 산하의 과학원 및 일부 공업부분이 있다. 군사과학기술공업의 주요 생산품으로는 미사일을 비롯해서 전차, 장갑차, 화포, 로켓포, 소형함정, 각종 경무기 및 탄약 등이 있다.

● 특징

북한의 군사과학기술공업은 20세기 중반에 시작되었으며, 현재 적극적인 발전단계에 처해 있다.

- 군사과학기술공업에 대해 고도의 집중 계획경제 관리제도를 취하고 군사과학연구 및 무기생산은 모두 국유기업 및 과학연구기관에서 담당하며, 군사과학연구 및 군수공업 생산활동은 북한에서 제정한 국가발전계획에 의해 시행한다.
- 선진 군사기술의 도입 측면에서 서방국가의 엄격한 통제를 받고 있으며, 따라서 일부 무기장비에 대해 러시아 등 국가의 기술을 채용하고, 그 외는 현재 주로 자체적인 역량에 의해 연구개발 및 생산을 실시하고 있고, 이에 따라 자체 연구생산 무기의 종류는 제한적이며, 생산 군수품의 기술수준은 그다지 높지 않다.

출처 : 김용남, "북한 군사과학기술공업 개람" 『월간 국방과 기술』제330호(2006년 8월), pp. 30~39.

때로는 과감한 시험평가 생략도 필요하다

시험평가는 무기체계 획득의 최종 검증과정이다. 그러나 무기체계 획득을 위하여 모든 경우에 시험평가가 반드시 실시되어야 하는 것은 아니다.

국방전력발전업무규정에는 다음과 같이 시험평가 생략이 가능한 경우를 명시하고 있다.

- 제77조(국내구매 시험평가)
  - ① 개조 또는 성능보강 없이 국내구매하는 경우의 시험평가는 업체 제안서 및 규격서에 의한 평가로 대체하거나 생략할 수 있다.
  - ② 개조 또는 성능보강을 통해 구매하는 경우 시험평가는 연구개발 시험평가절차를 준용한다.
- 제381조(전시 시험평가)
  - ① 전시 신규전력의 대상 장비에 대한 시험평가는 자료에 의한 평가를 원칙으로 하되 관련 자료가 부족한 경우에는 이를 제한적으로 수행하거나 평가를 생략할 수 있다.
- 제382조(협상 · 가계약서 체결)

  전시 신규전력은 구매로 추진하며 각군 및 방위사업청 규정에 의하여 협상 및 가계약을 체결한다.

즉 개조 또는 성능보강 없이 상용품을 그대로 국내구매하는 경우와 전시 신규 무기체계 도입 등 비상사태에는 시험평가가 규정상 가능하다. 양개의 경우 시험평가를 생략할 수 있는 공통점은 연구개발이 아닌 구매이다. 시험평가 생략이 가능한 이유는 민간회사에서 자체 성능을 검증하여 판매중인 상용품이거나 외국정부기관이 공인하여 운용중인 무기체계는 이미 성능이 입증되었다고 보기 때문이다.

시험평가가 생략되면 장점은 무엇일까? 우선, 시험평가 비용이 절감된다. 또한 획득기간을 단축시킬 수 있어 조기 전력화가 가능하다.

시험평가단에서도 이러한 규정에 의하여 일부사업에 대하여는 시험평가를 생략하고 있다.

예를 들어 2003년 소요가 결정되고, 2004년 국외도입으로 획득방법이 결정된 '다기능 쌍안경'[162]의 경우 육군 위임사업으로 추진방법이 결정되었는데, 2004년 8월 국방일보와 인터넷 등에 무기체계 획득계획을 공고하고, 동년 10월 7개업체를 대상으로 사업설명회와 제안요구서를 배부하였으나 2005년 1월 1개업체의 제안서만 접수되었다. 그에 따라 육군본부 전력기획참모부, 조달본부, 시험평가단 등에서 평가팀이 구성되어 제안서평가를 실시한 결과 무기체계로서 선정이 가능하다고 결론을 도출하였다. 제안서 평가 중 2차례 추가 획득공고를 내었지만 응하는 업체가 없었으므로 육군본부에서는 단일업체 장비 제안으로 시험평가를 생략할 것을 결정하였다.

한편 헬기 야간투시경(AN/PVS-6)에 장착하여 야간작전능력을 향상시키기 위한 '야시경 계기식별장비(NVG/HUD)' 사업의 경우 1997년 무기체계로 선정되고 국외도입으로 획득방법이 결정되었다. 육군에서는 대상장비가 이스라엘 ELBIT사의 제품으로 단일 대상장비이며, 미국 육·해·공군 및 해병대에서도 표준장비로 운용 중이므로 시험평가를 생략할 것을 국방부에 건의하였고, 국방부에서는 이를 승인하였다.

한편 해군에서는 1995년 육상지휘소와 함정에 위성통신장비 및 연합작전이 가능한 지휘통제 콘솔로 구성된 체계를 구성하기 위하여 '연합해상작전 통신체계'를 소요제기하였다. 이 무기체계도 미 해군에서 전력화하여 표준장비로 운용 중인 단일 대상장비이고, 이미 1996년과 1998년에 RIMPAC 훈련참가시 우리 해군이 실제 운용경험이 있었다. 또한 1998년 3월 국방부 장관이 "성능이 입증된 선진국 무기의 경우 시험평가 등 행정절차를 과감히 생략하는 방안 강구"를 지시하였으므로 해

---

162) 특전사 작전팀에 배치하여 실시간 표적획득 및 폭격 피해평가 유도용 등 다기능을 보유하고 있다.

군은 시험평가 생략대상사업 검토의견을 제출하였고, 합참에서 시험평가 생략을 결정하였다.

공군에서도 시험평가를 생략한 사례가 있다. 예를 들어 1998년 소요가 결정되고 1999년 국외도입으로 획득방법이 결정된 'F-5E용 전자전탄 살포기'는 사업추진과 시험평가가 공군에 위임되었다.

공군에서는 2002년 FMS를 통한 해외 직구매로 도입 및 구매방법을 결정하고, 도입예정인 'AN/ALE-47'장비는 한국공군의 KF-16 항공기 및 미 공군의 F-16 기종에 탑재하여 운용중인 표준장비이고, 미 정부가 성능 및 품질을 보증하는 FMS 방식에 의한 구매를 하므로 시험평가를 생략할 것을 합참에 건의하여 승인이 되었다.

미국의 2002년 '항구적 자유작전'의 예를 들어 보자.[163)]

미군은 2002년 9 · 11 사태 이후 항구적 작전이 시작된 10월 7일까지 불과 26일 동안에 신규 개발된 무기체계에 적응해야 했다. 무인항공기 글로벌 호크는 정식 양산에 들어가기 전에 작전에 투입할 수 있었고, 무인항공기 프레데터는 무기체계로 승인된 후 9개월내 무장을 하였다. GBU-28은 벙커파괴탄으로 6개월 만에 개발되었고, 4개국 언어로 번역해주는 기능을 가진 Phraselator는 사업승인 4개월만에 제작할 수 있었다. 이러한 것은 미국의 방산기반이 튼튼했기 때문에 가능했지만 때로는 시험평가를 축소하는 등 과감한 조치가 이루어지기도 하였다.

예를 들어 프레데터는 움직이는 표적을 탐지, 추적, 파괴할 수 있는 저고도 무인항공기로 무장장착에 대한 시험평가가 제한되었음에도 불구하고 신속한 기술적용 방법을 도입하여 미사일을 성공적으로 탑재하였다. 그러나 작전 중에 프레데터가 손실됨으로써 제한된 시험평가만을

163) 이상진 · 이대욱, "미국 방산기반 변환과 한국 방위산업 정책방향," 『월간 국방과 기술』제342호(2007. 8), pp. 49~51.

거쳐 전장에 투입하는 것이 위험하다는 것을 보여주었지만, 다른 한편으로는 조종사의 인명손실과 전쟁포로 감소에 기여하였다. 프레데터가 촬영한 비디오는 야전운영요원과 본토의 사령부로 전송되었으며, 사령관들은 위성통신과 비디오 링크를 통해 전구로부터 원거리에 위치해 있으면서도 전쟁지휘가 가능하게 되었다. 미 국방부는 변화되는 전장 개념과 능력을 요구한 항구적 자유작전을 통해 전장에서 무기체계 배치에 있어 '속도가 생명'이라는 것을 확인할 수 있었다.

현재 외국에서 야전 배치되어 운용중인 무기체계도 시험평가는 생략하지는 않고 규정(국방전력발전업무규정 제76조)에 의하여 자료에 의한 평가를 원칙으로 하고 있다. 다만, 한국적 작전환경에 대한 적합성 시험이 필요한 경우 또는 현 운용 체계와 연동시험이 필요한 경우에는 실물에 의한 시험평가를 실시하고 있다.

그러나 국가나 국제 공인기관의 인증을 받은 상용품이거나 현재 국외에서 정부공인기관에 의해 성능이 입증되어 운용 중인 무기체계라면 공인여부만 확인하면 되지 굳이 시험평가를 할 필요는 없다고 본다. 즉 사업추진부서에서 성능을 알고 확인하여 사업을 추진하면 된다. 만약 한국적 지형과 기상에 대한 적합성 시험이 필요한 경우 또는 현 운용 체계와 연동시험이 필요한 경우에는 실물에 의한 시험평가를 추가하여 실시하면 될 것이다. 절차를 위한 절차는 과감히 생략하는 것이 비용과 시간을 절감하는 방안이다. 시험평가가 책임회피를 위한 수단이 되어서는 안 된다.

전시 신규전력 구매사업은 보다 과감한 시험평가 생략이 필요하다. 현 규정은 자료에 의한 평가를 원칙으로 하고 관련 자료가 부족한 경우에는 이를 제한적으로 수행하거나 평가를 생략할 수 있도록 되어 있으나 국외에서 이미 성능이 입증되어 사용 중인 무기체계를 자료로 평가한다고 계획보고로 부터 결과보고까지 최소 몇 주에서 몇 개월을 보내야 할 필요는 없다고 본다.

물론 전시에도 시험평가는 협상의 도구로서의 역할을 수행할 수는 있을 것이나 우리가 꼭 필요한 무기체계라면, 그리고 사용부대에서 촉박하게 보급을 원한다면 협상의 도구로서의 역할은 제한될 것이다. 전시 신규전력에 대한 시험평가는 새로 개발된 것 위주로 수행하고 기존 운용중인 장비는 시험평가를 생략해도 문제는 없으리라고 본다.

만약 전시 신규전력 구매를 위해 시험평가가 굳이 필요하다면 전시가 아닌 평시에 자료를 통해서 또는 현지를 방문해서 사전 확인을 해두는 것도 하나의 방안이라고 생각한다.

6 전력화 이후를 보아야 한다

> 눈 앞의 이익만 보아서는 아니된다.
> 오늘 봄 뿌리는 작은 밀알이 먼 가을 결실을 가져다줌을 기억하라.

전력화의 버팀목, 전력화지원요소

무기체계(Weapon System)란 전차, 장갑차, 비행기 등 하나의 무기와는 의미가 다르다. 그것은 무기와 이에 관련되는 물적요소와 인적요소의 종합적인 체계이다. 즉 무기체계란 하나의 무기체계가 부여된 임무달성을 위해 필요한 인원 · 시설 · 소프트웨어 · 종합군수지원요소 · 전략 ·

전술 및 훈련 등으로 성립된 전체 체계(System)를 말한다.164) 이는 무기만 단독으로 개발되어서는 기능을 발휘하지 못하기 때문에 전체 체계로서 전력화(戰力化)되어야 함을 의미한다. 예를 들어 차기 전차를 5년 후에 전력화 한다고 하면 그 시기에 맞추어 포수, 조종수, 전차장 등 승무원이 편성되어야 하고, 승무원들이 어떻게 싸워야 한다는 교리와 훈련방법이 확정되어 교보재와 훈련장비가 개발되어야 한다. 지휘통제 · 통신시설, 탄약고 등도 지어져야 한다. 또한 무기체계 상호 운용을 위해 필요한 소프트웨어와 전차와 전차, 전차와 지휘통제시설 또는 지휘관 차량과 상호교신할 통신 주파수를 확보해야 한다. 그리고 보급 및 정비개념에 따라 수리부속, 정비장비와 공구, 정비시설, 기술교범 등도 확보되어야 한다. 이러한 요소들이 확보되지 않은 채 차기 전차만 야전에 보급되었다고 상상해 보라. 그 전차는 다소 과장되게 표현하면 아주 비싼 쇳덩어리라고도 할 수 있을 것이다.

전력화지원요소란 이처럼 무기체계 획득시 야전배치와 동시에 전력화할 수 있도록 지원해주는 요소들로서 이에는 '전투발전지원요소'와 '종합군수지원요소'가 있다.

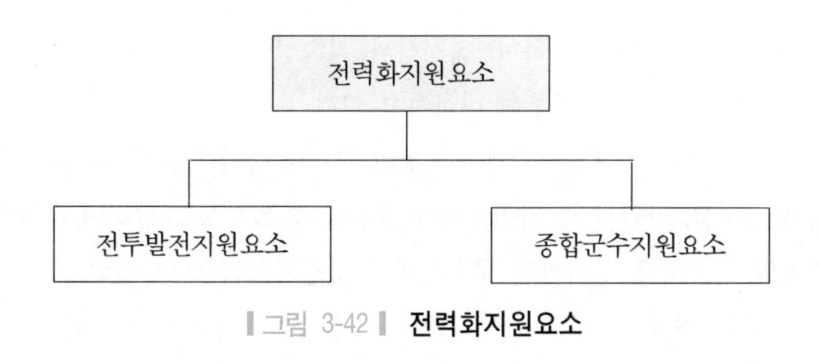

▍그림 3-42 ▍ **전력화지원요소**

164) 합동참모본부, 『합동 · 연합작전 군사용어사전』(1998), p. 150.
국방부, 『국방전력발전업무규정』(2006), p. 187.

먼저 전투발전지원요소는 소요군의 전투발전을 위하여 무기체계 획득과 연계하여 수정 · 발전시키거나 신규로 개발 · 획득하여 지원하는 요소이며, 이에는 첫째, 군사교리, 둘째, 부대편성, 셋째, 교육훈련, 넷째, 시설, 다섯째, 무기체계 상호운용에 필요한 하드웨어 및 소프트웨어(주파수 및 통신회선 확보 포함) 등이 있다.

한편 종합군수지원요소는 무기체계의 효율적이고 경제적인 군수지원 보장을 위한 개발 · 획득 · 배치 및 운용에 수반되는 제반 군수지원요소로서, 이에는 첫째, 연구 및 설계반영, 둘째, 표준화 및 호환성, 셋째, 정비계획, 넷째, 지원장비, 다섯째, 보급지원, 여섯째, 군수인력운용, 일곱째, 군수지원교육, 여덟째, 기술교범, 아홉째, 포장, 취급, 저장 및 수송, 열째, 정비 및 보급시설, 열하나째, 기술자료 관리 등 11대 요소가 있다.

이러한 전력화지원요소는 주장비 획득과 동시에 확보되어야 한다. 주장비에만 치중하여 개발하고 전력화지원요소가 제대로 확보되지 않으면 무기체계 성능발휘에 지장을 초래할 뿐 아니라 전력화 후 운용유지비용이 추가로 소요되는 원인을 제공한다.

국방전력발전업무규정 제80조에는 '소요군 및 방위사업청은 무기체계가 야전에 배치됨과 동시에 운영될 수 있도록 주장비와 동시에 전력화지원요소를 개발 · 확보하며, 적시성과 지속성이 보장되어야 한다.'고 전력화지원요소 확보지침을 명시하고 있다.

또한 소요군 및 방위사업청은 주장비 및 지원장비의 표준화와 호환성을 유지하고, 가급적 현 지원체제를 활용할 수 있도록 개발하여 운영유지비의 최소화로 경제적인 군수지원이 보장되도록 해야 한다.

전력화지원요소 중 전투발전지원요소의 확보책임은 다음과 같다. 먼저 군사교리, 부대편성, 교육훈련 및 무기체계 운용에 필요한 주파수 확보는 합참 및 소요군에서 담당하고, 필요한 예산은 방위사업청에서 지원한다. 시설, 무기체계 상호운용성에 필요한 하드웨어, 소프트웨어는 방위사업청에서 담당한다. 단, 운용주파수는 소요군이 국방부, 합참, 정보통신부와 협조하여 확보한다.

종합군수지원요소는 방위사업청 주관 하에 소요군의 의견을 반영하여 개발・확보한다.[165]

시험평가단에서는 전력화지원요소가 제대로 확보되었는지 여부를 시험평가를 통해 최종적으로 확인한다. 따라서 시험평가단에서 실시하는 운용시험평가를 전력화지원요소분야로 국한할 때는 '전력화지원요소 확증(확인・검증)시험'이라고 하고 있다.[166]

이를 위하여 시험평가단은 기동, 화력, 통신/정보, 방호, 산호운용성, 항공 등 각 과별로 전력화지원요소를 담당하는 시험평가관들이 따로 편성되어 전투발전지원요소와 종합군수지원요소 분야를 전담하여 업무를 수행하고 있다. 예를 들어 기동시험과에는 전투발전지원요소를 담당하는 기동전력화시험관과 종합군수지원요소를 담당하는 기갑장비ILS시험관이 편성되어 있으며, 화력시험과에는 전투발전지원요소를 담당하는 화력전력화시험관과 종합군수지원요소를 담당하는 포병무기ILS시험관, 보병화기・탄약ILS시험관이 편성되어 있다.

모든 무기체계 시험평가시에는 전투발전시험평가관과 종합군수지원 시험평가관이 동시에 편성되어 해당분야 시험평가 업무를 수행하여 문

165) 국방부, 『국방전력발전업무규정』(2006), pp. 47～48.
방위사업청, 『방위사업관리규정』(2007), pp. 129～133.

166) 『방위사업관리규정』(2007)제313～314조. 연구개발주관 기관은 전력화지원요소의 운용 적합성 여부를 기술적 측면에서 검증하기 위하여 개발시험과 동시에 '전력화지원요소 입증시험'을 실시하고, 소요군은 전력화지원요소의 실용성에 대한 적합성여부를 운영측면에서 검증하기 위하여 운용시험평가와 동시에 '전력화지원요소 확인・검증(확증)시험'을 실시한다.

제점을 도출 및 건의함으로써 야전에 배치되기 전 개선하여 전력화를 하고 있다. 전력화지원요소 시험평가를 위하여 추가적으로 인원이 필요할 경우는 교육사령부, 각 병과학교, 종합군수학교, 야전의 경험이 풍부한 전문요원 등의 지원을 받고 있다.

전투발전분야와 종합군수지원분야 시험평가 사례들과 교훈은 다음 항에서 구체적으로 살펴보기로 한다.

전력화 후 성능발휘의 관건, 전투발전지원요소

전투발전지원요소는 앞에서도 언급했듯이 소요군의 전투발전을 위하여 무기체계 획득과 연계하여 개발・획득하여 지원하는 요소로서 군사교리, 부대편성, 교육훈련, 시설, 무기체계 상호운용에 필요한 하드웨어 및 소프트웨어, 주파수 및 통신회선 등으로 구분한다.

전투발전지원요소 확보 개념은 다음과 같다.

첫째, 군사교리는 무기체계 획득에 따라 운용개념을 재정립하고 관련 교리・교범 등을 발전시키는 것으로 운용개념 정립과 중장기 교리발전 소요 판단, 관련 교리 문헌 발간 및 정비 등을 고려하여 확보한다.

둘째, 부대편성은 무기체계 획득과 연계하여 부대의 부여된 임무, 기능 등을 수행하는데 필요한 최적 인적소요를 판단하여 중기 부대계획에 반영하고 편제표를 작성 및 발간하는 것으로 부대 증창설・해체・감편 소요와 병력 증감 소요, 편성 구조 발전소요 등을 고려하여 확보한다.

셋째, 교육훈련은 무기체계 획득에 따른 교육훈련 기획소요(교육훈련 제도 및 체계, 학교교육, 부대훈련)를 판단하고, 교육훈련을 위한 장비(학교교육용, 부대훈련용) 및 교보재(CBT, 시뮬레이터, 시청각 교보재, 각종 절개식 교보재) 등을 확보한다.

넷째, 시설은 무기체계의 운용・시험・훈련을 지원하는데 필요한 부동산과 관련 설비로 시설사업 소요판단은 현존시설의 가용성과 장비운용에 필요한 부대시설 및 편의시설 소요, 시험평가 시설소요, 시설보안 및 전술적 측면, 운용시설의 환경대책, 특수시설 및 훈련시설 등을 고려한다.

다섯째, 무기체계 상호운용에 필요한 하드웨어 및 소프트웨어는 무기체계간 상호연동 및 통합운용을 위해 필요한 장비 및 물자로 무기체계간 상호연동체계와 통합운용 소요장비 및 물자, 주파수 확보 등을 고려하여 확보한다.

시험평가시에는 이들 전투발전지원요소들이 제대로 확보되었는지 여부를 최종적으로 검증한다.

그러나 이러한 확보개념이 설정되어 있음에도 불구하고 군사력 건설은 주장비 위주의 획득으로 전투발전지원요소를 잘 고려하지 않아 문제점들을 야기시키고 있다. 즉 전투발전지원요소는 주장비 개발과 동시 또는 선행(先行)되어 개발되고, 시험평가시 확보여부가 확인·검증되어야 하나 주장비가 전력화 되는 과정에서 소홀히 취급되고 있다.

전투발전지원요소에 관련된 현상을 살펴보자.

첫째, 전투발전지원요소 중 첫째 요소인 군사교리는 시험평가시 만들어진 교리를 검증하는 것이 아니라, 새로 교리를 만들고 있는 실정이다. 즉, 무기체계 시험평가단계에서 개발무기에 대한 야전교범 또는 교육회장의 초안이 작성되어 검토·보완 후, 전력화와 동시에 무기체계 운용이 가능토록 야전교범도 발간, 보급되어야 하나 그렇지 못한 실정이다.

예를 들어 2007년 운용시험평가를 실시하고 있는 '차기 복합형소총'의 경우 기존 소총과는 다른 신개념의 무기체계(기존 소총에 야간조준경, 레이저 거리측정기 부착, 20밀리 공중폭발탄 사격 가능)임에도 불구하고 시험평가계획 작성단계에서는 교범을 만들기 위한 준비를 하고 있었을 뿐 교범

초안이 작성이 되지 않았다. 따라서 주시험을 어떻게 실시해야 할지 기준설정이 애매하였을 뿐 아니라, 전투발전지원요소 중 군사교리분야에 대해서는 아예 시험평가를 하면서 자료를 수집하여 교리를 신규작성하기 위한 데이터로 제시해 주기로 하였다.

그러나 차기 복합형 소총은 그나마 교범작성 작업이 다른 무기체계에 비하면 빠르게 착수된 사례에 속한다. 일부 무기체계는 시험평가가 종료된 후 교범작성에 착수하는 경우가 많다. 예를 들어 '차기 보병전투장갑차(IFV : Infantry Fighting Vehicle)'의 경우 차기 복합형소총처럼 기존 장갑차(APC : Armores Personnel Carrier)와는 다른 신개념의 무기체계(기존 장갑차가 병력수송이 주목적이나 차기 보병전투장갑차는 40밀리 주포를 장착하여 독자전투가 가능)임에도 불구하고 2007년 시험평가가 종료된 후에도 야전교범 작성이 미루어지고 있다.

또한 '신궁 피아식별기'는 국외도입사업으로 시험평가를 마치고 2006년 8월부터 야전배치 되었지만, 교범은 2008년 5월 발간되어 야전에 보급될 예정이다.[167]

▌그림 3-43▌ **신궁**

167) 신궁 피아식별기는 국산화를 위해 2008년 1월 현재 개발시험평가를 마치고 운용시험평가를 진행 중이다.

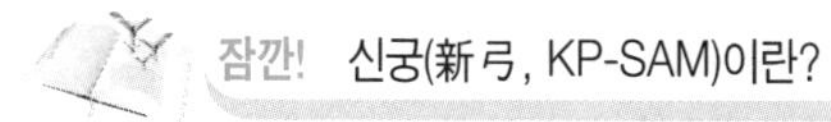

잠깐! 신궁(新弓, KP-SAM)이란?

신궁(新弓)은 국방과학연구소가 LIG 넥스원 등 국내 방산업체와 함께 국내 기술로 설계·제작하여 휴대용 대공 유도무기로 한국군의 체형에 맞도록 작고 가볍게 설계되었다.

신궁은 한국 최초의 휴대용 대공미사일이며, 국산화율은 90% 이상이다. 이로서 우리나라는 미국·러시아·프랑스·일본에 이어 적외선 유도식 휴대용 대공무기를 자체 개발한 5번째 국가가 되었다.

신궁은 목표 항공기가 반경 1.5m 이내로 근접할 경우 자동 폭발해 720개의 파편으로 기체를 관통해 격추시키도록 설계되어 미국 스팅어와 러시아 이글라 같은 휴대용 대공유도무기가 목표물을 직접 맞힐 때만 폭발하는 것과 비교할 때 명중률이 높다. 실제 사격실험 결과 90% 이상의 높은 명중률을 기록하고 있다.

2005년부터 양산에 들어가, 한국의 방공전력 증강과 방위산업 활성화, 외화 절약, 첨단 유도무기 수출의 가능성을 열었다는 점에서 큰 성과로 평가되고 있다.

* KP-SAM : Korea Portable - Surface to Air Missile
(휴대용 단거리 지대공 유도무기체계)

출처 : 국방부 조달본부, 『절충교역 20년사』(2003)
월간 『국방과 기술』 제298호(2003년 12월)

잠깐! 방공(防空) 운영개념

방공은 지역방공(地域防空, Area Air Defense)과 국지방공(局地防空, Local Air Defense)으로 구분하여 운영된다.

지역방공이란 공중위협으로부터 비교적 넓은 지역을 방어하기 위하여 수행되는 방공작전의 형태로서, 책임군은 공군이며, 주로 공군의 중 · 고고도 대공유도무기와 항공기에 의해 수행된다. 운영개념은 한반도 전역 영공방어, 전 전장 방공엄호로, 포함되는 무기체계는 조기경보기 및 공중감시기, 방공항공기, 공군 감시레이더, 중 · 고고도 SAM (HAWK, NIKE, SAM-X, M-SAM 등)이다.

국지방공이란 공중위협으로부터 특정한 지역이나 기동부대 또는 고정시설을 방어하기 위하여 수행되는 방공작전의 형태로서, 책임군은 해당군이며, 주로 단거리 방공무기에 의해 수행된다. 국지방공의 운영개념은 기동부대 전투력 보존, 주요부대 및 시설 방공으로, 포함되는 무기체계는 저고도 탐지레이더, 대공포(비호, 발칸, 오리콘, M-55/45D, 40밀리, 승전포 등), 단거리 대공유도무기(천마, 휴대용 SAM), 편제화기(소총, 기관총 등)이다.

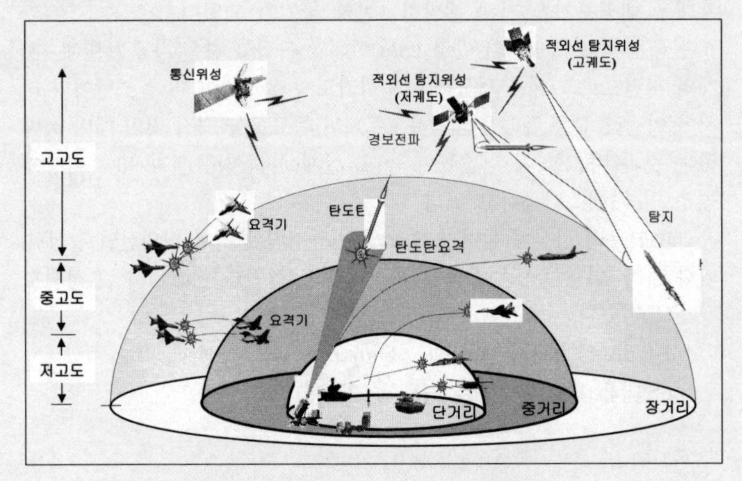

출처 : 국방과학연구소, "단거리 방공시스템 개발동향"(2003년 12월)

그러나 모든 무기체계의 교범작성이 주장비 보급에 비해 지연되는 것은 아니다. 관련기관들 간 협조하에 전력화 일정에 맞추어 교범이 발간되는 예도 있다. 예를 들어 2004년 동시 운용시험평가를 실시한 '개량형 야간표적지시기'사업[168]과 '단안형 야간투시경'사업의 경우 운용시험평가 시작과 동시에 시험평가관이 교범발간 문제를 제기하고, 교육사령

168) 기존의 야간표적지시기(PAQ-91K)를 성능개량하여 개인화기(K-1A, K-2, M16A1)에 장착시켜 야간표적지시용으로 운용하는 장비로서, 야간투시경과 복합운용시 야간조준사격도 가능하다.

부 교리부와 긴밀하게 협조하여 개발장비에 대한 운용내용을 기 발간예정이던 수정교범[169]의 부록으로 포함시켰다.

교범 신규작성 작업은 개념설정, 장절편성, 내용작성, 검증 등의 과정을 거치려면 오랜 기간이 소요된다. 국외도입 무기체계 교범도 번역 및 감수에 일정 기간이 필요하다. 또한 시간이 부족하다고 서두르다 보면 오류가 발생할 수도 있다. 최초부터 완벽한 것을 요구하는 것은 무리라고 하지만, 완벽을 기하도록 노력은 하여야 한다. 따라서 전력화 일정에 맞추어 후보계획에 의해 역산하여 교범작성 작업을 진행할 필요가 있다.

만약 교범 보급이 주장비 보급보다 지연될 경우 야전에서는 신규무기체계임에도 불구하고 기존 유사장비 교리를 그대로 적용하거나 유추해서 적용할 수밖에 없다.

교범작업이 지연될 경우 시험평가시에도 정확한 운용개념이나 사용방법을 모르고 시험평가를 하게 되므로 평가결과에 대한 신뢰성에도 문제가 발생할 수 있고, 교리작성부서에 잘못된 참고자료를 제시할 수도 있다.[170]

그러므로 앞으로는 최초 개발시부터 교범작업이 검토되어 주장비 개발과 동시 개발되고, 주장비 시험과 동시에 시험평가 후 전력화 되어야 한다.

둘째 요소인 부대편성에서도 주장비와 지원장비가 동시에 패키지(package)화 되어 전력화되고, 전투편성이 되어야 하지만 그렇지 못해 지원장비 전력화가 지연되어 문제가 야기된 사례가 있다.

---

169) 육군본부, 야전교범 31-33『야간관측 및 조준경』

170) 2000년 운용시험평가를 실시한 '정찰용 무인항공기(UAV)'의 경우 운용교범이 시험평가전 개발되지 않아 시험평가관들이 대상장비에 대해 충분한 기초연구와 분석이 곤란하였다.

K9 자주포는 전력화 후 5톤 탄약운반차량 편성시 전력투자비로 사업을 추진하느냐, 경상운영비로 추진하느냐를 두고 논란이 야기되어 사업이 지연되고 야전보급이 늦어졌다. 최초 경상운영비로 사업을 진행했으나, 결국 전력투자비로 집행하는 것이 타당하다고 결론을 내려 변경되는 과정동안 야전에서는 탄약운반차량 보급이 지연되었다.

또한 이후 K9 자주포의 탄약운반장비를 5톤 탄약운반차량으로 그대로 두느냐, 탄약운반장갑차를 신규 개발하느냐, 만약 탄약운반장갑차를 신규개발 한다면 포병대대에 몇 대를 보급할 것인가(자주포와 몇 대 몇 비율로 보급할 것인가) 논란이 야기되어 또 한 번 탄약운반장비 및 인원편성이 지연되었다.

물론 예산 때문에 어쩔 수 없었다는 핑계도 가능하겠지만 가능하면 지원장비는 주장비와 동시 전력화가 가능하도록 최초 기획 및 계획단계에서부터 관심을 가져야 한다.

한편, 시험평가를 통해 부대편성에 관한 보완사항을 도출하여 편제에 반영한 사례도 있다.

예를 들어 2004년 운용시험평가를 실시한 '개량형 야간표적지시기'의 경우 야전의견을 수렴한 결과 일부부대에서는 야간투시경은 편제에 반영되어 있으나 야간표적지시기는 반영이 되지 않아 야간 조준사격이라는 양 장비의 복합운용효과를 달성하지 못하고 있다는 것을 발견하여 조치함으로써 전투력을 증강시키는 계기가 되었다.

마찬가지로 2004년 운용시험평가를 실시한 '단안형 야간투시경'의 경우 특전사 특전팀에는 3배율경(무월광 청명시 800m 인원탐지 가능)이 감시·정찰 임무상 필요하나 전력화 계획에 누락되어 있었는데, 특전사의 의견을 수렴하여 편제에 반영하였다.

셋째 요소인 교육훈련은 전투발전지원요소 중 그나마 문제가 덜 야기되는 분야이다. 시험평가 사례를 보자.

2004년 운용시험평가를 실시한 '개량형 야간표적지시기'와 '단안형 야간투시경'의 경우 각 학교, 육군훈련소 및 사단 신병교육대에 교육장비가 부족하거나 아예 편제가 되어 있지 않았다. 따라서 장비조작 실습이 전무하고, 소개교육 수준으로 교육내용이 부실하여 교육수료 후 야전부대에 보직되면 즉각적인 장비 운용이 어려운 실정이었다. 시험평가관들은 시험평가를 통해 이러한 문제를 발견하고 교육용 장비를 편제에 반영하였다.

넷째 요소인 시설분야도 주장비와 동시에 패키지(package)화 되어 지원되어야 하나 지원이 늦어지기도 하고, 동시에 전력화가 되더라도 사전 관련규정에 대한 검증이 미흡하여 문제가 발생하기도 한다. 즉 ○○부대의 경우 부대 내에서 탄약 정비를 목적으로 탄약 정비공장을 지어 놓았으나 안전거리를 1㎞ 정도 이격해야 하는 규정을 준수하지 않아 인근 장비정비공장 및 부대시설과 지근거리에 위치함으로써 결국 사용하지 못하는 사태를 초래하였다.

다섯째 요소인 무기체계 상호운용에 필요한 하드웨어 및 소프트웨어, 주파수 확보에 관해서는 이 책의 다른 절을 참조 바란다.[171]

전투발전지원요소를 소홀히 하면 전력화 후 장비성능 발휘에 지장을 줄 뿐 아니라, 장기적으로는 추가적인 예산이 소요되어 국방비의 비효율적 사용을 초래하게 된다.

따라서 군사교리, 부대편성, 교육훈련, 시설 등 전투발전지원요소 업무담당자들과 사업관리자, 무기체계 개발자, 시험평가자들은 상호 긴밀한 협조체계를 구축하여 전투발전지원요소에 대해서도 주장비에 버금

171) 소프트웨어 및 주파수 확보, 상호운용성에 대해서는 이 책 제3장 2절 및 6절 별도 설명

가는 관심을 가져 주장비와 동시에 패키지(Package)화하여 보급함으로써 방위력개선사업을 온전히, 성공적으로 추진하도록 노력하여야 한다.

ILS를 소홀히 하면 배보다 배꼽이 커진다

잠깐! ILS(종합군수지원)이란?

ILS(Integrated Logistic Support, 綜合軍需支援)란 무기체계의 효율적이고 경제적인 군수지원을 보장하기 위하여 소요제기시부터 설계 · 개발 · 획득 · 운영 및 폐기시가지 전과정에 걸쳐 제반 군수지원 요소를 종합적으로 관리하는 활동을 말한다.

한편 종합군수지원요소는 무기체계의 수명주기간 주장비를 효과적, 경제적으로 운용 · 유지할 수 있도록 군수지원을 보장해 주는 제반사항이다. 따라서 종합군수지원요소는 무기체계 획득시 주장비와 병행하여 개발 · 획득되어야 하며, 여기에는 유형적인 요소뿐만 아니라 계획분석 판단 등과 같은 활동과 제원도 포함된다.

우리 군의 종합군수지원요소는 '83년 美 육군의 종합군수지원제도에 따라 9개 요소를 선정한 이래 '92년 육군규정 개정시 13개요소로 수정하였다가 '97년 규정개정시 11대요소로 확정하였으며, 방위사업법('06. 1. 2), 시행령('06. 2. 28), 시행규칙('06. 4. 24) 제정시 일부개념을 재정립하여 아래와 같이 현재의 11대요소로 확정하였다.

1) 연구 및 설계반영
2) 표준화 및 호환성
3) 정비계획
4) 지원장비
5) 보급지원
6) 군수인력운용
7) 군수지원교육
8) 기술교범
9) 포장, 취급, 저장 및 수송
10) 정비 및 보급시설
11) 기술자료 관리

출처 : ILS 업무에 대해서는 육군본부, 『종합군수지원실무 지침서』(2007) 참조

우리 군은 1970년대 초까지 미국 군원장비 및 해외구매로 군사력을 유지하여 오다가, 1974년부터 자주국방을 위해 우리의 국방비를 투입하여 군사력을 건설해 왔다.

그러나 이러한 군사력 건설은 군수지원을 충분히 고려하지 않은 주장비 위주의 획득으로 수리부속 부족, 시험장비 미확보 등으로 인한 잦은 고장발생과 낮은 가동률, 운영유지비 증가 등 많은 문제점들을 야기하였다.

예를 들어 1980년대 중반에 야전 배치된 한국형 전차의 획득과정에서도 정비지원부대 미보강, 정비대충장비 미확보, 특수공구 및 시험장비 일부 누락, 추가소요 수리부속 및 물자 미확보, 포탑 정비병 신주특기 지연인가, 실무교육 지연, 기술교범 지연보급, 정비고・탄약고 시설공사 지연 등 군수지원 문제가 완벽하게 고려되지 않았다. 이외에도 오리콘, 발칸포, 다련장 로케트, 한국형 장갑차, 155밀리 자주포 등 70년대 이후 우리 군이 획득한 모든 무기체계의 운용과정에서 많은 군수지원상의 문제점을 야기 시켰다.

이러한 무기체계 획득실태 뿐 아니라 종합군수지원이 필요한 또 다른 이유는 현대 무기체계의 특성 때문이다. 즉 현대 무기체계의 특성은 체계성, 복잡성, 고가성 등을 들 수 있는데, 이러한 무기체계의 특성으로 인해 군수지원업무는 고도로 첨단화, 복잡화, 전문화 되어 가고 있으며, 종합군수지원은 이와 같은 난해한 군수지원업무를 체계적이고 과학적으로 수행할 수 있게 하는 수단이다.[172)]

---

172) 육군에서도 1988년부터 종합군수지원 제도를 도입하였고, 1992년 군수참모부에 종합군수지원과를 신설하여 업무를 수행하였으며, 1998년 이후에는 무기체계사업단('03년 이후 전력단)에서 관련 업무를 담당하였다. 이후 2006년 국방획득제도 변경으로 방위사업청이 창설되고 전력단이 해체되어 군수참모부에 다시 종합군수지원과를 창설하였다.

무기체계 수명주기비용의 2/3이상이 획득초기인 체계개발단계 초에 확정된다는 것이 일반적인 견해이다. 〈그림 3-44〉는 무기체계 획득 단계별 수명주기비용의 확정범위를 도시한 것이다.

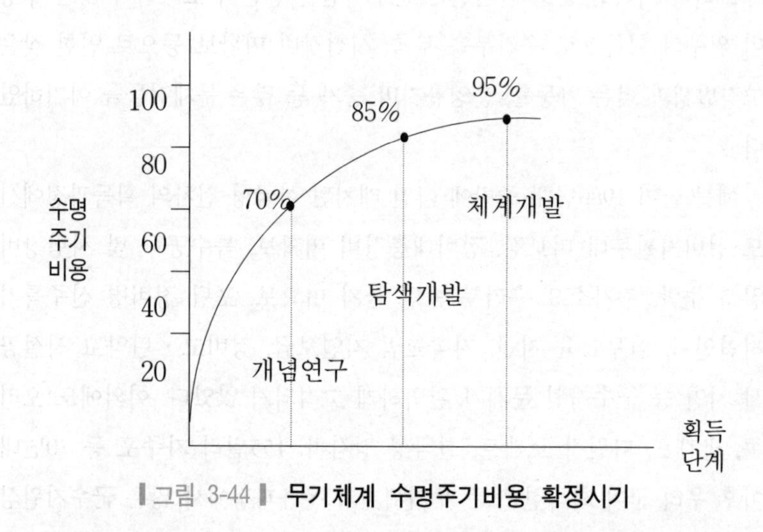

▌그림 3-44▐ **무기체계 수명주기비용 확정시기**

그림에서 보는 바와 같이 개발단계초에서 체계개발 단계말로 이행되면 수명주기비용이 거의 확정되므로 이후에 비용을 변경할 수 있는 융통성은 거의 없다.

특히 경상운영비는 전투준비태세 유지성을 제고시키기 위해 수명주기비용의 주요항목이 되고 있으며, 때에 따라서는 경상운영비가 무기체계 획득비용의 수십 배를 능가할 경우도 있다. 또한 정비에 필요한 공구, 시험장비, 교범 및 시설 등을 획득하는데 소요되는 비용이 무기체계 수명주기비용의 60~85% 정도의 비율을 점유하고 있다.

따라서 효과적인 종합군수지원업무의 수행이야 말로 무기체계 수명주기비용을 절감할 수 있는 최선의 방안이라고 할 수 있다.

종합군수지원 업무를 원활히 수행하기 위하여 각종 설계검토회의시에도 ILS 요소에 대한 야전요구사항을 확인, 반영하고 있다. 또한 종합군수지원요소개발을 위해 개발기관과 사업관련기관간에 의견조정 및 통합을 위한 실무조정회의(ILS-MT)를 방위사업청이나 육본 군참부에서 주관하여 운영하고 있다.173)

시험평가시에도 ILS의 중요성을 인식하고 검증하고 있으며, 개발시험을 담당하는 국과연에는 사업별로 ILS 담당자가 있고, 운용시험을 담당하는 육군 시험평가단에는 무기체계 기능별로 ILS 담당 시험평가관이 보직되어 임무를 수행하고 있다. 그리고 중·장기적인 무기로서 군수지원 능력을 향상시키기 위하여 군수종합정보체계를 구축하여 자원관리의 효율성을 증대시키기 위해 노력하고 있다.

그럼 ILS 관련 미흡했던 사례와 시험평가를 통해 성공적으로 조치한 사례들을 살펴보자.

2000년 운용시험평가후 초도배치된 국내개발 정찰용 무인항공기(UAV) 획득사업은 표준화율이 전체 부품수 대비 86%를 유지하고, 내·외부 조종기 등 42개 품목에 대한 체계구성품간 호환성도 유지하는 등 성과도 있었으나 다음과 같은 종합군수지원상 문제점도 야기되었다.

첫째, 초급 훈련기를 장비로 등록하지 않아 운영유지가 곤란하였는데, 장비 파손시 손망실처리 등 후속조치가 곤란하였고, 운영유지비(유류, 정비, 수리비용 등)가 반영되지 않아 장비유지 및 관리에 애로가 많았다.

둘째, 업체 A/S 요원 2명이 동부지역에 위치하여 서부지역에서 정비소요가 발생하면 최소 4시간이 소요되어 즉각적인 정비지원이 제한되

173) ILS-MT 참가대상은 (1) 군 : 육본, 교육사, 군수사, 전발단, 군지사, 정비창, 해당 병과학교, 야전운용부대 (2) 대외기관 : 방위사업청, 국과연, 기품원 (3) 기타 : 주/협력업체이다.

었다.

셋째, 야전에서 계측기, 공구보급 및 추가 교육시 부대정비 가능한 품목을 외주정비(KAI)로 지정하여 정비가 지연되었다.

넷째, 비행체 출력측정계기, 발사통제장비 보관함 박스 등 운용자에게 필요한 일부품목을 기본불출품목(BII)으로 선정하지 않아 장비 운용 및 정비가 제한되었다.

다섯째, 수리부속에 대한 정비계단 설정과 보급기준 설정이 미흡하였다.

여섯째, 연간가동시간이 실제 약 100시간이지만 최초 638시간으로 판단하여 주기성 품목을 과다하게 선정하였다. 예를 들어 UAV용 항공유를 연간 가동시간을 고려하여 200드럼이나 해외에서 도입하였는데 이것은 실제 6년분의 사용량에 해당되어 재고보유 과다로 유류관리 부담 및 성분분석비용이 추가 소요되었다.

한편, 시험평가를 통해 성공적으로 종합군수지원 사항을 조치한 사례들은 다음과 같다.

2001년 'K9 자주포용 BTCS' 운용시험평가시 동시조달수리부속에서 일부 결합체와 부분품이 중복 선정되어 있고, 일부 구성품이 M/F(정비대충장비)와도 중복되어 있는 것을 포병무기 ILS시험관이 발견하여 시정함으로써 5억 5천만 원의 예산을 절감할 수 있었다.

2006년 운용시험평가를 실시한 '신형 VHF 성능개선장비 ILS 시험평가'[174]의 경우 2005년 주장비에 대해서는 운용시험평가결과 '전투용 사용가능' 판정을 받고 2006년에는 ILS 분야만 시험평가를 하였다.

그러나 주장비 전투용 사용 가능 판정에 따라 2005년 말에 육본에서

---

174) 전술통신체계(SPIDER)의 원활한 정보유통을 위해 신형VHF(G-512)의 전송용량을 2→4Mbps로 성능개선하는 사업

주장비를 선(先)전력화 하면서 ILS 분야는 시험평가를 실시하지 않은 상태에서 동시조달수리부속(CSP : Concurrent Spare Part)을 주장비와 함께 계약을 하였다. 2006년 운용시험평가를 통해 동시조달수리부속을 검토한 결과 기계약된 품목과 수량은 2001년 기존 장비 납품시 제시한 자료를 것을 그대로 적용한 것으로 2001년부터 2005년까지의 신형장비 운용 및 A/S실적이 반영되지 않았으며, 군 표준 소프트웨어인 OASIS 프로그램을 일괄적용하여 산출함으로써 고장빈도가 저조한 품목이 과다하게 산정되어 있었다. 시험평가관은 평가결과를 근거로 동시조달수리부속을 새로 산정한 후 건의하여 반영시켰다.

2007년 운용시험평가를 실시한 '상호통화기세트 : (VIC-7DK)'[175]의 경우도 동시조달수리부속을 판단해 본 결과 업체자체 산출결과와 군수사 산출결과는 과거 실제 소모실적과 경험치에 비해 과도하게 산정되어 있었다.

▌표 3-8▐ 상호통화기세트 동시조달수리부속 산출결과

구 분	업체자체 산출결과	군수사 산출결과	유사장비 정비실적	과거 정비실적	시험결과
수 량	59종 384점	50종 79점	8종 31점	4종 9점	8종 14점
금액(원)	55,390,398	4,770,019	2,965,314	1,813,633	1,274,724

출처 : 시험평가단, 『상호통화기세트 운용시험평가 결과』(2007. 6. 27), p. 94.

원인을 분석해 보니 업체자체 산출결과는 입력자료의 신뢰성이 미흡하였고, 군수사 산출결과는 유사장비 소모실적 등이 반영되어 있지 않았

175) 전차, 장갑차, 자주포 등 전투차량에 설치하여 내부통화 및 차량 무전기를 이용하여 지휘통신용으로 운용하는 장비이다.

다. 따라서 시험평가단에서는 유사장비 정비실적과 상호통화기세트 과거 정비실적, 업체 A/S 실적 등을 종합하여 동시조달수리부속 품목 및 수량을 재산정한 후 건의하여 5천여만 원의 국방비를 절감할 수 있었다.

그러나 시험평가단에서 수행하는 ILS 분야 시험평가가 무조건 판단된 수량을 예산을 고려하여 삭감하는 것만은 아니다. 오히려 야전에서 없거나 부족하여 애로를 느끼고 전력발휘에 지장을 초래하는 경우는 추가 보완해주기도 한다. 아끼는 것만이 능사는 아니다. 필요한 것은 확실히 파악하여 조치해 주어야 한다.

예를 들어 '상호통화기세트(VIC-7DK)' 운용시험평가 간에는 동시조달수리부속뿐 아니라 시험대상인 24개 차종 가운데 K1계열 전차 및 화생방 정찰차량을 제외한 18개 장비(M계열 전차, K-200계열 장갑차, 비호, 천마, 자주포, MLRS 등)에 화생방 경보기 연결케이블이 인가에 누락되어 있는 것을 발견하고 조치하여 주었다. 또한 장비마다 연결케이블의 길이가 잘못 적용된 것을 발견하여 개선해주었고, 특히 K-55 자주포와 K-77 지휘용차량에 상호통화기세트용 헬멧이 승무원 인원에 비해 부족하게 인가되어 있었는데 조치를 해주었다.

위의 사례들에서 볼 수 있는 바와 같이 종합군수지원 업무를 소홀히 하면 예산 낭비와 장차 야전 배치 · 운용시 보급 · 정비상 문제점뿐 아니라 운용상에도 큰 지장을 초래하지만, 성공적으로 수행하면 국방비를 절감할 수도 있고, 보급 · 정비지원 등 군수지원을 원활히 할 수 있는 기반이 조성되며, 전력화시 완전한 성능을 보장받을 수 있는 조건을 만들 수도 있다.

그러나 무기체계 획득시 종합군수지원 업무는 주장비에 대한 우선적인 관심과 종합군수지원 업무자체의 복잡성으로 인하여 소홀히 되고 있는 것이 현실이다.

앞에서도 언급했지만 개발단계초에서 체계개발 단계말로 이행되면 수명주기비용이 거의 확정되므로 이후에 비용을 변경할 수 있는 융통성은 거의 없다. 따라서 사업관리자(ILS 업무수행자 포함)와 개발자, 시험평가자들은 탐색개발과 시험평가를 포함한 체계개발 기간 동안, 종합군수지원 업무가 장차 국방비 절감과 효율적인 군수지원 달성의 초석이 된다는 것을 명심하여 주장비에 버금가는 관심을 가져야 한다. 또한 종합군수지원 업무수행자들은 부단한 업무 협조와 종합군수지원 11대 요소의 품목 하나하나를 세밀히 따지는 철저한 업무수행으로 성공적으로 사업을 추진하도록 노력하여야 한다.

향후 방위력개선사업의 감초, 상호운용성

수천억 원의 국방정보화 사업을 앞에 두고 있는 이 시점에서 조차 상호운용성 보장의 기회를 잡지 못한다면 국방정보화 사업은 나무레일 위의 기차와 다름이 없을 것이다.

- 군사세계 2003년 10월호 81쪽 편집자

잠깐! 상호운용성(相互運用性)이란?

• 국방전력발전업무규정(2006. 6. 29)

상호운용성(Interoperability)이란 서로 다른 군, 부대 또는 체계 간 특정 서비스, 정보 또는 데이터를 막힘없이 공유, 교환 및 운용할 수 있는 능력을 말한다.

• DODD 4630.5(2004. 5. 5)

상호운용성은 정보의 기술적인 교환만을 의미하는 것이 아니라, 정보의 교환을 통해 부대들간의 작전 효과성을 높여서 수명주기(Life Cycle) 전체에 걸쳐, 정보보증(IA)과 균형을 이루는 것이다.

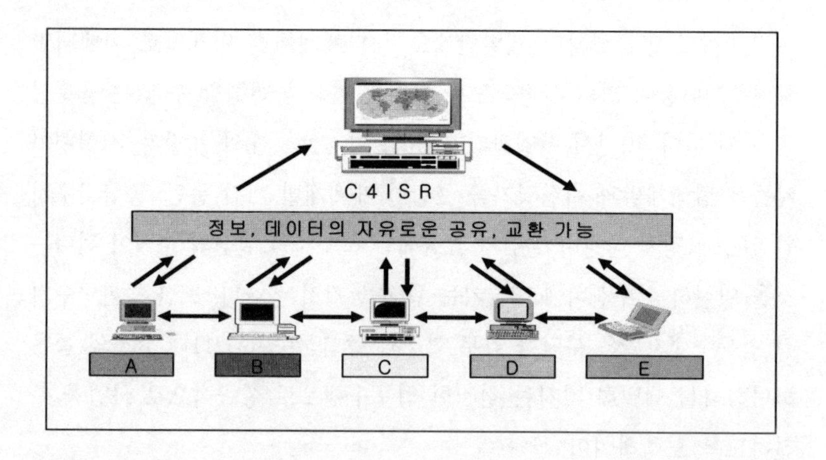

현대전은 정보전, 네트워크전 등 체계통합전 형태의 전투수행으로 체계간 상호운용성, 연동의 중요성이 대두되고 있다.176) 미래의 전장환경은 더욱 복잡하고 동적으로 진행될 것이다. 이에 따라 작전계획을 수립하고 전투명령을 결정하는데 요구되는 데이터와 정보는 점점 증가하게 될 것이다.

우리 군도 90년대 말에 전력화를 시작한 지휘소 자동화 시스템을 계기로 본격적인 지휘통제분야의 정보화에 발을 내디디기 시작하였다. 또한 국방 정보화 발전계획, 합동전장운영개념에서 제시된 바와 같이 앞으로 C4I체계는 물론 각종 무기와 전투장비들도 자동화와 지능화를 가속화 할 것으로 계획이 수립되어 있다.177)

176) 연동(Interconnection)이란 상호운용성 보장을 위해 H/W 및 S/W적인 구성요소들이 상대체계의 그러한 요소들과 전기, 전자적으로 연결되는 것(국방전력발전업무규정 '06. 6. 29)으로, 상호운용성에 포함되는 하위개념이다.

177) 권문택, "국방정보체계의 상호운용성 보장을 위한 제언" 『군사세계』(2003. 10), p. 82. 최근 자동차 산업은 기계산업이 아니라 첨단전자산업이라고 말하여지고 있다. 이처럼 향후 군의 무기체계도 기계적 특성보다는 전자적 특성이 더 중요시 될 것이다.

상호운용성, 연동의 필요성이 대두된 배경을 역사적으로 거슬러 올라가 보면, 인류사회에 의사소통의 약속으로서 언어가 발생된 후 신호전달 수단으로서 봉화(烽火) 등 원시적인 의사소통규약이 등장하게 되었다. 이후 문명의 발전과 함께 전신, 전화기가 발명되자 의사소통규약은 한층 복잡하게 되었고, 전자통신의 발전과 더불어 더욱 복잡한 통신규약이 필요하여 프로토콜이 제정되게 되었다.

디지털 데이터 통신의 등장으로 표준화 및 상호운용성의 필요성이 증대 되었는데, 예를 들어 A체계와 B체계가 상호규약이 상이하다면 A체계가 보낸 전문을 B체계가 인지하기 곤란할 것이다.

이와 마찬가지로 현재 각 군은 무기체계별 독자적 정보유통구조를 구축하여 운용하므로 상호운용성이 부족하여 체계통합을 위한 제도·규정 및 정책적 보완이 필요하다.

한편, 미군의 상호운용성 및 표준화 추진실태를 보면 체계설계, 구현, 획득 전 단계에 걸쳐 상호운용성 구현을 고려하고 있으며, 이를 위한 개념·교리발전, 표준화, 무기체계연동, 시험평가 기술개발이 필수적 요소로 자리 잡고 있다.

미군의 상호운용성 추진전략을 규정·제도측면에서 보면 합동전략목표(Joint Vision 2020)를 설정하고 있으며, 상호운용의 제한점을 해결할 수 있는 통합기술구조를 개발하고 있다. 조직측면에서도 국방성 예하에 다양한 조직을 편성하고 있고, 육군성 예하 시험평가사령부(ATEC)에서도 상호운용성 업무를 추진하고 있으며, JITC(Joint Interoperability Testing Command, 합동 상호운용성 시험사령부)에서 상호운용성을 시험하고 있다. 체계구축측면에서는 상호운용성 확보를 위한 개념설계 및 데이터 통신 표준규격(MIL-188-220, VMF 등)으로 체계구축을 추진하고 있으며, 무기체계내·무기체계간 상호운용성 보장을 위한 합동군 차원의 전술데이터 링크를 구축하고 있다.

우리군도 상호운용성을 위하여 합참 체계연동과, 방위사업청 구조연동과를 비롯하여 각 군과 국방과학연구소, 기술품질원 등에서도 관련조직을 운용하고 있으며, 각 조직에서는 상호운용성 관련 지침을 작성하여 업무에 활용하고 있다.[178)]

또한 합참의 합동전략(실무)회의를 활용하여 상호운용성 관련 업무를 조정 및 통제하고, 합참차장 주관의 합동성위원회는 합동전략회의에서 이견이 있을 경우 조정을 위한 심의, 의결기구로 운영하고 있다. 상호운용성 검증은 무기체계전력화 실무협의회 및 연동성위원회(구 C4ISR-PGM 협의회)를 활용하고 있다.

한・미간에도 상호운용성을 위하여 한・미 상호운용성 위원회와 CCIB(지휘통제 상호운용성 위원회, Command & Control Interoperability Board)를 운용하고 있다.

한편 방위사업관리규정 제 28 조(상호운용성의 기본원칙)에는 무기체계의 상호운용성을 보장하기 위한 기본원칙으로 무기체계간 정보유통을 보장하기 위하여 상호운용성 정책 및 표준을 관리토록 하고 있고, 무기체계의 상호운용성 검증은 개발시험평가의 일부로 수행토록 하고 운용시험에서 확인하고 있으며, 국방전력발전업무규정 제78조(합동성・상호운용성 검토)에는 합참이 소요군의 시험평가 결과를 접수하여 합동성 및 상호운용성의 충족 여부를 검토하고 방위사업청에 통보토록 되어 있다.

그럼 시험평가간 상호운용성 문제를 식별하여 조치한 차기 보병전투

---

178) 국방부 국방정보체계 상호운용성 및 표준화관리지침, 국방정보체계 상호운용성(LISI) 수준 업무편람, 합참 상호운용성 적용 및 평가지침서, 방위사업청 상호운용성 및 표준화관리지침, 육군 상호운용성 검토모델 작성 지침, 상호운용성 실무지침서 등.

장갑차의 사례를 살펴보자.

2006년 8월 모 기갑여단 등 3개 장소에서 실시한 대대장 지휘용 보병전투장갑차의 전장관리체계 운용시험평가 결과 ATCIS와의 상호운용성 문제가 도출되었다.[179] 전장관리체계와 ATCIS간의 연동방법은 유선에 의한 방법(대대장 C4I 단말기를 이용하여 여단과 교신)과 무선에 의한 방법(여단 MFE를 이용하여 여단과 교신)이 있다.[180]

시험결과 유선에 의한 방법은 위치보고, 상황보고, 첩보보고 등 3개전문은 송·수신이 가능하였으나 위치보고시 전송시간이 과다하게 소요되었고, 명령전문은 전송이 불가능 하였다. 무선에 의한 방법은 무선통신 프로토콜이 상이하여 아예 소통이 불가하였다. 이에 따라 10월에 육군본부 정보화기획실 체계연동과 주관으로 방위사업청, 국과연, 정보체계관리단 및 시험평가관들이 참석한 가운데 시험 결과 토의를 거쳐 ATCIS MFE(다기능 접속장치) 성능개선, 대대장 C4I단말기 성능개선 등 후속조치방안을 강구하게 되었다.

차기 보병전투장갑차 시험평가시 상호운용성에 대한 문제 제기는 이후 추가 검토 및 상호운용성 발전방안 세미나를 거쳐 무기체계 전력화 진행간 상호운용성 검토체계를 정립하는 계기가 되었다.[181]

향후 상호운용성 문제는 방위력개선사업을 수행함에 있어서 약방의 감초처럼 등장할 것이다. 그 이유는 전쟁의 형태가 네트워크 중심전(NCW)으로 발전할수록 NCW 개념에 입각한 합동성·동시성·통합성이 강조되고, 체계간 상호운용성의 중요성은 커질 것이며, 무기체계도

179) ATCIS(Army Tactical Command Information System, 지상전술 C4I체계)

180) MFE(Multi-Function Equipment, 다기능접속장치)

181) 검토한 결과는 육군본부에서 2007년 7월 발간한 『상호운용성 실무지침서』에 세부적으로 반영되어 있다.

그에 맞추어 NCW를 구현할 수 있도록 개발되기 때문이다. 앞에서 예를 든 차기 보병전투장갑차뿐 아니라 전차, 자주포, 전투기, 비행기, 함정 등 모든 무기체계는 상호운용성이 가능해야만 전장에서 실질적인 효과를 발휘할 수 있다. 심지어는 현재 운용시험평가 중인 '차기 복합형소총' 조차도 향후 개발 예정인 미래병사체계와 연동이 되도록 커넥션을 만들고, 연동가능여부를 시험평가 항목에 포함하고 있는 실정이다.

상호운용성 문제는 차기 보병전투장갑차의 예처럼 시험평가를 통하여 최종 검증되어야 하겠지만 앞에서 언급한 상호운용성 관련 각 기관의 조직과 구성원들뿐 아니라 방위력개선사업에 종사하는 사람이라면 누구나 관심을 가져야 한다. 특히 무기체계간 상호운용성의 중요성 증대에 따라 최초 소요제기시부터 체계간 상호운용성 적용대책을 강구할 필요가 있다. 체계 개발 후 연동은 막대한 시간과 예산의 투자를 요구하기 때문이다.[182)]

따라서 전력소요요청 실무자들은 상호운용성 소요요청을 차질없이 수행하는 능력을 배양하고, 관련기관은 검토 능력을 배양하며, 시험평가관은 검증능력을 구비하는 등 상호운용성 관련 실무지식을 함양하여 네트워크 중심전을 수행함에 있어 제대로 성능을 갖춘 무기체계를 개발할 수 있도록 우리들은 관심을 가지고 노력하여야 한다.

182) 합참, 상호운용성 적용 및 평가지침서 순회교육자료(2007)

7 작은 무관심이 비수가 된다

실패의 99%는 항상 핑계를 대는 사람들에 의해 저질러진다.

- 조지W. 카버 -

돌다리도 두드려 보고 건넌다.

- 한국속담

보안위반은 공든 탑을 무너뜨린다

무기체계 연구개발사업의 시험평가는 세계적으로 우수한 제품을 만들고자 하는 목표달성의 중간 검증 과정이고, 구매사업의 시험평가는 보다 우수한 무기체계를 보다 싸게 구입하기 위한 중간 검증 과정이면서 협상의 도구이다. 이와 같은 검증 역할을 수행하기 위해 시험평가관들은 시험평가 과정에서 보다 많은 문제점을 조기에 발견하여 개선시킴으로써 궁극적으로 결함이 없는 무기체계를 전력화하도록 노력하고 있다.

방위력개선사업 종사자들이 모두 그렇지만 시험평가 과정에서 시험평가관들은 직무보안을 지키려고 많은 노력을 한다. 그것은 국민의 알 권리를 침해하자는 취지가 아니다.

그 이유는 첫째, 방위력개선사업의 특성상 시험평가단계는 하나의 무기체계를 성공적으로 개발하는 과정의 일부분이기 때문에 전력화 되어 개발완료 되기 전까지는 사업내용이 적성국이나 유사무기체계를 개발하는 경쟁대상 국가 등에 노출되어서는 안되기 때문이다.

둘째, 사업을 일정에 맞추어 정상적으로 추진하기 위해서이다.

앞에서 얘기한 대로 시험평가관들은 세계적인 우수한 무기체계를 만들고자 하는 중간과정에서 다양한 상황을 상정하여 미진한 부분을 발견하고 개선하는 시험을 해야 한다. 그러나 그 과정들이 어떤 경로라도 노출되었을 경우 개발과정임에도 불구하고 무기체계 자체에 큰 결함이 있는 것으로 둔갑하여, 무기체계 개발에 대한 신뢰감을 저하시키고 사업 전체를 지연시키는 사례가 종종 발생하였다.

셋째, 국민의 혈세(血稅)를 낭비하지 않기 위해서이다. 즉 구매사업의 경우 협상진행과정에서 정보 노출시 가격상승의 요인이 되고, 특히 양개 업체 이상의 경쟁일 경우 관련내용이 사전 유출시 경쟁업체간 과도한 경쟁과 민원을 유발시키는 요인이 되며, 그 결과는 사업지연이나 국가 신뢰저하의 요인이 될 수 있다.

그럼 시험평가 진행간 사업추진 내용이 노출되어 시험평가 업무수행 지연과 협상전략 수정으로 어렵게 사업을 추진한 사례들을 살펴보자.

2007년 시험평가를 마친 차기 보병전투장갑차는 운용시험평가 중 주요 결함발생 내용이 시험과 관련 없는 기관 등에 와전되어 유출됨으로써 시험 진행 및 사업 전반에 지장을 초래하였다.

차기 보병전투장갑차 시험평가관은 훈련장에서 절차에 의해 계획된 시험평가를 진행하고 있다가 어느날 육군본부 사업관리자로 부터 뜻밖의 전화를 받았다.

"사격이 엉망이라는데, 도대체 어찌된 것입니까?"

시험평가관이 더 의아할 지경이었다.

"밑도 끝도 없이 그게 무슨 소리입니까?"

"어떤 사람이 저에게 와서 차기 보병전투장갑차 사격하는 것을 옆에서 봤는데 하나도 안 맞는다고, 그런 엉터리 같은 무기를 어떻게 비싼 돈 들여 전력화 하느냐 합디다."

되묻는 시험평가관에게 사업관리자가 자신이 들은 이야기를 했다. 그제서야 시험평가관은 어찌된 연유인지 감을 잡았다.

우리나라의 운용시험평가는 미국과는 달리 별도의 시험장이 없기 때문에 야전훈련부대 훈련장에 협조를 구하여 시험평가를 진행하기 때문에 훈련부대와 상호 시간을 조정하여 훈련장을 사용하고 있다. 차기 보병전투장갑차도 마찬가지였다. 그런데 40㎜ 주포 전투사격시험간 시험과 관련이 없는 야전부대 간부 1명이 훈련차 시험평가 현장을 지나가면서 호기심에 사격하는 현장을 보고 있었다. 이때 전투사격 결과는 하탄이 나서 40% 정도밖에 명중하지 못하는 현상이 발생하였던 것이다.[183)]

그러나 그 현상은 개발에 참여한 관계관들이 원인을 규명하고 포열지지부 등을 보완하여 문제점을 해소하였으며, 검증시험을 통해 이미 확인한 상태였다. 전투사격 이후의 보완 상황을 모르는 간부가 개인적인 친분으로 육본 담당자를 만나 자신의 눈으로 본 사격현상만 전달하면서 아는 척을 한 것이다.

시험평가관은 사업관리자에게 전후 관계를 설명하여 납득을 시킬 수 있었지만, 해명하는 동안 시험평가를 진행하지 못하고 많은 시험평가지원요원 및 국과연, 업체 사람들을 대기시킨 채 아까운 시간을 낭비하였던 것이다.

그러나 그것은 다음에 일어난 일에 비하면 약과에 불과한 사건이다.

시험평가간 장갑차에 화재가 났다고 왜곡된 사실이 시험과 관련 없는 기관 등에 유입되어 사업예산이 삭제됨으로써 시험진행 및 사업추진에 차질을 초래하는 사례가 발생하였다. 즉 제너레이터 코일이 탔다는 사실이 전체 장비에 화재가 난 것으로 와전되고, 하계 고기온으로 하론소화

183) 시험 세부내용에 대해서는 이 책 pp. 173~177. 참조

기가 오작동되어 터지는 바람에 하론 가스가 장갑차에 가득찬 것이 불난 것으로 오인되어 "장비에 문제가 많고 못쓴다며?" 라는 등으로 알려진 것이다.

비단 화재뿐 아니라 장거리 지속능력 시험시 엔진정지, 궤도이단 현상 등도 대책 강구가 가능했음에도 불구하고 치명적 결함으로 오인되어 알려졌고, 다른 시험평가시 도출된 문제점들도 유사하게 오인 전파되어 오해를 불러 일으켰다. 그 결과로 사업이 1년 동안 순연되게 되었다.

그러나 차기 보병전투장갑차는 이러한 시험평가 진행과정에서 발견된 모든 문제점들이 보완되어 세계적인 명품으로 우뚝 서 성능과 가격측면에서 선진국 유사장비에 비해 월등하게 우수해 해외수출 가능성도 높은 것으로 평가되고 있지 않은가?[184)]

2007년 6월 29일 국방부장관, 육군참모총장, 육군 시험평가단장 등 군 주요지휘관들과 방위사업청장, 국방과학연구소장 등 개발관련자들이 참석한 가운데 국과연 안흥시험장에서는 국과연 주관으로 차기 보병전투장갑차 개발완료 보고회가 개최되었다. 이 날 기념사에서 안동만 국과연 소장은 "K21 보병전투장갑차는 우리 손으로 만든 또 하나의 명품" 이라며, "21세기 디지털 미래 전장환경에 부응하기 위해 강력한 화력과 기동력, 생존성과 C4I 연동능력 등 세계최고수준의 성능을 갖춘 장갑차로 그동안 우리가 쌓아 온 국방과학기술을 전 세계에 유감없이 보여주는 쾌거"라고 말했다.

이처럼 완제품이 나왔을 경우에는 홍보도 필요하고 선전도 할 수 있다. 만약 완제품에 하자가 있다면 그것은 시험평가관이나 개발자 등의 잘못이라고 비난을 받아도 좋다. 그러나 중간과정에서 발생하는 오해

---

184) 『월간 국방과 기술』제342호(2007. 8), p. 17. 차기 보병전투장갑차 수출 가능성에 대해서는 「세계일보」2007년 8월 28일자 8면에도 기사가 게재되었다.

는 사업추진에 방해가 되고, 더 나아가 국익과 예산낭비를 초래하기도 한다.

앞에서도 언급했지만 운용시험평가의 근본취지는 시제장비의 주요 결함 및 문제점을 사전에 도출하고 보완 요구하여 장비 전력화시 운용측면에서 문제점을 최소화하는 것이다. 즉, 야전시험과정에서 발견되는 결함은 오히려 시험평가의 목적인 것이다. 문제점들이 발견되지 않은 채 전력화되었을 경우 더 큰 문제를 야기한다.

그런데, 이런 시스템을 잘 모르는 시험지원요원 및 기타요원들은 운용시험에서 장비 결함 및 문제점으로 식별되는 것을 장비에 치명적인 결함이 있는 것처럼 외부기관에 와전, 유포할 가능성이 있는 것이다. 또한 작은 것, 부분적인 것을 알고도 전체를 아는 것처럼 침소봉대(針小棒大)할 가능성도 있다. 이 경우 시험평가 및 사업진행에 지장을 초래하게 되므로 사업추진기관이나 시험평가관들은 관련인원들에게 수시로 운용시험평가의 취지를 교육할 필요가 있고, 식별된 문제점은 개발자들에 의해 원인분석 후 대부분 조치가 가능하다는 것을 주지시킬 필요가 있다. 또한 직무보안에도 유의해 불필요한 정보가 노출되지 않도록 해야 한다. 즉 일일 및 주간시험결과 등 시험평가자료의 보안유지를 위한 대책을 강구하고, 시험지원요원과 시험장에 출입하는 기타 요원들의 보안교육 및 통제대책을 강구해야 한다. 그리고 시험평가관과 개인적인 인간관계를 빌미로 정보를 요구할 때 응해서는 안되면, 시험평가관 스스로도 하고 있는 업무를 자랑하기 위하여 불필요한 정보노출을 해서도 안된다.

한편, 시험평가와 관련이 없는 주변사람들도 시험평가를 진행할 때에는 전력화 과정의 이런 시스템을 이해하고 성공적인 사업추진과 시험평가 진행을 위해 도와주어야 한다. 즉 개발과정에서의 진행상황을 전체 완제품의 성능인양 잘못된 정보를 사실인 것처럼 와전되지 않도록 다

같이 노력할 필요가 있다.

다른 예로 F-15K 전투기 도입과정(F-X사업)을 보자. F-X 사업은 2005년부터 2008년까지 ○조 ○○○억 원을 투자하여 자주적 억제전략 확보를 위해 차기 전투기 ○○대를 국외도입으로 확보하는 사업이었다.

참가 기종은 F-15K(미국), Rafale(프랑스), Su-35(러시아), Euro Fight(유럽연합) 이었으며, 시험평가는 공군에 위임되었다. 공군에서는 2000년 국외 시험평가를 마치고 2001년 국방부에 시험평가 결과를 보고하였다.

그런데 기종선정을 앞두고 2002년 3월 F-X 시험평가결과가 외부에 유출되어 일간지(한겨레, 한국일보)에 프랑스 다쏘사의 라팔이 우수한 결과가 나왔음에도 불구하고 미국의 보잉사 F-15K를 선정하기 위해 노력하고 있다며 시험평가 결과보고서(3급 비밀)가 언론사의 일방적인 편파보도에 사용되었다.

군 수사결과 시험평가 결과보고서가 현역대령에 의해 백업 CD로 언론사에 파일이 무단 유출되었음이 밝혀졌으며, 정보노출과 편파보도, 민원제기 등이 겹쳐 사업 및 협상전략을 수정하는 등 사업이 지연되고 국익은 엄청나게 낭비되는 결과를 초래하였다.

아무리 강조해도 지나치지 않는 것이 전력업무 종사자들의 보안의식이다. 사업관리자나 시험평가관들은 작은 정보 유출도 큰 파문을 야기할 수 있다는 것을 인식하여, 시험평가 관련자료를 대외에 제공할 때에는 관련부서와 협조 및 보안성 검토 후 제공되도록 군사보안 및 공보규정에 따른 절차를 준수해야 한다.

직무와 관련한 정책 추진사항이나 군사기밀을 대외에 유출하는 것은 동기나 과정을 불문하고 이적행위(利敵行爲)임을 확실히 주지해야 한다. 의도적으로 대가를 바라고 정보를 유출하는 행위도 엄금해야 하지만, 실수로라도 그러지 않도록 항상 유의하여야 한다. 이것쯤이야 하는 방심이 “공든 탑을 무너뜨리게 되는 것이다.”

한편 국외도입사업 시험평가의 경우 필요시 비록 시험평가를 수행하였다 하더라도 시험평가결과 판정을 협상진도에 맞추어 추진하는 전략은 보안유지와 가격협상의 주도권을 행사하는데 용이할 수 있다. 최종 협상결과가 결정되지 않은 채 시험평가 결과가 노출되고, 협상전략이 노출되면 국익낭비만 초래할 뿐이다.

또한 군 내부에서 조차 보안유지를 위해 통제하는 시험평가 결과를 검증기관에서 요구할 경우에는 충분한 양해를 구하여 보안을 유지하는 것이 국익에 유리할 경우도 있다.

지금까지 보안 누설사례와 그에 대한 대책을 간략히 알아보았다. 보안사고는 발생하고 울어봐야 아무런 소용이 없다. 보안을 잃으면 전체를 잃는다. 보안사고가 발생하면 개인적인 처벌도 처벌이지만, 방위력개선사업에 관한 보안사고는 국가적으로도 큰 손실을 가져온다.

그러므로 방위력개선사업 종사자들은 전력업무를 수행하면서 보안준수는 사랑하는 가족에 대한 최소한의 예절이자, 국가와 군에 대한 의무라는 것을 항상 명심하고, “소 잃고 외양간을 고치는 우(愚)”를 범하지 않도록 노력해야 한다.

그리고 주변사람들도 시험평가 과정을 지켜보면서 불필요한 오해를 야기하지 않도록 많은 도움을 주어야 한다.

안전사고는 반드시 예방할 수 있다.

안전사고는 약간의 부주의와 무관심에서도 발생할 수 있다. 이는 반대로 주의와 관심을 가지면 안전사고를 예방할 수 있다는 말이기도 하다.

방위력개선사업 특히 시험평가는 안전성이 입증되지 않은 무기, 장비, 탄약 등의 안전성 평가를 병행하여 위험성이 크며, 자칫 인명사고도 발생할 수 있으므로 그에 따른 대책이 반드시 요구된다.

시험평가시 발생가능한 사고 유형은 크게 세 가지로 구분할 수 있다.

첫째, 시험평가 자체의 성격, 즉 성능입증이 되지 않은 장비를 안전성 평가를 포함하여 시험평가 함으로써 발생하는 사고유형이다. 이런 유형의 사고는 사업관리를 서두르다 보면 발생하기 쉽다.

둘째, 무기체계의 특성, 즉 장비 · 물자 · 탄약 · 화생재의 성격에 기인한 사고유형이다. 이런 유형에는 사격, 차량 · 궤도장비 운행, 탄약 · 화생제시험 등이 있다.

셋째, 계절적 요인으로 발생하는 사고유형이다. 시험평가는 최악의 조건에서 무기체계 성능을 확인하기 위해 혹서기와 혹한기에 시험평가를 하기 때문에 하계, 동계 기후와 관련된 사고가 발생할 가능성이 크다.

그럼 먼저 첫 번째 유형인 시험평가 자체의 성격에 의한 사례를 들어보자.

2004년 'K10 탄약운반장갑차' 시험평가는 신뢰성과 안전성이 보장되지 않은 국내개발장비를 개발시험과 운용시험을 병행하여 실시하였다. 기술적 성능입증이 안된 상태에서 기술적 위험성이 내포된 장비에 대하여 위험성을 안고 시험을 실시한 것이다. 특히 운용시험평가기간을 시험평가단에서는 최초 42주를 계획하였으나 전력화 기간을 고려하여 육본에서 37주로 단축 조정하여 개봉장약의 안전성을 확인하지 못한 채 시험평가를 진행하였다. 다행히 안전하게 시험평가는 마쳤지만 위험성이 큰 시험이었다.

이와 같은 사고유형을 예방하기 위해서는 사업관리부서에서 시험평가 업무에 위험성이 따른다는 것을 항상 염두에 두고 시험평가 업무 종사자들과 협조하여 안전조치를 강구할 수 있도록 일정을 편성하는 등 대책을 수립하여야 한다. 가능한 안전성이 입증되지 않은 국내개발 장비는 개발시험평가를 선행하여 기술적으로 문제점을 발굴하고, 조치한 후 운용시험평가를 진행하는 것이 바람직하다.

다음은 두번째 유형인 군 무기체계의 특성, 즉 장비 · 물자 · 탄약 · 화생재의 성격에 기인한 사고유형의 사례를 들어 보자.

먼저 사격관련 사례이다.

시험평가 항목에는 사격이 포함되는 경우가 많으므로 사격으로 인한 안전사고 발생 가능성이 상존한다.

2004년 '기관총 주야간 조준경 시험평가'시에는 사격장 안전수칙을 준수하지 않아 위험한 상황이 발생하였다.

즉 전방의 모사단 공용화기 사격장에서 K-4 기관총 연습사격간 사거리 800m의 표적이 바람에 넘어져서 보조시험관 및 부사수 요원은 표적을 설치하고 있는데, 주시험관은 사선에서 사거리 400m에 대한 영점사격을 통제하는 과정에서 연습탄 1발이 사거리 800m의 표적을 설치하는 장소로 날아가는 현상이 발생한 것이다. 이것은 800m 표적을 설치하는 장소와 400m 사격의 표적위치, 방향이 일치하지 않고 연습탄 사격이므로 너무 안일하게 판단하여 사격장 안전수칙을 준수하지 않은 결과였다.

1997년 실시한 신형 81밀리 조명탄용 신관 시험평가시에는 신관의 충격기능 평가를 위하여 다락대 사격장에서 1㎞ 표적지점에 활성탄으로 실사격을 하였는데, 2㎞ 지점의 사표를 잘못 적용하여 포탄 1발이 2㎞ 지점에 위치한 사격장 후사면의 전차사격장에 폭발하였다. 만약 그 지점에 영농을 하는 민간인이나 전차 훈련요원이 있었다면 대인사고가 발생하였을 것이다.

한편, '차기 보병전투장갑차 동계시험'중에는 전투사격 시험간 포탑 구동장치 이상으로 주포가 표적이 아닌 시험요원 방향으로 지향되고, 약실 내 불발탄이 발생하였다.

▌그림 3-45▐ **차기 보병전투장갑차 사격시험**

또한, 주포 사격간 시험용으로 사용된 40㎜시제품 연습탄이 예광탄과 고폭탄이 뒤섞여 있고, 예광탄 표식이 없어 시험요원들이 예광탄을 고폭탄으로 오인사격하여 산불이 발생되었다.

오후 1시경에 발생한 산불은 소방헬기(소방서 1대, 군헬기 2대)를 동원하고, 보병 1개대대를 투입하고도 네시간이 지난 오후 5시경 산봉우리 하나를 완전히 태우고서야 겨우 진화할 수 있었다.

2007년 '대포병탐지레이더' 국외구매를 위한 해외시험평가는 이스라엘과 스웨덴에서 실시하였다. 스웨덴에서 안전하게 실사격을 통한 탐지능력시험을 마치고 이동하여 이스라엘에서 대포병탐지레이더 탐지능력을 시험하기 위하여 박격포 사격을 하던 중 포탄이 박격포 내에서 폭발하는 사고가 발생하였다.

다행히 이스라엘의 박격포 사격방식은 한국과 달라 직접 사람이 박격포에 포구장전하는 것이 아니라 장전 후 50m 이격된 곳에서 방아틀에 견인된 끈을 당겨 발사하는 방식이었으므로 박격포 주변에는 사람이 없어 인명사고는 발생하지 않았다. 그러나 박격포가 완전히 파손되는 상황에서 비록 사람이 이격해 있었다고 해도 폭음을 듣는 순간 시험평가단과 방위사업청의 평가관들은 가슴이 철렁함을 느꼈다. 이렇듯 해외에서 시험평가 중에도 안전사고의 가능성은 열려 있다.

위와 같은 예들을 방지하기 위해서 사격장에서는 다소 불편하더라도 철저한 안전대책을 준비하고 안전수칙을 준수하여 사격을 실시하여야 한다. 또한 탄약시험은 대부분 활성탄으로 실제 사격이 진행되므로 사격장소, 사격요원 및 화기, 적용사표 등을 사전에 점검하고 교육하여 사격간 발생할 수 있는 안전사고를 예방하여야 한다.

다음은 차량 · 궤도장비 운행에 관련된 사례들을 보자.

기동장비 시험평가는 시험장비의 안전성이 입증되지 않은 상태에서 전술적 사용 가능성과 안전성을 입증하기 위하여 위험지역을 위험한 시기(경사로, 전술도로, 하천 등을 동 · 하계)에 기동하기도 하고, 장거리 지속능력 검증을 위해 장거리 기동을 실시하며, 운전자 자체도 장비에 숙달되지 않아 사고의 위험성이 있다.

기동장비의 안전사고는 하계보다는 동계 빙판길에서 빈번히 발생한다. 2002년 1월 '2½톤 성능개량차량 혹한기 운용시험평가'는 서부지역의 ○○○훈련장에서 포병대대 시험지원 운전병의 지원을 받아 실시하였다. 시험평가 중 운전병이 눈으로 결빙된 고갯길을 2½톤 차량에 105밀리 곡사포를 견인하여 주행 중 내리막길 빙판에서 급브레이크를 밟는 상황이 발생하였다. 이로 인하여 105밀리 포가 중심을 잃고 좌로 회전하며 미끌림으로써 2½톤 시험차량 적재함과 부딪혀 적재함이 찢어지는 사고가 발생하였다.

이와 같은 동계 차량사고를 방지하기 위하여 시험평가관은 사전 주행지역을 정찰하여 위험지역에 대한 안전교육을 필히 선행하여야 하며, 특히 견인장비(트레라, 포)가 있을 경우에는 견인장비와 장비를 견인하는데 따른 지식과 안전확인이 더욱 필요하다.[185]

기동장비의 안전사고는 동계보다는 비록 덜 하지만 하계와 춘・추계에도 발생한다. 특히 하계에는 폭우로 인한 도로파손으로 주행로 상태가 악화되어 사고의 위험이 상존한다. 특히 시험평가를 하는 곳은 포장도로도 있지만 비포장 야지의 전술도로이므로 도로가 갑작스럽게 붕괴되기도 한다. 강원도 지역의 험한 산길에서 군대생활을 해보신 분들은 향로봉, 가칠봉, 만산령 등의 험한 산길을 생각해 보면 저절로 아찔함을 느낄 것이다. 생각만 하여도 아찔한 곳을 시험장비는 기동해야만 한다.

실제로 1998년 여름 'K-55 탄약운반 장갑차 재시험' 때에는 폭우로 인한 도로 파손 상태에서 시험평가관들과 지원요원들은 탄약운반차 시제품을 끌고 험하고 험한 만산령 지역을 숨죽이며 넘기도 하였다.

시험장비 자체의 문제로 인한 사고 위험성도 있다. 앞에서도 말했지만 시험장비는 아직 안전성이 입증되지 않은 상태이므로 전력화 되어 야전부대에 배치된 장비보다 위험성이 크다. 그리고 고장도 자주 발생한다.

▌그림 3-46▌ **10톤 구난차량**

185) 예를 들어 105밀리 견인포에는 브레이크 장치가 없다.

1999년부터 2000년까지 실시한 '10톤 구난차량' 시험평가시에는 경사로 주행간 적시에 변속이 되지 않아 엔진이 정지되고, 재시동을 하고 출발할 때에는 차량이 뒤로 많이 밀리는 현상이 발생하였다.

원인을 분석한 결과 10톤 구난차량에 장착된 수동변속기는 16단(저속 8단, 고속 8단)으로 주행 중 기어 변속이 불편하고, 차량중량(29톤)도 무거우므로 경사로 주행시 기어변속 불편에 따른 안전사고의 위험성이 컸던 것이다. 이에 시험평가관들은 관계기관 업무담당자들과 검토회의를 거쳐 수동변속기를 자동변속기로 교체하고 재시험평가를 할 것을 관련기관에 건의하였다.

그 건의는 즉각 수용되어 자동변속기로 교체하고 시험평가단에서 2001년 재시험평가 결과 변속기 성능이 양호하였으므로 '군사용 가능' 판정을 하여 전력화하게 되었다.

한편, 운행중에는 장비의 문제와는 달리 사람의 신체조건에 의한 위험성도 있다. 시험평가가 장기간 진행되면 시험요원의 피로도는 증대되고, 주의력도 약해지며, 시험평가가 주로 이루어지는 혹서기, 혹한기에는 신체조건도 약화된다.

앞에서 언급한 2001년 '10톤 구난차량 재시험평가'를 할 때에는 오후 2시경 서부지역 GOP 비포장 주행시험 중 운전자 졸음으로 20° 경사의 배수로에 비스듬히 빠져 주행시험이 지연되는 사례가 발생하였다. 주변부대에 지원을 요청하여 병력과 장비를 동원하여 땅을 파고 견인하여 구난 후 시험을 계속할 수 있었지만 자칫 인명사고로 연결될 수 있는 상황이었다.

차량사고는 군측의 차량이나 인원에 의한 것도 있지만 운행시험평가 중에는 민간차량과 혼재되어 도로로 이동을 하게 되므로 민간차량의 부주의로 인한 사고 발생 가능성도 상존한다.

2001년부터 2002년까지 운용시험평가를 한 '2½톤 성능개량차량'의 경우 2002년 1월 경기도 북방 장좌리 지역에서 시험을 종료하고 복귀 중 파주 자유로 지역에서 1차선의 민간차량이 갑자기 2차선으로 끼어들어 그 차량을 피하려고 급 우회전을 하다가 차량이 전복되어 선탑했던 시험평가관이 2주간 병원에 입원하는 교통사고가 발생하였다.

그러므로 시험평가를 할 때에도 항시 무슨 일이 발생 할지 모르므로 평시 차량 운행시 강조되고 있는 '방어운전'을 생활화하도록 운전요원을 교육하고 선탑자도 관심을 경주하여야 한다.

또한 위에서 언급한 모든 경우의 차량사고를 예방하기 위해서는 시험 전 지원요원에 대한 안전교육 외에도 운전요원의 건강상태 및 장비점검, 시험장 주변 환경을 정찰하여 대책을 강구한 후 시험을 실시하여야 한다.

한편 포탄시험 중에는 안전사고의 위험성이 상존한다.

2007년 개발시험평가 중인 '차기 전차'의 '장갑판재 관통력시험' 중에는 직경 10㎝나 되는 파편이 목표지점에서 200m 이격된 국방과학연구소 연구원과 입회 중인 시험평가단의 시험평가관 발밑에 떨어지는 일이 발생하였다. 200m 정도면 충분히 먼 거리라고 생각하고 방탄유리 보호막에서 조금 벗어나 있었는데 파편은 생각보다 멀리 비산한 것이다.

포탄에 의한 사고는 발생하면 인명과 직결된다. 또한 시험평가 중인 시제품 탄약은 안전을 보장할 수가 없다. 그러므로 항상 1%의 작은 가능성도 염두에 두고 안전대책을 강구한 후 시험에 임하여야 한다.

경우를 바꾸어 화생제 시험평가의 예를 보자. 1999년부터 2000년까지 운용시험평가를 실시한 '신형 개인제독 처리 킽'의 경우 임상시험시 현용 KM258A1 제독킽을 턱부위에 바르고 제독시험을 실시하였는데 독성물질인 페놀, 가성소다 등의 흡입으로 시험요원들이 심한 구토증세가 생기고 증기가 눈에 침투하여 손상을 주는 결함을 발견하여 조치 하였다. 과거 시험평가를 할 때에는 임상시험을 실시하지 않았기 때문에 이러한 현상을 발견하지 못하였던 것이다.

그러므로 개인 제독킡 등 의약품으로 분류된 화생방 방어물자는 반드시 임상시험을 실시한 후에 야전에서 시험지원요원들을 대상으로 운용시험평가를 실시해야 한다.

마지막으로 세번째 사고 유형인 계절적 요인으로 인한 사고사례를 알아보자.

시험평가는 혹서기와 혹한기의 성능을 입증하기 위하여 여름(혹서기)과 겨울(혹한기)을 반드시 포함토록 하고 있는데, 그에 따라 계절적인 요인으로 인한 사고 발생 가능성이 상존한다.

2004년 1월 '개량형 야간표적지시기'[186] 시험평가시에는 영하 10~25도 기온의 다락대 지역에서 야간투시경과 야간표적지시기의 복합운용에 따른 야간사격과 탐지거리 시험을 약 4주간 실시 중 시험요원 가운데 3명의 인원이 손가락에 동상이 발생하는 사고가 발생하여 시험을 중지하는 사례가 발생하였다.

시험실시 전 또는 실시 간 동상 예방운동을 실시하고 주의를 당부하였으나, 시험요원이 혹한기 야외에서 2시간 이상 장시간 노출되었을 뿐 아니라 자기 몸 관리 보다는 숙달되지 않은 사격 및 관측시험에 열중하다 보니 자신도 모르는 사이에 손가락이 얼어서 소총의 방아쇠를 당길 수 없는 상황이 발생한 것이다.

2004년 기관총 주야간 조준경 시험평가시에도 동계 오후 1시부터 11

186) 기존의 야간표적지시기(PAQ-91K)를 성능개량하여 개인화기에 장착시켜 야간표적지시용으로 운용하는 장비로 야간투시경과 복합운용시 야간조준사격이 가능하다.

시까지 영하의 기온에서 장시간 노출로 인해 사수의 손발이 얼었고, 특히 감적호에 들어가 있는 인원은 대기하는 동안 활동이 제한되어 추위와 싸워야 했으며, 심지어는 물웅덩이에 빠지는 등 동상의 위험이 상존하였다.

이와는 반대로 기관총 주야간 조준경 시험평가시 하계시험 중에는 오전 10시부터 오후 11시까지 주간에는 직사광선의 불볕 더위를 이겨야 했고, 야간에는 모기와 싸워야 했다. 주간에는 천막과 차양대를 설치하고, 야간에는 모기약을 지급하였으나 두통 및 현기증 환자가 발생하였다.

이러한 계절적 요인으로 인한 안전사고를 예방하기 위해서는 야외에서 장기간 시험평가를 할 때에는 기후조건을 고려하여 동계에는 천막 및 난로설치, 발열팩 지급 및 수시 방한운동을 하여야 하고, 하계에는 그늘 등 피서대책을 강구하고, 온도지수를 고려한 활동을 해야 하며, 모기나 해충에 물리지 않도록 예방조치가 이루어져야 한다. 특히 서부 전방지역은 말라리아 모기 서식지로서 이에 대한 대책도 강구되어야 한다.

지금까지 시험평가간 발생할 수 있는 대표적인 사고유형들과 대책에 대해 알아보았다. 그러나 위와 같은 세 가지 유형의 사고들은 단순한 하나의 요인보다는 복합적인 요인들에 의해 발생할 경우가 많다. 예를 들어 장비 성능이 입증되지 않은 장비로 동계 빙판길을 주행하는 경우 등이다. 복합장비일 경우 안전사고의 위험성은 더 커진다.

그러나 위험성이 크다고 하여 사고란 충분히 일어날 수 있는 일로 당연시 여겨서는 안된다. 모든 방위력개선업무 종사자, 특히 시험평가관들은 야전 배치 후 최상의 전력발휘를 위하여 때로는 위험도 무릅써야 하지만, "한 건의 안전사고는 모든 노고를 무위(無爲)로 만들 수 있다"는 것을 항상 명심하여 "안전제일(安全第一)이 아닌 안전우선(安全優先)"을 염두에 두고 업무를 진행하여야 한다.

이를 위해서는 첫째도 관심, 둘째도 관심이다. 즉 시험이 무사히 종료되는 순간까지 긴장의 끈을 놓지 말고 인원, 장비, 기후(계절), 지형적 위험요소를 하나하나 점검하고, 대책을 강구하여야 한다.

이 정도면 되겠지 하는 순간이 가장 위험한 순간이다. "돌다리도 두들겨 보고 건너"고, "꺼진 불도 다시 보는 심정"으로 다시 한 번 살펴야 한다.

전력화의 끝 길에서 내 자식과도 같은, 분신(分身)과도 같은 무기체계의 성공적인 탄생을 보면서, 보다 나은 성능을 위해 사랑하는 동료가 희생되었다는 안타까움의 눈물보다, 모든 사람이 무사히 그리고 성공적으로 임무를 마쳤다는 기쁨의 눈물을 흘릴 수 있도록 모두가 노력하여야 한다.

"무기체계는 우리의 땀과 혼을 원할 뿐, 피를 원하지 않는다. (다만 적들의 피를 원할 뿐이다?)"

Ⅳ.
맺음말 :
앞으로 하여야 할 일들

세계수준의 시험평가 능력을 확보하는 것은 곧
세계수준의 무기체계 개발기반을 확보하는 것
- 제5회 시험평가기술 심포지엄 대회사 중에서

좋은 것일수록 그것을 얻는 데에는 긴 시간이 필요한 법이다.

- 고든 리빙스턴

한국의 방위력개선사업은 70년대의 소총 모방생산에서, 80년대의 K1 전차 생산을 거쳐, 2000년대에는 드디어 초음속 고등훈련기(T-50)를 생산하는 수준에 이르렀다. 그동안 우리의 방위력개선사업 성장과 더불어 시험평가의 영역도 넓어지고, 수행업무도 많아졌다.

이와 같은 발전과정에서 ADD(국방과학연구소)가 주축이 되는 개발시험평가(DT & E)와 소요군(所要軍) 시험평가기관을 주축으로 하는 운용시험평가(OT & E)의 역할과 중요성이 크게 대두되었지만, 아직은 민간차원은 물론이고 군 내부에서도 무기체계 시험평가와 방위력개선사업에 대한 이해가 다소 부족한 실정이다.

따라서, 이 책에서는 시험평가란 무엇이고 방위력개선사업과정에서 어떠한 역할을 수행하며, 왜 중요한지, 그리고 시험평가 절차와 조직은 어떻게 되는지를 먼저 알아 본 다음, 그동안 시험평가를 수행하면서 발견된 방위력개선사업 발전방향에 대해 의견을 제시함과 동시에 시험평가의 애환과 보람에 대해서도 언급하였다.

먼저 시험평가란 시험(Test)과 평가(Evaluation)의 합성어로서 시험(Test)이란 개발 및 운용측면에서 무기체계의 객관적인 성능을 검증하고 평가하는 기초 자료를 획득하는 과정이며, 평가(Evaluation)란 시험을 통하여 수집된 자료와 기타 수단으로 획득된 자료를 근거로 사전에 설정된 판정기준과 비교분석함으로써 대상무기체계가 사용자 요구와 운용목적에 부합하는지를 판단하는 과정을 말한다.

즉, 시험평가는 무기체계 획득을 위한 구매 또는 연구개발이나 설계 제작이 요구사항에 일치하는가를 판단하는 의사결정 지원 단계이다.

현대의 방위력개선사업에서 무기체계는 최첨단 컴퓨터 및 통신전자 기술과 접목되어 그 발전 속도가 날로 증가함에 따라 개발 및 획득 위험도 동시에 증가하는 추세에 있다. 이러한 위험을 줄이기 위해서 시험평가는 의사결정자에게 필요한 정보를 제공하는 것으로서 첫째, 의사결정 지원, 둘째, 획득 및 개발과정에서 위험관리 도구로서의 역할, 셋째, 개발 및 획득된 무기체계의 수명주기 비용을 결정하는 역할을 한다.

미국 등 시험평가 선진국들은 '세계수준의 시험평가 능력을 확보하는 것은 곧 세계수준의 무기체계 개발 기반을 확보하는 것이나 다름이 없다'라는 인식아래 경제적이고 효율적인 시험평가 능력 구축을 위한 노력을 하고 있다.

한국군도 국방개혁 2020을 달성하기 위해 병력 감소에 의한 전력공백을 첨단 과학화된 무기체계로 보강할 필요가 있다. 아울러 무기 국산화 및 수출증대를 위해서도 현재보다 방위력개선사업의 발전과 더불어 시험평가 소요 및 중요성도 증대될 것이며, 시험평가의 발전도 도모하여야 한다.

방위력 개선사업 및 시험평가 발전방향은 선진국의 경우를 벤치마킹하는 방법도 있지만, 우리의 경험사례를 통해서도 도출할 수 있다.

이 책에서는 선진국의 시험평가 발전추세와 지금까지 시험평가를 수행한 결과, 특히 육군 시험평가단의 운용시험평가 사례들을 통해서 방위력개선사업과 시험평가의 발전방향을 첫째, 시작단계 업무수행의 중요성 인지, 둘째, 기술발전추세 반영, 셋째, 야전운용환경에서 확인, 넷째, 관련기관간 협조 철저, 다섯째, 국방비 절감방안 강구 시행, 여섯째, 전력화지원요소와 상호운용성에 관심 경주, 일곱째, 보안과 안전 유의 등

7가지로 제시하였다.

시작단계 업무수행의 중요성 인지

'시작이 좋으면 끝이 좋다'라는 말이 있듯이 방위력개선사업도 시작단계 업무수행을 잘 해야 한다.

첫째, 사업초기 업무수행자는 직무지식과 사명감을 가져야 한다.

무기체계획득은 장기간의 절차를 밟는 반면 방위력개선사업 종사자, 특히 현역군인은 인사관리제도상 무기체계 획득기간에 비해 상대적으로 짧은 기간에 보직변경을 하는 경우가 많으므로, 소요결정, 중기계획작성, 체계개발동의서를 작성할 당시의 담당자와 시험평가 실시 및 무기체계를 전력화하는 단계의 담당자가 상이한 경우가 비일비재하다.

따라서 일부 실무자의 순간적인 안일한 생각, 업무과중, 해당분야에 대한 직무지식 부족 등 여러 가지 이유로 무기체계 중 몇몇 사업들에서 사업초기에 시작이 잘 못되어 사업기간 지연(전력화 지연), 예산낭비뿐 아니라 전력화된 무기체계가 부실화 되어 실제 전력발휘에 지장을 초래할 수도 있으므로 관심을 가지고 확인해 보아야 한다.

둘째, 사업초기에 가장 관심을 가져야 하는 것은 작전운용성능(ROC)이다. 작전운용성능은 연구진에게는 개발목표, 시험평가자에게는 평가기준이 되며, 사업관리자에게는 전력화시 획득예산과도 연관이 된다.

이처럼 작전운용성능이 중요하다는 것은 누구나 인정하면서도 각개 실무담당자의 전문성과 경험 부족, 신규 무기체계에 대한 이해 부족, 작전운용성능 설정 후 체계개발까지 장기간 소요에 따른 책임의식 부재 등의 이유로 작전운용성능 작성시 주요항목 누락, 불필요한 항목 포함, 과도설정 및 내용이 추상적이거나 불명확한 경우 작전운용성능 재검토와 수정 작업으로 시험평가와 전력화 시기가 지연되는 등 문제점을 야기시킨 사례가 다수 발생하였다.

그러므로 방위력개선사업 종사자들은 한국적인 작전환경, 과학기술 발전추세와 연구개발 능력 등을 고려하여 작전운용성능을 설정하도록 노력하여야 한다. 실무자의 작전운용성능 결정과정에 시험평가요원의 참여를 확대하여 의견을 개진토록 하는 것도 하나의 좋은 방안이라고 본다.

셋째, 어떤 요구조건이 너무 강조되면 다른 조건에 문제가 발생할 수 있다는 사실에 유념하여야 한다. 예를 들어 너무 지나치게 장비의 부피나 무게를 줄이려고 하다보면 장비의 견고성과 성능에 문제가 발생할 수 있다. 반면 지나치게 많은 것을 요구하는 경우, 즉 많은 기능들이 포함될수록 무게와 부피가 증가할 가능성이 커져, 사람이 인력으로 조작하기에는 부담이 증가하고, 비용부담도 증가하며, 반드시 필요하지 않은 요구조건들이 포함될 경우도 발생한다.

넷째, 과도한 시험평가 기준, 조건, 방법은 기준 미충족을 야기할 뿐 아니라, 비록 기준은 충족할 수 있다고 하여도 실제 운용상 불필요 하거나, 그런 성능을 구현하기 위해서는 과도한 비용이 소요되는 경우도 있다. 그러므로 시험평가 기준과 조건 및 방법을 설정할 때는 요구조건이 과도하지 않은지 면밀히 검토 후 적용하여야 한다.

다섯째, 새로운 획득절차에서 시험평가관은 소요제기 단계부터 전력화평가까지 획득 전(全) 단계에서 활동이 요구되고 있다. 시험평가관이 획득 전 단계에서 활동하는 것은 조기에 문제점을 발굴하여 시정할 수 있고, 개발 및 획득사업 초기에 사용자의 운용 요구사항을 적절히 반영할 수 있으며, 시험평가를 포함한 획득기간을 단축할 수 있으므로 경제적이고 효율적이다.

기술발전추세 반영

걸프전 이래 과학기술의 발달과 군사혁신의 가속화로 현대전의 패러다임이 기술위주로 급격히 바뀌어 가고 있으며, 무기체계는 점차 정밀화, 복합화, 고성능화 및 고가화 되어 가고 있다. 이에 따라 방위력개선사업 종사자들에게는 다음과 같은 것들이 요구된다.

첫째, 기술적인 마인드를 갖고 장비의 기본적인 작동원리를 이해하는 것이 매우 중요하다. 사업관리자나 시험평가관 등이 무기체계의 기본원리를 모르고 작전운용성능이나 시험평가기준을 설정하게 되면 문제가 야기될 가능성이 크다.

둘째, 빨라지는 기술발전 성과를 반영해야 한다.

소요를 제기하고, 무기체계를 개발하며, 최종적으로 이를 검증하는 시험평가를 하는 사람들이 기술발전 추세를 알고, 성과를 반영하지 못하면 소요제기부터 전력화까지 장기간이 소요되는 무기체계 개발의 특성상 개발된 무기는 그 순간 구형이 되어 있을 수도 있다. 또한 신형장비에 구형 부품이나 기술을 적용할 수도 있다.

셋째, 민간기술을 적극 활용하여야 한다.

21세기 전쟁의 성격을 본질적으로 변화시키는 주요요인중 하나는 민간화(Civilian) 비중이며 오늘날 무기체계 획득환경은 국방기술과 민수기술의 융합이 가속화 되는 방향으로 변화되고 있다. 최근에는 선진국에서도 국방재원의 압박이 가중되고, 상용기술 특히 정보기술 수준이 군사기술보다 상대적으로 우월하기 때문에 상용기술의 군사적 활용을 적극 추진하고 있다. 우리군도 민간 신기술 접목을 통해 미래전쟁에 대비하고 저비용·고효율 기술개발 업무를 추진할 수 있는 혁신적인 체제로의 전환이 필요하다.

넷째, 현대 무기체계에 있어 소프트웨어 및 주파수가 차지하는 비중은 점차 높아져 가고 있으므로 소프트웨어 및 주파수에 관심을 가져야 한다.

먼저 소프트웨어에 대해서는 초기단계에서부터 세부적으로 시험평가 계획을 수립하여야만 소프트웨어를 포함한 컴퓨터 체계를 성공적으로 개발할 수 있다. 이를 위해서는 소요제기 단계에서부터 무기체계의 요구 기능을 구체화하고, 이 때 구체적으로 반영되지 않은 사항은 체계개발동의서(LOA)작성시 구체적으로 반영하여야 하며, 시험평가기관에서 작성한 시험평가계획(안)에 대해 관련기관에서 심도 깊은 검토를 하여야 한다.

한편 방위력개선사업 종사자들은 무기체계 획득간 주파수 누락으로 인해 무기체계 성능 발휘에 제한사항이 발생치 않도록 사업추진간 절차와 규정을 준수하는 노력을 기울여야 한다. 또한 주파수 관련 적극적인 확인 및 조치로 전력화후 야전운용을 보장하여야 한다.

야전운용환경에서 확인

방위력개선사업 종사자는 무기체계 획득의 최종 목표는 야전운용환경에서의 성능구현이라는 점을 인식하여 다음과 같은 점에 관심을 가지고 사업을 진행하여야 한다.

첫째, 3계절 시험평가의 중요성이다.

시험평가간 사업추진부서에서는 사업추진일정 촉박 등을 사유로 3계절(혹서기, 혹한기 포함) 시험평가를 개발시험의 환경시험으로 대체하기를 원하지만, 개발시험환경과 운용시험환경은 차이가 있다는 것을 항상 염두에 두고, 가능한 3계절 운용시험평가를 할 수 있도록 노력하여야 한다.

둘째, 개발시험평가시 확인된 사항이라도 필요시에는 야전운용환경에서 재확인 하도록 노력하여야 한다. 앞에서 언급한 것처럼 개발시험과 운용시험 환경이 다르므로 동일한 시험항목이라도 개발시험시 기준 충족된 사항이 운용시험을 실시하면 문제점이 발견되는 경우가 다수 있다.

셋째, 시험평가시에는 아무리 사소한 문제점이라도 관심을 가지고 다시 한 번 점검을 하여야 한다. 방위사업을 추진하거나 시험평가를 진행하는 과정에서도 작은 것을 소홀히 하지 않는 관심과 철저함, 직무지식이 나중의 큰 사고와 전력공백을 방지하고, 정비비용 등 예산을 절감할 수 있는 바탕이 되는 경우가 많다.

관련기관간 협조 철저

조직의 성과는 협력에 의해 증진될 수 있다. 방위력개선사업 추진과정에서도 각 기관간의 긴밀한 협조관계가 중요하다.

첫째, 사업관리기관과 시험평가단은 시험평가를 포함한 사업관리 협조를 잘 하여야 한다. 사업관리기관과 시험평가단이 서로의 차이점을 알고 해소하며, 공통점을 극대화 하여 상호 이해의 바탕위에서 업무를 수행한다면 방위력개선사업은 지금보다 훨씬 더 원활하게 수행될 수 있을 것이다.

둘째, 시험평가단과 개발기관(특히 국방과학연구소)은 대립관계가 아닌, 방위력개선사업의 동반자적 관계이다. 그러므로 각 기관은 첫째, 적정(適正) 무기체계를 개발하기 위한 관련 지식과 자료의 공유, 둘째, 적기(適期) 전력화를 위한 사업일정 협조, 셋째, 기타 인력, 지원장비 및 시설 협조 등을 통하여 사업 성공을 위해 협력하여야 한다.

셋째, 시험평가 실시단계에서 아주 중요한 분야가 시험지원부대의 역할이다. 외국과 같이 전문시험부대가 없는 우리의 현실을 고려할 때 아주 중요한 역할을 한다. 따라서 시험지원부대가 사용자의 입장에서 꼼꼼히 살펴보고 문제점을 파악해줌으로써, 개발기관에서 전력화 이전에 이를 개선하여 성능이 우수하고 운용시 문제점이 없는 무기체계를 개발할 수 있기 때문이다. 그러므로 비록 시험평가 업무는 야전부대나 학교기관의 고유수행임무가 아니고, 시험평가 수행기관과 시험지원부대는 지휘체계가 상이하지만 야전부대나 학교기관이 시험평가부대로 선발되면 최대한 지원을 아끼지 말아야 한다.

넷째, 시험평가단 · 사업관리자 · 개발자와 업체와의 관계이다. 시험평가를 포함한 방위력개선사업, 특히 2개업체 이상이 경쟁일 경우는 커다란 이권이 개입된다. 그러므로 방위력개선사업 종사자들은 자신의 본분을 다하지 못할 경우 결국 처벌이 뒤따른다는 책임의식을 견지하여, 작은 이익을 좇아 공직자로서의 명예를 잃지 않도록 조심해야 한다.

업체 또한 과도하고, 공정하지 못한 경쟁인 경우 사업이 취소되거나, 사업이 진행되더라도 사업기간이 장기화할 경우 오히려 업체의 피해만 커질 수 있다는 것을 명심하여 공정한 경쟁이 되도록 노력해야 한다.

국방비 절감방안 강구, 시행

국방비는 국민의 혈세이므로 방위력개선사업에 종사하는 사람들은 최대한 국방비를 절감할 수 있는 방안을 강구하여 시행하여야 한다.

첫째, 같은 성격의 수리부속은 최대한 호환하여야 한다. 신규 개발 · 획득될 무기체계와 배치 운용중인 무기체계 및 무기체계 내 장비별로 같은 성격의 수리부속임에도 불구하고 규격이 다른 경우가 있는데, 시험평가 기간을 포함하여 소요결정 과정에서도 최대한 검증하여 표준화 및 호환성이 달성되도록 하여야 한다.

둘째, 불필요한 품목 포함여부, 비싼 품목의 대체 가능성을 확인하여 조치하여야 한다. 운용시험평가간 문제점을 개선하면서 국방비를 절감하는 사례들이 종종 발생한다. 그러한 것은 미리 작전운용성능이나 체계

개발동의서를 작성하는 단계에서 확인되어 국방비를 절감하는 방향으로 사업이 진행된다면 더 좋을 것이다. 굳이 군용품이 아니어도 될 환경이라면 과감하게 상용품을 사용하는 것도 좋은 방안이라고 본다.

셋째, 가능한 국산품을 사용하도록 노력하여야 한다.

부품 및 군사기술 국산화는 개발기간 장기화로 인해 사용시점에서 장비 진부화, 선진국 장비에 비한 성능저하 및 가격상승 등 일부 회의론도 있지만, 그런 것을 극복하지 못했다면 우리가 지금 외국에까지 자랑하고 수출하고 있는 우수한 무기체계들을 개발하지 못하였을 것이고, 자주국방은커녕 선진국에 더욱 의존적인 상태가 되었을 것이다.

따라서 부품국산화 및 국방과학기술진흥 정책은 순간적인 경제성뿐 아니라 정치·군사면을 포함하여 장기적인 안목으로 추진해야 한다.

전력화지원요소와 상호운용성에 관심 경주

무기만 단독으로 개발되어서는 기능을 발휘하지 못하기 때문에 '전투발전지원요소'와 '종합군수지원요소' 등의 '전력화지원요소'와 더불어 전체 체계로서 전력화(戰力化)되어야 하며, 상호운용성이 동시에 고려되어야 한다.

첫째, 전력화지원요소는 주장비 획득과 동시에 확보되어야 한다. 주장비에만 치중하여 개발하고 전력화지원요소가 제대로 확보되지 않으면 무기체계 성능발휘에 지장을 초래할 뿐 아니라 전력화 후 운용유지비용이 추가로 소요되는 원인을 제공한다.

둘째, 현대전은 정보전, 네트워크전 등 체계통합전 형태의 전투수행으로 체계간 상호운용성의 중요성이 대두되고 있다. 현재 각 군은 무기체계별 독자적 정보유통구조를 구축하여 운용하므로 상호운용성이 부족하여 체계통합을 위한 제도·규정 및 정책적 보완이 필요하다.

보안과 안전 유의

보안과 안전문제를 소홀히 하면 시험평가 뿐 아니라 방위력개선사업 전반에 심한 악영향을 끼친다.

첫째, 시험평가관을 포함한 방위력개선사업 종사자들은 시험평가 과정에서의 직무보안을 지켜야만 한다. 그 이유는 무기체계가 개발완료되기 전까지는 사업내용이 적성국이나 유사무기체계를 개발하는 경쟁대상 국가 등에 노출되면 이적행위가 되기 때문이고, 사업을 일정에 맞추어 정상적으로 추진하기 위해서이며, 국민의 혈세(血稅)를 낭비하지 않기 위해서이다. 시험 과정에서 발견되는 결함은 오히려 시험평가의 목적이다. 문제점들이 발견되지 않은 채 전력화 되었을 경우 더 큰 문제를 야기한다. 식별된 문제점은 개발자들에 의해 원인분석 후 대부분 조치가 가능하다.

둘째, 안전사고를 예방하여야 한다.

방위력개선사업 특히 시험평가는 안전성이 입증되지 않은 무기, 장비, 탄약 등을 혹한기와 혹서기 등 기후로 인한 위험성이 큰 계절에 추진하므로 위험성이 크고, 자칫 인명사고도 발생할 수 있으므로 그에 따른 대책이 반드시 요구된다. 안전사고 예방을 위해서는 최대한 관심을 경주하여 시험이 무사히 종료되는 순간까지 인원, 장비, 기후(계절), 지형적 위험요소를 하나하나 점검하고, 대책을 강구하여야 한다.

지금까지 시험평가에 대한 종합적 고찰과, 사례분석을 통한 방위력개선사업 및 시험평가 업무의 발전을 위하여 강조하여야할 사항과 단편적이나마 시험평가 과정에 얽힌 시험평가관들의 애환과 보람에 대해서도 알아보았다.

그러나 이러한 시도는 첫걸음일 뿐이다. 우리가 세계수준의 시험평가 능력과 무기체계 개발 능력을 확보하는 그 순간까지 시험평가에 대한 연구와 방위력개선사업 발전방향에 대한 연구는 이론적으로, 경험적으로 더욱 심화되어야 할 것이다. 지금도 선진국들은 그 분야에 대해 우리보다도 더 큰 관심을 가지고 노력을 하고 있다.

미래는 준비하는 자의 것이라 하였다. 군사분야 준비부족으로 인한 결과는 타 분야의 성과를 일순간에 무너뜨릴 수 있다. 오늘 나의 무관심과 나태함으로 미래의 후손에게 짐을 지워주어서는 안될 것이다.

더하여 **'방위력개선사업의 파수꾼'**이라는 자부심을 가지고, 오늘도 **'명품 무기체계 탄생'**을 위해 열악한 환경에서 온갖 애환을 극복하며 혼신을 바치고 있는 시험평가관들에게 따듯한 격려의 말과 눈길을 당부한다.

V.
부 록

1. 용어해설
2. 영어약어
3. 참고문헌

부록 1

용 어 해 설

(국방전력발전업무규정 등에서 발췌 · 정리)

• 개발계획서(Development Plan, DP)

연구개발주관기관에서 탐색개발 또는 체계개발단계에서의 수행계획을 문서화한 것으로 탐색개발계획서와 체계개발계획서가 있다.

• 개발시험평가(Development Test and Evaluation : DT&E)

체계개발 단계에서 제작된 시제품에 대하여 기술상의 성능(신뢰도 · 유지성 · 적합성 · 호환성 · 내환경성 · 안정성 등)을 측정하고 설계상의 중요한 문제점이 해결되었는가를 확인 평가하여 무기체계 획득과정에 있어서 기술적 개발목표가 충족되었는지를 결정하기 위하여 수행되는 시험평가를 말한다.

• 국과연 주관 연구개발

국과연이 연구개발주관기관으로 지정되어 추진하는 국내연구개발의 형태를 말한다.

• 군수지원분석(Logistics Support Analysis : LSA)

무기체계의 수명주기 동안에 걸쳐 군수지원요소를 확인, 분석 및 구체화하는 활동으로 획득단계별로 주장비의 지원체계를 결정하는데 필요한 정보를 제공하며, 해당 무기체계의 운영유지비용을 최적화시키는 동시에 무기체계 운용시 지속적인 군수지원이 이루어질 수 있도록 보장하는 종합군수지원 업무의 실체적인 활동이다.

• 규격서(Specification : SPEC)

제품 및 용역에 대한 기술적인 요구사항과 요구필요조건의 일치성 여부를 판단하기 위한 절차와 방법을 서술한 문서를 말하며, 제품의 성능, 재료, 형상, 치수, 용적, 색채, 제조, 포장 및 검사방법 등이 포함되며, 국방규격서는 정식규격서와 약식규격서로 구분한다.

가. 정식규격서는 일정한 형식과 내용을 구비하여 계속적으로 통용하고 반복사용하기 위하여 제정된 규격서이다

나. 약식규격서는 용도와 조건에 따라 임시규격서, 포장규격서, 구매규격서, 도면규격서로 구분한다.

(1) 임시규격서는 기술자료가 미비할 때 제정하는 규격서로서 정식규격화 하지 아니하고는 원칙적으로 동일품목 구매에 재사용하지 못하는 규격서이다.
(2) 포장규격서는 완성장비 부품 등 포장사항이 규제되지 않는 품목의 수송, 저장, 취급의 편의성을 위하여 포장조건을 정한 규격서를 말한다.
(3) 구매규격서는 KS 및 정부부처, 외국, 업체규격을 그대로 적용할 수 없거나 품종 및 품질 수준이 다양하여 조달에 적용하기 곤란한 품목에 대하여 구매에 필요한 최소한의 요구조건을 정한 규격서를 말한다.
(4) 도면규격서는 군용물자 부품 등 단순 기능품을 구매하는데 적용하기 위해 도면위주로 작성한 규격서를 말한다.

- 기본불출품목(Basic Issue Item, BII)

완성장비를 사용부대에 불출시 즉각적인 운용유지가 가능하도록 주장비에 소요되는 각종 부수장비, 공구, 교범 등이 포함되며, 주장비와 동시에 보급되어야 할 품목을 말한다.

- 기초연구

핵심기술 연구개발을 위하여 필요한 가설, 이론 또는 현상이나 관찰 가능한 사실에 관한 새로운 지식을 얻기 위하여 학계에서 수행하는 이론적 또는 실험적 연구 활동을 말한다.

- 긴요품목(Critical Supplies and Material)

요구하는 기능을 발휘하지 못할 경우 생명의 안전 또는 군사 임무수행에 치명적인 위험을 미치는 성질을 지닌 품목을 말한다.

- 대외군사판매(Foreign Military Sales : FMS)

국외구매방법의 한 형태로 미국정부가 무기수출통제법(Arms Export Control Act) 등 관련 법규에 의거 미국의 우방국 및 동맹국 또는 국제기구에 정부간의 계약에 의하여 대외지급수단 및 차관금액으로 군사상 필요한 물자를 유상으로 판매하는 방법을 말하며 지정구매, 총괄구매 및 군수보급지원약정으로 구분한다.
가. 지정구매(Defined Order Case : DO)
FMS 구매물자를 구매할 경우에 대상품목, 수량, 예상가격 및 인도 예정일 등 제반조건을 청약 및 수락서상에 구체적으로 명시하여 구매하는 계약방법을 말한다.
나. 총괄구매(Blanket Order Case : BO)
FMS 물자를 구매할 경우에 구매대상품목에 대하여 총금액 및 구매기간만을 명시하여 계약한 후 그 범위 내에서 수시로 청구하여 구매하는 계약방법을 말한다.

다. 군수보급지원 약정(Cooperative Logistics Supply Support Arrangements : CLSSA)
미국 국방성 군수지원체제를 통하여 외국에 군수지원을 제공해 주는 국제 협동군수지원체제로서 미국과 해당 우방국 간의 군별 쌍무약정에 의해 평시 지속적인 계획의 일환으로 시행되고 있는 대외판매의 형태를 말한다.

- 대외군사판매법(The Foreign Military Sales Act)

1968년 10월 미국은 대외군사판매법안을 제정하여 1961년에 제정한 대외지원법으로부터 군사판매만을 독립시켰다. 이로써 미국은 우방국 및 국제기구에 대하여 공동생산과 협동군수지원을 포함한 방위물자 및 용역판매를 위한 단일 입법조치를 강구하게 되었다.

- 동시조달수리부속(Concurrent Spare Parts : CSP)

초도 및 후속 보급되는 장비의 필수 소요 수리부속품을 장비와 동시에 조달하여 효율적인 장비유지 및 정비관리를 도모하기 위한 수리부속품을 말한다. 초도보급 소요산정시 사용부대 및 지원시설부대의 3년간 보급지원을 고려하여 확보하며, 방위사업청에서 군수지원분석을 고려하여 설정하고, 후속양산단계의 보급소요는 소요군의 야전운용제원을 반영한다.

- 모델링(Modeling)

모델링은 전쟁(전투)에 영향을 미칠 수 있는 제반 전투요소들(무기 · 장비, 인력, 전장환경, 자연/인공 현상, 절차 · 과정 등)에 대한 모의방법을 개발하는 과정

- 모의시험(Trial Examination, Simulation)

실제의 상황 또는 유사한 환경여건 하에서 어떤 무기체계 또는 조직, 절차, 방법 등을 구매하기 전이나 혹은 편성하여 운용 전에 그 타당성과 적합성을 평가하기 위한 시험이다.

- 목록화

표준화된 체계와 제도화된 절차에 따라 보급품에 대한 분류 및 식별, 품명 및 재고번호, 특성 및 관리자료 작성 등 일련의 과정을 말한다.

- 무기체계(Weapon System)

하나의 무기체계가 부여된 임무달성을 위하여 필요한 인원 · 시설 · 소프트웨어 · 종합군수지원요소 · 전략 · 전술 및 훈련 등으로 성립된 전체체계를 말한다.

• 민·군 겸용기술(Dual Use Technology : DUT)

현재 보유하고 있지 않은 기술을 민과 군이 공동으로 연구개발하여 겸용할 수 있는 기술 및 민과 군이 각각 보유하고 있는 기술 중에서 상호 전환하여 활용할 수 있는 기술을 말한다.

• 부품 국산화

군 운용장비에 사용되는 부품을 그와 동일한 품목으로 생산하거나, 그 이상의 성능과 기능을 발휘할 수 있는 대치품을 국내에서 생산하는 형태를 말한다.

• 분석평가

사업을 기획, 계획, 예산편성 및 집행함에 있어서 사업목표의 달성과 자원의 합리적인 배분 및 효율적 사용을 보장하기 위해 사업추진과 관련되는 제요소를 분석하고 평가함으로써 의사결정권자 또는 각종 심의 및 의결기구에서의 합리적 의사결정을 지원하는 기획관리제도상의 한 기능이다.

• 비용대효과분석(Cost And Operational Effectiveness Analysis : COEA)

무기체계 개발 · 양산 · 구매 · 운영유지에 소요되는 수명주기비용 및 전력증강 · 정비유지 등의 직접효과와 기술적 · 경제적 파급효과 등을 종합 비교분석하는 활동을 말한다.

• 비용분석

사업의 연구개발비, 투자비 및 운영유지비를 분석, 당해연도를 기준으로 본 현재가로 산출하여 대안별 총 순기 비용을 집계 비교하는 분석을 말한다.

• 비표준장비(Nonstandard Equipment)

작전요구성능을 충족할 수 없고 경제적으로 부적합한 장비로서 도태계획에 의거 처리해야 할 장비(도태계획에 포함할 장비는 비표준장비로 선행 분류함)를 말한다.

• 사업관리기관

사업의 예산요구, 사업내용과 예산사용내역을 구체화하고 사업계획의 승인 준비로부터 종결시까지의 사업추진과 관련된 제반업무를 관리하는 기관(국본, 합참, 각군, 기관 등)

• 사업관리자(Project Manager : PM)

각군 · 기관 내에서 선정된 무기 또는 장비체계를 마련하는데 포함되는 모든 계획, 방향 및 과제의 통제와 관련자원 등 전반에 걸쳐 전적인 권한을 행사하는 요원을 말한다. 그 권한은 명시된 목표달성을 위한 계획의 균형유지를 위해 연구, 개발, 양산, 분배 및 군수지원의 모든 단계에 걸쳐 행사된다.

• 상업구매

국외구매방법의 한 형태로서 물자를 국외업체로부터 직접 구매하는 것을 말한다.

• 상용품목

민수용으로 생산・유통되고 있는 품목을 군에서 군수품으로 채택 사용하는 품목을 말한다. 상용품목으로 지정된 품목은 완제품 및 부분품의 정상소요를 반영하여 조달할 수 있으며, 국방규격을 제정하지 아니하고 한국산업규격 및 정부관계기관 규격적용을 원칙으로 한다.

• 상호운용성(Interoperability)

서로 다른 군, 부대 또는 체계 간 특정 서비스, 정보 또는 데이터를 막힘없이 공유, 교환 및 운용할 수 있는 능력을 말한다.

• 성능개량(Product Improvement Program : PIP)

운용 중인 또는 개발 중인 무기체계에 대하여 일부 성능・기능 변경을 통한 작전운용성능 향상, 기술변경・품질개선을 통한 성능・기능 향상 및 운용유지면의 신뢰성과 가용성을 증가시키는 것으로 성능개량의 수준에 따라 성능개량 및 경미한 성능개량으로 분류한다.

• 소요(Requirements)

통상적인 개념은 요구조건 또는 필요한 것을 말하며, 군에서 사용하는 개념은 다음과 같다.

가. 광의의 소요

승인된 군사목표, 임무 또는 책임을 완수할 수 있는 능력을 갖출 수 있도록 하기 위해서 적절한 자원배분을 합법화하는 확실한 필요성이라 할 수 있다. 이는 기획이나 계획수립과정에서 사용한다. 즉, 국방목표를 달성하기 위하여 군사전략을 수립하고, 이러한 전략을 실천하기 위하여 군사조직을 편성하며, 편성된 조직체에 임무가 부여된다.

나. 협의의 소요

어떤 부대가 일정기간 또는 시기에 어떤 임무를 수행하기 위하여 필요한 지정된 품목의 총 수량을 뜻한다.

다. 통상적 의미의 소요

특정시기 또는 특정기간에 있어 인원, 장비, 보급, 자원, 시설 또는 근무지원이 특정량 만큼 필요하다는 것을 표시하는 계획을 말한다.

- 소요요청

군이 임무를 수행하기 위하여 일정기간 또는 시기에 필요하다고 지정한 군수품에 대하여 충족되어야 할 조건 등을 포함하여 소요제기기관에 요청하는 것을 말한다.

- 소요제기

소요요청기관에서 요청한 소요에 대하여 분석 · 검증 등 기획관리체계 의한 절차를 거쳐 심의 · 조정한 소요를 기획하여 소요결정기관에 제출 및 보고하는 것을 말한다.

- 소요결정

소요결정기관에서 연중 수시로 제기된 소요를 검토하여 승인하는 것을 말한다.

- 수리부속

부분품, 결합체, 구성품을 통칭하여 수리부속이라 한다.

가. 부분품(part)

한 개의 품목이 그 이상 분해될 수 없거나 또는 그 품목을 더 이상 분해하는 것이 실질적으로 불가능한 최소단위 품목을 말한다. 볼트, 너트, 와셔, 핀 등이 그 예이다.

나. 결합체(assembly)

두 개 또는 그 이상의 부분품(part)이 서로 연결되었거나 서로 관련되어 뭉쳐진 품목을 말하며, 이것은 부분품으로 분해될 수 있다. 카브레타, 제네레타, 증폭기, 방아틀뭉치, 노리쇠뭉치 등은 결합체의 대표적인 예에 속한다.

다. 구성품(component)

두 개 이상의 결합체(assembly)가 연결 또는 결합되어 한 개의 물체로 구성된 품목으로서, 독자적인 성능을 발휘할 수 있지만 외부에서 조정하거나, 전원을 공급해 주어야 하는 품목을 말한다. 엔진, 트랜스미션 등은 구성품의 예에 속하는 품목이다.

- 수명주기비용 (Life Cycle Cost : LCC)

하나의 장비를 개발, 획득하여 도태할 때까지의 전 수명주기에 소요되는 전체비용을 말하며, 여기에는 연구개발비, 투자비, 운영유지비 등이 포함된다.

- 시제품

체계개발단계에서 설계에 적용된 각종기술이 요구운영능력을 충족시키는데 적합한

가를 평가하기 위하여 제조된 제품으로서 개발시험평가 및 운용시험평가의 대상이 된다.

- 시험평가(Test and Evaluation, T&E)

특정무기체계가 기술적 측면 또는 운용관리적 측면에서 소요제기서에 명시된 제반 요구조건의 충족여부를 확인 검증하는 절차로서, 시험평가의 종류에는 요구성능에 대한 기술적 도달정도에 중점을 두는 개발시험평가(Development Test & Evaluation, DT&E)와 요구성능 및 운용상의 적합성과 연동성에 중점을 두는 운용시험평가(Operational Test & Evaluation, OT&E)로 구분한다.

- 시험평가기본계획서(Test and Evaluation Master Plan, TEMP)

연구개발하는 무기체계의 시험평가계획을 종합적으로 명시한 문서로서 최초 체계개발 수행시 분석시험평가국에서 작성하며, 개발시험평가 및 운용시험평가의 기준문서가 된다.

- 신개념 기술시범 (ACTD : Advanced Concept Technology Demonstration)

이미 성숙된 기술을 활용하여 새로운 개념의 작전운용성능을 갖는 무기체계 및 핵심 구성품의 군사적 효용성을 시험을 통하여 단기간에 입증하기 위한 사업.
신개념 기술시범(ACTD)이란 체계개발의 초기에 기술개발자와 사용자가 계획하는 성숙한 기술(mature technology)의 시범을 말한다. ACTD의 주요 목표는 획득결정 이전에 중대한 신(新) 능력(significant new capability)을 사용자가 이해하고 그것의 군사적 효용(military utility)을 평가하며, 또한 그 능력을 충분히 활용하는 운용개념 및 교리와 체계통합에 대한 사항을 명확히 확립하며, 가능할시 새로운 잔여능력(residual capability)을 부대에 남기는 것이다. 따라서 ACTD는 이러한 목표를 달성할 수 있을 정도의 규모로 실시하고 평가해야 한다.

- 업체투자연구개발

업체자체시설과 기술능력으로 군수품을 개발하는 것으로 개발업체가 개발에 관련된 모든 비용을 부담하며, 정부는 개발실패에 따른 개발비용보상과 개발완료 후 구매여부에 책임을 지지 않는 연구 개발형태를 말한다.

- 업체주관연구개발

국방부 · 각군 · 방위사업청의 조정 · 통제 하에 업체에서 개발계획수립 · 설계 · 시제품 제작 · 종합군수지원요소개발 · 규격작성 등 기본업무를 주관하여 수행하는 연구개발 형태를 말한다.

• 연구개발

무기체계 획득방법 중 하나로서 우리가 보유하지 못한 기술을 국내단독 또는 외국과 협력하여 공동으로 연구하고, 연구된 기술을 실용화하여 필요한 무기체계를 생산·획득하는 방법을 말한다.

• 연구기관(Research Agency)

방산물자의 연구, 개발, 시험, 측정, 기기의 제작 또는 검정과 경영분석 등을 하는 기관으로 정부의 위촉을 받은 기관을 총칭한다. 예를 들면, 한국국방연구원(KIDA), 국과연(ADD), 한국연구개발원(KDI) 등이다.

• 운용시험평가(Operational Test & Evaluation : OT&E)

소요군이 시제품에 대하여 각종 작전환경 또는 이와 동등한 조건에서 작전운용성능 충족여부를 확인하고, 교리·편성·교육훈련·종합군수 지원요소 등에 대한 적합성을 시험평가하는 것을 말한다.

• 워게임(War game)

사전에 설정된 자원과 제약조건 하에서 참여자가 지정된 군사목표를 달성하기 위해 노력하는 시뮬레이션 게임을 말하며, 시뮬레이션에서 참여자는 전장에서의 지휘결심(의사결정)을 내리고, 컴퓨터는 이러한 의사결정에 대한 결과를 판단한다.

• 자동화정보체계

자원관리정보체계 및 자원관리정보체계의 기반체계를 말한다.

• 작전운용성능(Required Operational Capability : ROC)

군사전략 목표달성을 위해 획득이 요구되는 무기체계의 운용개념을 충족시킬 수 있는 성능수준과 무기체계능력을 제시한 것으로서 주요작전운용성능과 기술적·부수적 작전운용성능으로 구별되며, 이는 연구개발 또는 국외도입 무기체계의 획득을 위한 시험평가의 기준이 된다.

• 전력발전업무

무기체계 및 비무기체계에 대한 소요기획·획득·운영유지·폐기 등 전 수명주기에 걸친 관리와 그에 대한 정책 발전을 포괄하는 개념으로 전력을 조성(造成)하는 업무이다.

• 전력운영분석

전력화되어 야전운영 중인 무기체계에 대해 합동차원에서 전력발휘효과 및 운용실태를 분석하여 문제점 및 개선요구를 확인한 후 성능개량 및 유사사업에 반영함으로써 현존전력을 극대화하고 미래전력의 효율성을 제고하는 분석이다.

- 전력화지원요소

무기체계가 전장에서 합동성, 완전성, 통합성을 달성할 수 있도록 지원하기 위한 교리 · 편성 · 교육훈련 · 종합군수지원 등 제반지원요소로서 전투발전지원요소와 종합군수지원요소로 구분한다.

- 전력화평가

무기체계의 초기배치 또는 후속양산 배치 후 1년 이내에 소요군에서 각종 작전환경하에서의 전술적 운용을 통해 최초 기획단계에서 설정된 수준의 작전운용성능을 포함한 제반 전력화지원요소를 분석평가하여 전력발휘 극대화 방안을 도출하는 과정이다.

- 전장관리정보체계

무기체계 중 정보를 수집, 가공, 전달, 전시하는 기능들을 수행하는 컴퓨터 · 소프트웨어 · 데이터 · 통신수단이 통합되어 그 기능을 발휘하는 소프트웨어 중심의 체계로서 범용컴퓨터를 활용하는 체계를 말한다. 다만, 무기체계의 일부로 포함된 특수목적의 컴퓨터에서 수행하는 내장형 소프트웨어를 제외한다.

- 전투발전지원요소

소요군의 전투발전을 위하여 무기체계 획득과 연계하여 개발 · 획득하여 지원하는 요소로서 군사교리, 부대편성, 교육훈련, 시설, 무기체계 상호운용에 필요한 하드웨어 및 소프트웨어(주파수 확보 포함)로 구분한다.

- 전투실험(War fighting Experimentation)

전투발전분야에 공학적인 실험방법을 적용하는 방법론으로 운용개념과 요구능력을 충족하는 신기술 · 신체계 · 신교리 · 신조직 등의 대안들을 반복적으로 실험, 성숙시켜 성공이 보장되도록 하는 소요제기 과정이다.

- 정비대충장비(Maintenance Float : M/F)

사용 불가능한 상태의 주요장비에 대하여 지원정비시설에서 적시성 있는 정비가 불가능할 때 정비의 공백기간을 대충장비로 지원함으로써 즉각적인 전투태세유지를 위해 운용되는 여유분의 무기체계을 말하며, 경제적 · 효율적 군 운용을 위하여 소요군의 정비정책 등을 고려하여 완성장비에 대한 M/F 및 주요구성품에 대한 M/F로 구분하여 확보할 수 있다.

• 제안서(Proposal)

제안요청서에 명시된 무기체계 등을 공급하기 위한 생산(연구개발을 포함한다), 품질보증, 형상관리, 일정관리 등의 계획과 관련 기술자료를 제안하는 문서를 말한다.

• 제안요청서(Request For Proposal : RFP)

구매대상 무기체계의 시험평가 또는 무기체계 연구개발 위한 주관기관 선정을 위하여 관련업체의 기술자료, 공급(연구개발)계획, 일정 등의 제안을 요구하는 문서를 말한다.

• 조달(Procurement)

경제주체의 활동에 필요한 적정한 물자, 시설 또는 용역을 필요한 시기와 장소에 획득함으로써 경제주체의 활동을 원활하게 하는 것을 말한다.

※ 구매의 개념과 비교

가. 구매의 경우에는 일정한 반대급부, 즉 대가가 수반되는데 대하여 조달의 경우에는 반드시 반대급부가 수반되는 것은 아니다.

나. 구매에 있어서는 그 대가가 주로 화폐 또는 이에 상당하는 경제적 가치를 가지는 유가물인데 대하여 조달에 있어서는 그 대가가 반드시 화폐 또는 유가물은 아니다.

다. 구매가 일정한 시기에 필요로 하는 지정된 물자를 반드시 자기 이외의 타 경제주체로부터 획득하는 교환경제적 행위임에 대하여 조달은 지정된 물자를 자기 이외의 다른 경제주체로부터 획득하는 외에 자체 생산활동에 의해서도 획득하는 것이므로 교환 경제적 행위와 원시획득 경제적 행위의 양자를 겸한다.

라. 구매의 대상은 물자의 용역에 국한되나 조달의 대상은 물자용역뿐만 아니라 자금까지도 포함된다.

• 종합군수지원(Integrated Logistics Support : ILS)

장비의 효율적이고 경제적인 군수지원을 보장하기 위하여 무기체계의 소요단계부터 설계 · 개발 · 획득 · 운영 및 폐기시까지 전 과정에 걸쳐 제반 군수지원요소를 종합적으로 관리하는 활동을 말한다.

• 종합군수지원요소

무기체계의 효율적이고 경제적인 운용 보장을 위한 개발 · 획득 · 배치 및 운용에 수반되는 제반 군수지원요소를 말한다.

• 종합군수지원계획서(Integrated Logistics Support Plan : ILS-P)

종합군수지원 업무수행과 체계적인 관리를 위한 전반적인 계획문서로서 종합군수지원요소, 획득단계별로 달성해야 할 업무, 주관 및 관련부서별 임무, 그리고 임무달성을 위한 세부일정계획과 예산, 시험평가 및 군수지원분석 계획 등이 포함된다.

- 지휘통제통신컴퓨터·정보감시정찰·정밀유도무기(Command, Control, Communications, Computers, Intelligence, Surveillance and Reconnaissance - Precision Guided Munitions : C4ISR-PGM)

탐지-결심-타격을 연결하는 자동화체계로 감시정찰정보체계와 정밀타격체계, 지휘통제체계간 실시간 디지털 연동된 무기체계 또는 이와 관련된 하부체계

- 체계(System)

주어진 임무유형과 운용형태를 수행하거나 지원할 수 있는 품목, 결합체(또는 세트), 숙련도, 그리고 기술이 합쳐진 구성체를 말한다. 한 완전한 시스템에는 그 시스템 본연의 운용 내지는 비운용 또는 지원환경에서 독자적으로 운용하는 데 소요되는 관련시설, 품목, 재료, 근무 및 인원 등이 포함된다.

- 체계개발(Full Scale Development)

설계 및 시제품을 제작하여 개발시험평가와 운용시험평가를 거쳐 양산예정인 무기체계를 개발하는 단계를 말한다.

- 체계개발동의서(Letter of Agreement : LOA)

무기체계 체계개발 착수시 연구개발을 관리하는 기관이 개발할 무기체계의 운영개념 · 요구제원 · 성능 · 소요시기 · 기술적 접근방법 · 개발 일정계획 및 전력화지원요소와 비용분석 등에 대하여 소요군의 의견을 고려하여 작성하여 소요군 으로부터 동의를 받는 문서를 말한다.

- 초도양산

연구개발(기술협력생산을 포함한다)에 의한 획득사업의 당해사업 계획물량 중 최초(초도)에 사업 승인된 물량을 생산(양산)하는 것을 말한다.

- 탐색개발(Exploratory Development)

선행연구로 도출된 체계개념에 대하여 부체계 또는 주요 구성품에 대한 위험분석, 기술 및 공학적 해석, 시뮬레이션을 실시하며, 핵심요소 기술연구와 필요시 1 : 1 모형을 제작하여 비교검토 후 체계개발단계로 전환할 수 있는 가능성을 확인하는 단계를 말한다.

- 통합사업관리팀(IPT : integrated Product (Project : 한국) Team)

중기계획 및 예산요구, 사업내용과 예산사용계획을 구체화하고 소요결정 이후 선행

연구단계에서부터 사업종결시까지의 사업추진과 관련된 제반업무를 관리하는 주된 조직으로서 사업 관리본부를 중심으로 편성되며, 사업 추진단계에 따라 초기 통합사업관리팀, 통합사업관리팀으로 구분하며, 사업형태에 따라 달리 편성할 수 있다.

• 통합시험평가(Combined Test & Evaluation)

시험평가업무의 효율적인 수행을 위하여 개발시험평가와 운용시험평가를 하나의 통합된 내용 및 일정으로 계획하여 수행하는 시험평가로, 주로 개발시험평가와 운용시험평가를 단계적으로 수행하여 획득기간의 지연과 비용상승이 예상될 경우 실시한다.

• 투자사업(비)

군사력건설과 유지에 필요한 무기, 장비 및 물자, 시설을 획득하기 위해 추진하는 사업(비)을 말한다.

• 표준화(Standardization)

군수품의 조달 · 관리 및 유지를 경제적 · 효율적으로 수행하기 위하여 표준을 설정하여, 이를 활용하는 조직적 행위와 기술적 요구사항을 결정하는 품목지정, 규격제정, 목록화, 형상관리 등의 지정에 관한 제반활동을 말한다.

• 품질관리(Quality Control, QC)

생산자가 수요자의 요구에 맞는 품질의 제품을 경제적으로 만들어내기위한 모든 수단과 체계로서 제품결함을 예방 및 통제하는 관리기능을 말한다.

• 품질보증(Quality Assurance, QA)

군수품 전 주기에 걸쳐 사용자요구조건에 충족되도록 개발단계에서 품질을 설계하고, 생산단계에서 품질을 형성하며, 배치 및 운영유지단계에서 품질을 유지하는 데 있어서 신뢰감을 확보하기 위하여 계획되고 조직된 모든 활동의 총체를 말하며, 협의로는 생산단계에서 설계품질을 형성하는 과정에 대한 계획검토 · 절차평가 · 확인검사 및 시정조치 등을 포함한 정부의 제반활동을 말한다.

• 하자처리

하자품이 발생하였을 때 보고절차, 보고된 하자품의 기술조사와 분석, 군 재산권 복구를 위한 요구 및 이행상태의 감독과 행정정리 일련의 과정을 총칭한다.

• 합동개념(Joint Concepts)

합동작전을 수행하게 될 개념을 제시해 주는 개략적인 틀로서 합동작전개념을 포괄하는 의미이다. 상위개념은 합동작전기본개념이며, 하위개념은 합동운영개념, 합동

기능개념 및 합동통합개념으로 구분한다.

- 합동군사전략목표기획서(JSOP : Joint Strategy Objective Plan)

국방목표 달성과 군사전략 수행을 위한 중·장기 군사력 건설소요, 부대기획소요 및 소요의 우선순위를 제시하는 문서로서 국방획득개발계획 및 국방중기계획 수립에 필요한 근거를 제공하며, 매년 국방정보판단서, 국방기본정책서, 합동군사전략서(JMS) 및 합동전장 운영개념 등을 기초로 중기(F+3~F+7년)와 장기(F+8~F+17년)로 구분하되 장기는 전·후기로 구분하여 작성된 기획문서

- 합동군사전략서(JMS : Joint Military Strategy)

국가/국방목표 달성을 위한 군사전략과 군사력 건설방향이 제시된 문서로서 합동군사전략목표기획서(JSOP), 국방연구개발계획서 및 국방중기계획서 작성에 기초자료를 제시하며, 매 3년 주기로 국가안보전략서, 국방정보판단서 및 국방기본정책서 등을 기초로 중·장기 대상기간(F+3~F+17년) 동안의 군사전략 목표 및 개념, 군사력 건설방향 등이 제시된 기획문서

- 합동성(Jointness)

미래 전장 양상에 부합한 합동개념을 발전시키고, 이를 구현하기 위한 군사력을 건설하며, 각군(육·해·공·해병)의 전력을 효과적으로 통합 발휘시킴으로써, 전투력의 상승효과(Synergy Effects)를 극대화시켜 전승을 보장하는 것

- 핵심기술

무기체계 또는 비무기체계의 국내개발 또는 생산에 필요한 고도·첨단기술 및 이러한 기술들이 집약되어 생산되는 중요부품으로서 국내생산을 위한 관건이 되며, 선진외국에서 기 개발되어도 기술이전이나 판매를 회피하는 사항 또는 새로운 기술을 말한다.

- 핵심기술연구개발

핵심기술연구개발은 장차 무기체계 및 비무기체계 획득시 소요되는 국방과학기술을 사전 해소하며, 국가과학기술체계와 연계하여 미래 전장특성에 혁신을 가져올 국내외 과학기술을 발굴, 장려 및 지원하며, 잠재적 외부 위협으로부터의 기술적 우위를 달성 및 유지하기 위한 폭넓은 기술기반을 구축하기 위한 제반연구, 개발, 지원활동을 말한다.

- 형상관리(Configuration Management : CM)

품목의 기능적 또는 물리적 특성을 식별하여 문서화하고, 그 특성에 대한 변경통제

및 형상식별서(도면 · 규격서 등)와 제품의 합치여부를 점검하며, 승인된 형상변경의 이행현황 등 필요한 정보를 기록 · 유지하는 활동을 말한다.

● 호환성(Interchangeability or Compatibility)

가. 서로 교환이 될 수 있는 성질을 말하며, 제품에 따라 치수상(규격상)의 호환성과 성능상의 호환성으로 구분되며, 제품의 표준화를 통하여 호환성을 높일 수 있다.

나. 동일 체계 · 환경 속에서 상호간섭 없이 장비, 구성품 및 품목들이 독자적으로 기능을 수행할 수 있는 능력을 말한다.

● 환경시험(Environmental Test)

한 품목 또는 무기체계의 자료묶음에 명시된 성능특성을 근거로 하여 환경이 이 장비에 미치는 영향을 알기위한 시험이다. 모의환경시설이나 야외시험시설에서 개발품목이나 무기체계를 통상 시험하며, 개발시험 · 운영시험과 동시에 실시하거나 또는 운용시험 후 실시하기도 한다. 이 시험은 통상 생산배치결정을 검토하기 이전에 실시하게 된다.

● 획득(Acquisition)

군수품을 구매 또는 임차하여 조달하거나 연구개발 · 생산하여 조달하는 것을 말한다.

부록 2

영 어 약 어

(방위사업청 시험평가업무관리지침서에서 발췌 · 정리)

AAE	Army Acquisition Executive
ACTD	Advanced Concept Technology Demonstration
ADM	Acquisition Decision Memorandum
ADP	Automated Data Processing
ADPE	Automated Data Processing Equipment
AEC	Army Evaluation Cent
AF	Air Force
AFFTC	Air Force Flight Test Center
AFMC	Air Force Materiel Comma
AFOTEC	Air Force Operational Test and Evaluation Cent
AF/TE	Air Force/Test and Evaluation Office
AMC	Army Materiel Command
ASM	Air-to-surface Missle
ATD	Advanced Technology Demonstration
ATE	Automatic Test Equipment
ATEC	Army Test and Evaluation Command
C4ISR	Command, Control, Communications, Computers, Intelligence, Surveillance, and Reconnaissance
CAD	Concept Advanced Development; Computer Aided Design
CDR	Critical Review
DT	Development Test
DT&E	Development Test and Evaluation
DTC	Developmental Test Command (Army)
DUSA(OR)	Deputy Under Secretary of the Army (Operations Research)
DUSD(A&T)	Deputy Under Secretary of Defense for Acquisition and Technology

EA	Evolutionary Acquisition
EC	Electronic Combat
ECCM	Electronic Counter-Countermeasures
ECM	Electronic Countermeasures
EOA	Early Operational Assessment
ESM	Electronic Support Measures
EW	Electronic Warfare
FOC	Full Operational Capability
FOT&E	Follow-on Operational Test and Evaluation
FY	Fiscal Year
HW	Hardware
ILS	Integrated Logistics Support
IOA	Independent Operational Assessment
IOC	Initial Operating Capability
IOT&E	Initial Operational Test and Evaluation
IPT	Integrated Product Team
IT	Information Technology
JCIDS	Joint Capabilities Integration and Development System
LSA	Logistics Support Analysis
M&S	Modeling and Simulation
MIL-SPEC	Military Specification
MIL-STD	Military Standard
MOA	Memorandum of Agreement
MOU	Memorandum of Understanding
MS	Milestone
MTBF	Mean Time Between Failure
MTTR	Mean Time To Repair
NBC	Nuclear, Biological, and Chemical
NDAA	National Defense Authorization Act
OT&E	Operational Test and Evaluation
OT	Operational Test

OTC	Operational Test Command
OTRR	Operational Test Readiness Review
PDR	Preliminary Design Review
PM	Program Manager
PPBE	Planning, Programming and Budgeting and Execution
QA	Quality Assurance
R&D	Research and Development
RAM	Reliability, Availability and Maintainability
SPEC	Specification
SW	Software
T&E	Test and Evaluation
TEMP	Test and Evaluation Master Plan
TM	Technical Manual; Test Manager
TRR	Test Readiness Review
USA	United States Army
USAF	United States Air Force
USMC	United States Marine Corps
USN	United States Navy
WSMR	White Sands Missile Range

부록 3

참 고 문 헌

가. 단행본

국방부. 방위사업법(법률 제7845호).

______. 방위사업법 시행령(대통령령 제19321호).

______. 방위사업법 시행규칙(국방부령 제598호, 산자부령 제331호).

______. 『2006 국방백서』.

______. 『국방전력발전업무규정』, 2006. 6.

국방기술품질원. 『미래를 지향하는 국방기술기획』, 2006

국방부 조달본부. 『절충교역 20년사』, 2003.

김성조. 『재미있는 무기의 세계』, 서울 : 에덴기획, 2004.

김종하. 『무기획득 의사결정 : 원칙, 문제 그리고 대안』, 서울 : 책이 된 나무, 2000.

방위사업청. 『방위사업관리규정』, 2007. 10.

________. 『시험평가업무관리지침서』, 2006. 5.

육군본부. 『상호운용성 실무지침서』, 2007. 7.

_______. 『육군전력발전업무규정』, 2006. 9.

_______. 『쉽게 풀어 쓴 지상무기체계 원리(Ⅰ), (Ⅱ)』, 2002. 10.

_______. 『종합군수지원 실무지침서』, 2007. 3.

_______. 『2006 육군정책보고서』.

_______. 『무기체계 소프트웨어 개발관리지침서』, 2005. 9.

_______. 야전교범 31-33 『야간관측 및 조준경』.

_______. 야전교범 30-30 『열상관측장비운용』(초안), 1997.

이경재. 『획득기획의 이론과 실제』, 서울 : 대한출판사, 2007.

지만원. 『군축시대의 한국군 어떻게 달라져야 하나』, 서울 : 진원, 1992.

최성빈 외 3명. 『군사기술 선진화 전략』, 한국국방연구원, 2004.

합동참모본부. 『시험평가실무지침서』, 2004.

__________. 『합동 · 연합작전 군사용어사전』, 1998.

나. 논문, 연구보고서

강문식. "국방벤처기업의 활성화와 효율적인 기술지원", 국방기술 품질원, 『국방품질경영』, 2007년 9월호.

강진구. "조직 장벽을 극복하는 비결", 『LG주간경제』, 2007. 5. 9.

구융서 외 2명. "한국형 전차장 열상조준경(KCPS)의 열상장비 성능 평가", 국방과학연구소, 『제2회 시험평가기술 심포지엄』, 1999.

권문택. "국방정보체계의 상호운용성 보장을 위한 제언", 『군사세계』, 2003. 10.

박준호. "육군 시험평가 발전방향", 육군 시험평가단, 『'06 시험평가 발전세미나』.

박찬석. "시험평가 정책 발전방향", 국방과학연구소 종합시험단, 『제5회 시험평가기술 심포지엄』.

송영일. "국방획득정책의 현주소와 정책방향", 국방기술품질원, 『국방품질경영』, 2007년 3월호.

육춘택. "기술선진입국을 위한 국방연구개발 발전방안 연구", 『월간 국방과 기술』, 제330호.

이상진 · 이대욱, "미국 방산기반 변환과 한국 방위산업 정책방향", 국방과학연구소, 『월간 국방과 기술』, 제342호, 2007. 8.

이주형. "연구개발 항공기 비행시험 능력 구비방안", 방위사업청 분석시험평가국, 『2007년 시험평가 세미나 자료집』.

조태환. "시험평가의 중요성", 방위사업청 분석시험평가국, 『2007년 시험평가 세미나 자료집』.

최병주, 서주영. "임베디드 소프트웨어 테스트 자동화" 방위사업청 분석시험평가국, 『2007년 시험평가 세미나 자료집』.

다. 신문, 잡지, 정기간행물, 기타

변재정. "무기체계 내장형 소프트웨어 시험평가 방법." 2007년 전반기 육군 시험평가단 시험평가 발전세미나 발표자료.

국방대학교. "무기체계 내장형 소프트웨어 개발관리방안", 2005.

국방기술품질원. 『국방품질경영』, 2007년 3월(통권 2호).

____________. 『국방품질경영』, 2007년 9월(통권 4호).

월간 『국방과 기술』, 제342호, 2007. 8.

「세계일보」, 2007. 8. 28.

「조선일보」, 2007. 10. 12.

Daum 카페, 「미인의 기준」.

________ , 「부안고 bio」.
네이버 지식검색.
인터넷 홈페이지, 국방과학연구소.
____________, 국방기술품질원.
인트라넷 홈페이지, 국방과학연구소.
____________, 국방기술품질원.
육군본부, 국과연. 『제19회 육군-국과연 확대협의회』 팜플렛, 2006. 6.

명품 무기체계 탄생의 마지막 진통

–시험평가 그 애환과 보람–

2008년 3월 7일 초판인쇄
2008년 3월 10일 초판발행

지 은 이 | 박 원 동
펴 낸 이 | 이 찬 규
펴 낸 곳 | 북코리아
등록번호 | 제03-01240호
주 소 | 서울시 마포구 공덕2동 173-51
전 화 | 02)704-7840
팩 스 | 02)704-7848
이 메 일 | sunhaksa@korea.com
홈페이지 | www.sunhaksa.com

값 15,000원

ISBN 978-89-92521-69-7 93390